恒压喷灌原理与设计

仵　峰　廖永诚　黄修桥　李英能　辛松梅　编著

黄河水利出版社

内容提要

本书是在系统总结水利部、中国农业科学院农田灌溉研究所“六五”至“十五”期间恒压喷灌科研成果的基础上编写而成的。全书共八章,内容包括概述、喷灌系统工况分析、泵站与灌溉管网特征、水锤分析及防止、压力罐调节技术、变频恒压技术、恒压喷灌工程设计实例、恒压喷灌试验研究等。

本书可供从事农业节水技术研究的广大科技工作者和相关专业的工程技术人员与高等院校师生参考。

图书在版编目(CIP)数据

恒压喷灌原理与设计/仵峰,廖永诚等编著.—郑州:黄河水利出版社,2007.12

ISBN 978-7-80734-318-9

Ⅰ.恒… Ⅱ.①仵… ②廖… Ⅲ.喷灌 Ⅳ.S275.5

中国版本图书馆 CIP 数据核字(2007)第 182965 号

策划组稿:马广州 电话:0371-66023343 E-mail:magz@yahoo.cn

出版社:黄河水利出版社

地址:河南省郑州市金水路 11 号 邮政编码:450003

发行单位:黄河水利出版社

发行部电话:0371-66026940、66020550、66028024、66022620(传真)

E-mail:hhslcbs@126.com

承印单位:黄河水利委员会印刷厂

开本:787 mm×1 092 mm 1/16

印张:14.25

字数:350 千字 印数:1—1 200

版次:2007 年 12 月第 1 版 印次:2007 年 12 月第 1 次印刷

书号:ISBN 978-7-80734-318-9/S·100 定价:36.00 元

《恒压喷灌原理与设计》编委会

前 言

恒压喷灌是指在喷灌系统中利用专门的设备和运行技术,使系统工作压力保持相对恒定的一种喷灌技术。喷灌系统采用恒压装置,既可节能,又能提高喷头的喷洒质量。它是喷灌管网发展到一定阶段的必然产物,是20世纪60年代初期为保证喷灌管网系统稳定运行所采取的一项重大的技术革新,已被世界上多数国家广泛采用。我国喷灌技术的发展较晚,由于多种原因,目前机压喷灌管网系统尚很少采用恒压装置。20世纪90年代,是我国农业实现现代化的关键的第二个阶段,毫无疑问,节水与节能这两项基本国策,是完成这一阶段乃至今后第三阶段目标的重要保证,推广应用恒压喷灌技术必将大有作为。因此,我们希望本书的出版能对此有所裨益。

恒压喷灌系统的研究与建设,是“六五”期间水利部的重点科研项目。1984年我国第一个恒压喷灌系统在河南省郏县建成并交付使用,其管网规模也是当时全国单个泵站控制面积最大的,设计面积为450 hm^2。工程的关键设备,包括调压罐、电力自控系统、管网水锤消除装置、薄壁金属管道球形快速接头以及可连续运转2 000 h以上的高质量喷头等,都是按总体要求设计的新产品,设备全部国产。经过二次改造,目前这项工程已运行了20多年,仍在发挥效益。

20世纪80年代,在恒压喷灌系统设计时,没有可以借鉴的国外系统资料,当时大型喷灌管网的设计理论和方法,还有许多不成熟之处。因而,在试运行过程中,对某些技术参数和配套设备又做了部分调整,使之更趋合理。此后,又经过3年的运行观测,并对恒压喷灌泵站调压系统进一步做了专门的研究,使我们对这项综合技术的原理与设计方法的认识更为深入、更加系统。为了介绍这项技术,在此基础上,通过总结和提炼,撰写了本书。

全书共分八章。第一章为概述。简要介绍喷灌和恒压喷灌的基本概念,以及恒压喷灌的工作原理和基本特征,阀门调节、压力罐调节、水泵调速调节等压力流量调节的类型和优缺点,分析了恒压喷灌的现状并展望其发展趋势。第二章为喷灌系统工况分析。主要介绍管网工作压力与喷头工作压力的关系,提出了喷头经济工作压力的确定和管网工作压力的选择方法,从管网布置原则、管网布置形式、管网技术经济计算等方面介绍了管网系统的设计知识,并对压力周期变化对喷头喷洒水均匀度的影响、喷头压力周期变化时平均喷灌强度变化率等喷灌系统工况对喷灌质量的影响进行了分析。第三章为泵站与灌溉管网特征。主要介绍恒压喷灌对压力和供水量的要求、泵站的合成特性、管网的合成特性以及水泵与管网的合成特性。第四章为水锤分析及防止。主要对水泵和管网的水锤进行分析,并提出了相应的防护及消除对策。第五章为压力罐调节技术。主要介绍调压罐容积、调压系统的技术参数、调压罐结构设计和充气装置的选择与设计。第六章为变频恒压技术。主要介绍水泵变频调节,变频控制技术,喷灌泵站变频调节并对恒压喷灌节能进行分析对比。第七章为恒压喷灌工程设计实例。以河南郏县恒压喷灌设计为例,系统地介绍了调压罐设计技术。第八章为恒压喷灌试验研究。通过郏县恒压喷灌工程试运行、工程改善与观测试验和效益分析，对恒压喷灌进行的试验研究进行了总结。

本书由参与上述项目的科研人员分工合作编写，全书由仵峰、廖永诚、宰松梅统稿，最后由余开德、李英能、黄修桥审定。编写人员分工如下：第一章由仵峰、廖永诚、宰松梅编写；第二章由黄修桥、仵峰编写；第三章由仵峰、廖永诚编写；第四章由廖永诚、仵峰编写；第五章由廖永诚、仵峰编写；第六章由仵峰、宰松梅编写；第七章由廖永诚、黄修桥编写；第八章由廖永诚、宰松梅编写。

在我们研究恒压喷灌系统前后近 30 年的过程中，余开德、李英能、廖永诚、黄修桥、仵峰、龚时宏、狄美良、李久生、郭志新、刘新民、孙知仁、宰松梅、翟国亮、范永申、李金山、冯俊杰、李辉、邓忠、刘杨、段福义、颜廷熠、许海涛等农田灌溉研究所灌水技术室全体新老同仁参与了相关研究资料整理及工作。恒压喷灌的研究工作获得了国家“八六三”计划、水利部科研项目等的资助，得到了水利部、河南省水利厅、许昌地区水利局、郏县水利局及郏县其他有关领导的支持和帮助，对此我们表示衷心的感谢，并对中国水利水电科学研究院水利所、三门峡水工机械厂、许昌地区水利设计队、武汉大学水利水电学院等与我们协同研究的单位和同仁，表示我们最诚挚的谢意。

我们更殷切地希望关心这项事业发展的同仁，对本书的不足之处，提出宝贵的意见。

编　者

2007 年 8 月

目　录

第一章 概 述

第一节 喷灌与恒压喷灌

一、喷灌

（一）喷灌的概念

喷灌是把由水泵加压或自然落差形成的有压水，通过压力管道送到田间，再经喷头喷射到空中形成细小水滴，模拟天然降雨，把灌溉水均匀地洒落到农田，满足作物生长需水的一种灌水技术。

喷灌是一种先进的节水灌溉方式，对地形、土壤等条件适应性强，不要求平整土地，特别适宜地形复杂、土壤透水性强、用常规地面灌溉有困难的山坡地。与传统的地面灌溉相比，喷灌灌水均匀，可节水20%～30%，增产10%～20%，具有省工、省地、适应性强等优点。适用于除水稻外的所有大田作物，以及蔬菜、果树等，同时喷灌还能调节田间小气候，防止干热风和霜冻对作物的伤害。喷灌的最大优点是使农田灌溉从传统的人工作业变成半机械化、机械化，甚至自动化作业，加快了农业现代化的进程。

喷灌也有局限性。如受风的影响较大，在多风的情况下，会出现喷洒不匀，蒸发损失增大等问题，在炎热多风地区，无法进行有效的喷灌；对渗水率较小的土地，喷灌效果也不够理想。另外，用高矿化度的水进行喷灌时，可能影响果实的品质，同时也易被作物的叶片吸收而引起伤害。

（二）系统组成

喷灌系统可分为管道式喷灌系统和机组式喷灌系统两种形式。根据喷灌系统的工作要件，喷灌系统的组成可分为水源、机泵、管道系统及田间喷灌设备四大部分。

1. 水源

喷灌对水源没有特殊要求，河流、渠道、库塘及井泉等都可作为喷灌水源。但应注意用含泥沙量大的水源喷灌时，水中的泥沙会附着在作物的叶子或果实上，影响作物的光合作用和果品品质，高含沙水还会对喷灌设备造成磨损，减少其寿命；用溶解盐含量高的水喷灌时，易对盐分敏感作物造成伤害。因此，遇到此类情况，应采取水质处理措施，使水源水质符合喷灌的要求。

2. 机泵

喷灌系统的压力一般是通过水泵加压而产生的。通常采用离心泵、潜水泵、深井泵、自吸泵等作为提水加压工具，其配备的动力可根据水泵配套功率要求，采用电动机、柴油机、汽油机等进行配套。当水源位置比灌溉区域高出足够的高度时，也可以利用地形高差获得水头，进行自压喷灌。

3. 管道系统

喷灌管道一般分为干管、支管两级。干管可采用钢管、塑料管、铸铁管及钢筋混凝土管，通常埋入地下。支管可埋入地下,也可铺设在地面。地埋支管可选用与干管相同的管材,地面移动支管可选用薄壁铝管、薄壁钢管及涂塑软管等。

4. 田间喷灌设备

田间喷灌设备包括喷头、竖管、支架。喷头是喷灌的主要工作部件,竖管是连接喷头与支管的专用管道,其高度依所喷灌作物的高度而定,支架主要用以支撑竖管和喷头、减少喷灌时竖管及喷头的振动。

目前市场上的喷头种类较多,按工作压力大体上可分为低压喷头、中压喷头、高压喷头(或称近射程喷头、中射程喷头、远射程喷头)三类,其主要性能指标、特点及应用范围见表1-1。

表1-1　喷头性能及应用范围表

类型	性能指标	主要特点	应用范围
低压喷头 (近射程喷头)	工作压力:小于200 kPa 射程:小于15.5 m 流量:小于2.5 m^3/h	射程近,水滴打击强度小	主要用于苗圃、蔬菜、园林或经济作物
中压喷头 (中射程喷头)	工作压力:200~500 kPa 射程:15.5~42 m 流量:2.5~32 m^3/h	喷洒强度和水滴打击强度适中	适用范围广,大部分作物可以使用
高压喷头 (远射程喷头)	工作压力:大于500 kPa 射程:大于42 m 流量:大于32 m^3/h	喷洒范围大,水滴打击强度大	用于对喷洒质量要求不高的大田作物及牧草等

按喷头结构形式和喷洒特征分类,又可分为旋转式喷头、固定式喷头和喷洒孔管3类。

1)旋转式喷头

利用摇臂或射流元件,在水流和弹簧的作用下,使喷头转动。配有换向机构的喷头可作扇形喷洒。市场上的旋转式喷头有水平摇臂式、垂直摇臂式、叶轮式和反作用式喷头等类型。管道式喷灌系统使用较多的ZY型喷头、“彩虹”喷头均属水平摇臂式喷头,流量、射程分别在0.85~9.76 m^3/h、13.4~26.5 m之间;机组式喷灌系统多选用垂直摇臂式喷头、叶轮式喷头,流量8~50 m^3/h,射程29~50 m,其特点是喷头工作时无撞击、振动较小、工作稳定可靠。

2)固定式喷头

喷洒时,其零部件无相对运动的喷头称为固定式喷头。这类喷头结构简单、工作压力低、雾化程度较高,但射程近,属低压喷头。喷头工作时,水流沿切线或螺旋孔道进入喷体,沿锥形轴或壁面旋转,经喷嘴喷出的薄水层同时具有径向和切向旋转速度,在空气阻力下,裂散成小水滴洒落田间。按结构形式及其喷洒特点,可分为折射式、缝隙式、漫射式3种。目前国产固定式喷头单喷头流量范围为0.048~3.66 m^3/h,射程1.70~7.66 m,工作压力100~400 kPa。多用于花卉、苗圃、温室以及草坪喷灌。

3)喷洒孔管

喷洒孔管由一根或几根直径较小的管子组成,在管道上半部分布一列或多列方向不同的喷水孔,孔径1~2 mm。根据喷水孔的分布形式,可分为单列式和多列式两种。喷洒孔管结构简单,工作压力低,喷灌强度高,由于喷射水流细小,受风影响较大,一般只用于温室、大棚内喷灌。喷洒孔管的出水孔易于堵塞,对水质要求较高。

(三)喷灌技术三要素

喷灌的技术要求包括喷灌设计保证率、设计灌水周期和灌水定额、喷洒水利用系数、喷灌均匀系数、喷头组合间距、设计喷灌强度、雾化指标、设计日工作时数、喷头的工作压力、喷灌压力分区等10余项技术指标。其中,喷灌强度、雾化指标、喷灌均匀系数是最主要的3个指标,通称为喷灌技术三要素。

1. 喷灌强度

单位时间内喷洒在田间的水量称为喷灌强度,单位为mm/h。影响喷灌强度的主要因素有单喷头的喷灌强度、喷头的组合间距等。

喷灌强度必须与土壤的入渗速度相适应,不高于允许喷灌强度,以保证喷洒水及时渗入土壤中。喷灌强度过大,将会在田间产生积水或径流;喷灌强度过小,不但会延长达到设计灌水定额所需的时间,而且会增大灌溉水的漂移损失,降低灌溉水的利用率。

一般情况下,设计喷灌强度不能大于土壤的稳定入渗速度。但对于行走式喷灌系统,其喷灌强度可略大于土壤的入渗速度,即在喷洒过程中,可以在田间出现短时间内来不及入渗的小水洼,但不允许产生地面径流。

喷灌系统设计时,用允许喷灌强度加以控制。允许喷灌强度的确定主要取决于喷灌的土壤类型、地形坡度、植被等,不同土壤的允许喷灌强度及不同坡度的允许喷灌强度的降低率如表1-2、表1-3所示。在作物覆盖良好时,喷灌强度可在上述数值的基础上提高20%。

表1-2 不同土壤的允许喷灌强度

土壤类型	允许喷灌强度(mm/h)
砂土	20
砂壤土	15
壤土	12
壤黏土	10
黏土	8

表1-3 不同坡度的允许喷灌强度的降低率

地面坡度(%)	允许喷灌强度降低率(%)
<5	0
5~8	20
9~12	40
13~20	60
>20	75

2. 雾化指标

雾化指标又称水滴打击强度,用以确定单位受水面积内水滴对作物或土壤的打击动能,主要与喷洒水滴大小、降落速度和密度相关。对同一喷嘴而言,打击强度越小,说明喷头的雾化指标越高。由于打击强度难以量测,多用喷头工作压力与主喷嘴直径之比(即雾化指标)来表示。

雾化指标必须满足作物或土壤的要求,雾化指标太低,意味着水滴打击强度过大,会损伤作物或破坏土壤团粒结构,造成作物减产。不同作物适宜的雾化指标不同:蔬菜及花卉大于4 000,大田作物或果树为3 000~4 000,草地及园林绿化为2 000~3 000。

3. 喷灌均匀系数

喷灌均匀系数是指喷洒水在田间分布的均匀程度,是衡量喷灌质量好坏的一项主要指标,通常用下式计算:

$$C_u = (1 - \frac{\Delta h}{\overline{h}}) \tag{1-1}$$

式中:C_u 为喷灌均匀系数;$\overline{h}$为各测点喷洒水深的平均值,mm;Δh 为各测点喷洒水深的平均差,mm。

喷灌均匀系数与喷头结构、工作压力、喷头的布置形式、喷头的组合间距、喷头的转动均匀性、竖管的倾斜度、地面坡度及风速风向等因素有关。《喷灌工程技术规范》(GB/T 50085—2007)规定,定喷式喷灌系统喷灌均匀系数不应低于0.75,行喷式喷灌系统不应低于0.85。

(四)喷灌标准支管

喷灌支管,是指一个喷灌工程的管网系统中,安装有多个喷头同时进行喷灌的最末一级固定或移动管道,如图1-1所示。因喷灌地块的大小、长短不完全相同,喷灌支管的长度、管径和在喷灌支管上所带的喷头数量也不完全相同,甚至可能出现较大的差异。

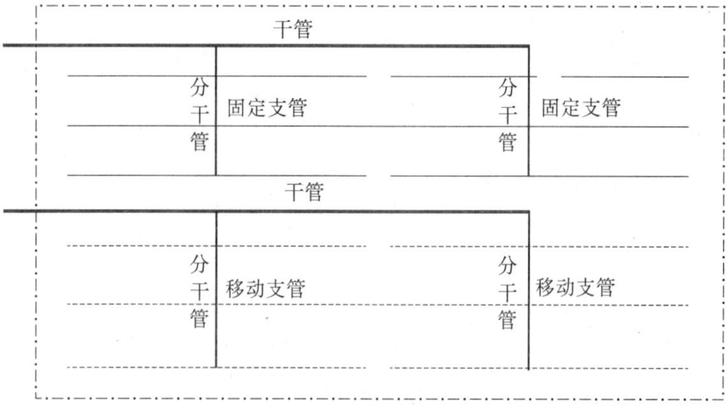

图1-1 喷灌田间管网布置示意图

喷灌标准支管是指长度、管径、所带喷头的数量和流量基本相同,适宜于全灌区多数地块采用的支管,可作为一种设计规格标准,以指导灌区工程设计时对末级喷灌管道流量参数的确定。

1. 标准支管的长度

喷灌标准支管的长度与喷灌均匀系数,喷灌类型区地块的大小、宽度、地形坡度,操作运行和投资等因素有关,需通过技术经济比较后来确定。

1)喷灌均匀系数因素

喷灌均匀系数是衡量喷灌质量好坏的三大技术指标之一。如果喷灌均匀系数差,就难以达到省水、增产的目的。为了保证较好的喷洒质量和较高的喷灌均匀系数,《喷灌工程技术规范》(GB/T 50085—2007)规定,在同一条支管上,任意两个同时工作喷头的工作压力差,应在设计喷头工作压力的20%以内。如果喷灌支管过长,就有可能出现不满足这一规定的情况,这时需要加大支管管径,减少其水头损失,满足上述20%压力差的规定。但应注意,随着支管管径的增大,工程的田间投资增大,半固定式喷灌移动管道的难度也加大。

2)地形因素

在平原地区,地形平坦,坡度小,一般为1/500~1/2 000。地块通常为矩形条田,长400~600 m,宽为150~250 m,地块面积一般为6~15 hm^2。

当地块宽度B大于150 m,且具有这种宽度地块的面积为喷灌区总面积的80%以上时,考虑到操作管理的方便,喷灌标准支管长度L可由下式确定:

$$L=\frac{1}{2}(B-A) \tag{1-2}$$

式中:L为喷灌标准支管的长度,m;B为喷灌区绝大多数地块的宽度,m;A为喷头间距,m。

如图 1-2 所示。

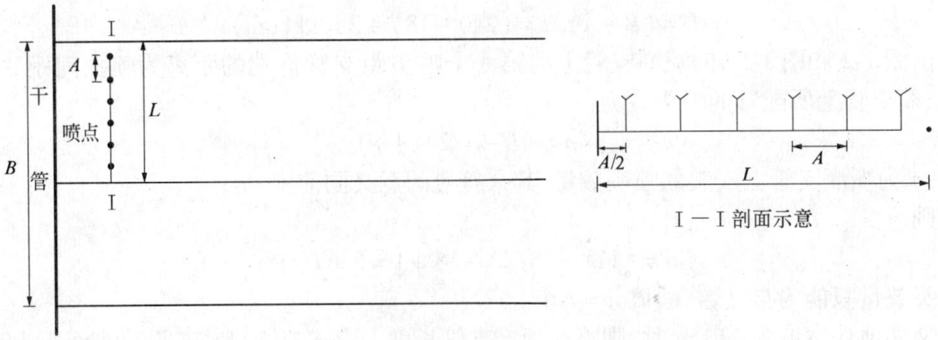

图 1-2　平原区标准支管($B>150$ m)

当地块宽度 B 小于 150 m 时,喷灌标准支管长度 L 由下式确定:

$$L=B-\frac{1}{2}A \tag{1-3}$$

式中符号的意义与式(1-2)相同,并见图 1-3。

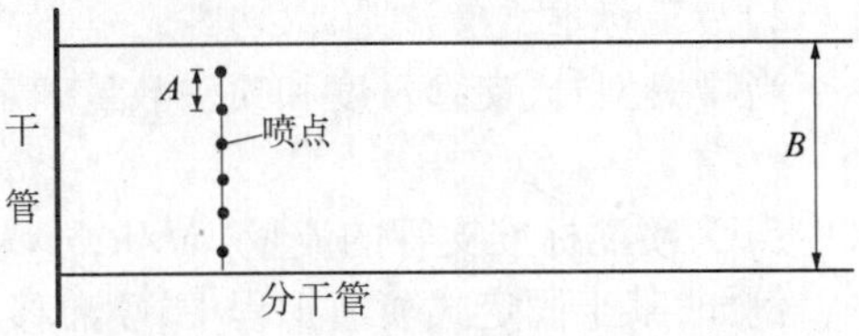

图 1-3　平原区标准支管($B\leqslant150$ m)

在丘陵地区,地形地貌比较复杂,起伏大,坡度陡,沟壑纵横。地块多为梯田,大小、长短、宽窄差异较大。因此,在丘陵地区,喷灌标准支管的长度一般比平原地区要短些,但其最小长度应不少于匹配 4 个喷头所需要的长度。计算方法可参考式(1-2)和式(1-3)。

3)操作运行因素

方便操作运行管理是确定喷灌标准支管长度的重要原则之一。支管长度应控制在一个地块之内,以不跨越田间主干道和宽度超过 2 m 的沟渠为限,否则将会给操作运行和管理带来许多不便。对于半固定式喷灌而言,喷灌支管是移动工作的,如果移动喷灌支管跨越道路,就会妨碍交通,或者损坏移动管道;移动喷灌支管跨越沟渠,将给管道的连接和移动造成困难。当然,支管过长,也会增加移动支管的难度,特别是在地形复杂的丘陵区。

2. 标准支管的流量

标准支管的流量主要与支管长度、喷头型号和喷头数量有关。

1)喷头选配

对于固定式喷灌,安装在喷灌支管上的喷头型号(或喷头的大小)不受限制。但考虑到能耗和技术、经济及投资等因素的合理性,应选配 PY-30 型或相当于 PY-30 型以下各种型号喷头,最大不得超过 PY-40 型喷头或相当于 PY-40 型喷头主要性能的喷头;否则,能耗将过高,而使运行费大幅度上升,系统也将偏离其经济范围。

在半固定式喷灌系统中,由于喷灌支管是移动的,喷灌移动支管上所配置喷头的大小除受能耗、技术经济因素的制约外,最重要的是稳定性。当喷头过大时,在运行过程中摆动幅度大,支撑困难,稳定性差。根据试验和工程实践,喷灌移动支管上所配置的喷头,以采用 ZY-2 型或 PY-20 型最为适宜。

当采用 ZY-2 型喷头时,单喷头流量为 3~4.5 m^3/h,射程为 19~22 m,喷头组合间距为 18~24 m。当喷灌支管长度确定后,即可确定喷头数量。

例如,喷灌区地块宽度为 240 m,则喷灌标准支管长度 L 按式(1-2)确定,设喷头间距

$A = 18$ m,则

$$L = (B - A)/2 = (240 - 18) \div 2 = 111(\text{m})$$

由图 1-2 和图 1-3 知,喷灌支管上的第一个喷头距支管首端的距离为喷头间距 A 的一半,喷灌支管上所配置的喷头数为:

$$n = (L - A/2)/A + 1 \tag{1-4}$$

式中:n 为喷灌支管上安装的喷头数量;其余符号的意义同前。

则

$$n = (111 - 18/2) \div 18 + 1 = 6.67(\text{个})$$

因喷头数量只能为自然数,故取 $n = 7$ 个。

又如地块宽度为 140 m 时,则喷灌标准支管长度 L 由式(1-3)确定,设喷头间距为20 m,则

$$L = B - A/2 = 140 - 20 \div 2 = 130(\text{m})$$

喷头数量仍按式(1-4)计算

$$n = (L - A/2)/A + 1 = (130 - 20 \div 2) \div 20 + 1 = 7(\text{个})$$

2)喷灌标准支管流量

当喷头型号、支管长度和喷头数量确定后,即可按下式求得标准支管的流量 q

$$q = n \times q_0 \tag{1-5}$$

式中:q 为喷灌标准支管的流量,m^3/h;q_0 为单喷头流量,m^3/h;其余符号的意义同前。

例如,某半固定式喷灌工程中,喷灌移动标准管长度为 99 m,喷头型号为 ZY-2 型,喷嘴直径采用 7 mm,工作压力为 300 kPa,单喷头流量 q_0 为 3.2 m^3/h,射程为 19.1 m,支管上的喷头数量为 5 个,则喷灌移动标准支管的流量为

$$q = n \times q_0 = 5 \times 3.2 = 16(m^3/h)$$

综合上述分析后认为:喷灌标准支管长度一般为 80~120 m,最长不超过 140 m,最短不宜小于 60 m;而支管上的喷头数以 5~7 个为宜,以 8 个为上限,4 个为下限。其他有关参数可见表 1-4。

表 1-4 喷灌标准支管主要参数

喷灌方式	喷头型号	喷头工作压力(kPa)	单喷头流量(m^3/h)	喷头间距(m)	喷头个数(个)	标准支管流量(m^3/h)	标准支管长度(m)
半固定式	ZY-2	300	3.20	18	6	19.20	99
		400	3.69	24	6	22.14	132
	PY-20	300	2.96	18	6	17.76	99
		350	3.18	20	6	19.08	110
固定式	ZY-2	300	5.29	22	6	31.74	121
		400	6.09	25	6	36.54	137.5
	PY-20	300	2.96	18	6	17.76	99
		350	3.18	20	6	19.08	110
	PY-30	300	5.02	24	6	30.10	132
		400	6.96	28	5	34.80	126

二、恒压喷灌

(一)恒压喷灌的概念

恒压喷灌是指在喷灌系统中采用专门的设备和运行技术,使系统工作压力保持在相对

恒定范围的一种喷灌技术。恒压喷灌具有喷洒质量好、耗能低，能消除水锤，保障管网安全等优点。

喷灌的大规模发展是从第二次世界大战以后开始的，在系统形式上，当时欧美等许多发达国家大都采用集中取水的管网供水系统，配以人工移动的田间喷灌装置。由于喷灌管网用水由农户自己掌握，移动喷灌装置投入数量和用水流量的大小具有随机性，水泵提供的水压力会不断发生波动，难以保证水泵在最佳工况区稳定运行，不仅造成能源浪费，而且影响喷洒质量，尤其在管网控制面积比较大的情况下，矛盾更为突出。大约在20世纪60年代初期，开始出现了恒压喷灌系统，恒压设备也随着技术的进步，日趋现代化。在美国和俄罗斯已经大规模采用自动化程度很高的自走式喷灌装置的今天，在采用管网供水的条件下，由于系统内用水的随机性依然存在，为了保证良好的喷洒质量和节约能耗，在喷灌供水系统上采用恒压装置依然有着广阔的应用前景。应当指出的是，恒压喷灌系统这一名词，只是在我国目前的条件下，为了区别于大多数没有采用恒压装置的喷灌管网，而提出来的一个特定概念。在国外由于喷灌管网已经普遍采用了恒压装置，因而并不存在恒压喷灌系统这一专用名称。

（二）恒压喷灌系统的组成

按功能划分，恒压喷灌系统由恒压喷灌泵站和管网两大部分组成。两部分功能是互相联系、不可分割的。在水源位置较低，水质无须进行特殊处理，喷灌范围地形基本平坦的条件下，恒压喷灌系统也可以由水源泵站、调蓄水池、恒压喷灌泵站和管网等4部分组成。为了表述方便，以压力罐调节技术为例，给恒压喷灌系统从组成上勾画出一个典型轮廓，分述如下。

1. 水源泵站

恒压喷灌水源泵站包括4个部分：

（1）能满足从水源最高和最低水位取水要求的移动式或固定式泵站；

（2）满足喷灌系统最大日运行时数内的用水量要求，与喷灌用水和调蓄水池相匹配的水泵及真空泵等附属设备；

（3）从水源泵站向调蓄水池送水的输水管道及进气阀、排气阀、排污阀等附属设备；

（4）受调蓄水池水位控制的水泵自动启闭装置。

2. 调蓄水池

（1）具有1～3 d调节功能的蓄水池；

（2）与蓄水池连接的恒压喷灌泵站前池及拦污栅、闸门等附属设施；

（3）控制水源泵站自动启闭的水位计。

3. 恒压喷灌泵站

（1）水泵宜装设于前池（或调蓄池）最低水位以下；

（2）多台扬程及最佳工况范围基本相同的离心泵或潜水泵；

（3）具备自流向管网充水条件时，可利用水泵进出水管作为充水管路；

（4）不能自流充水时，可设置一台充水用小流量水泵；

（5）多台泵并联通过集水管向管网送水的管路上装设必要的闸阀、排气阀等附属设备；

（6）与集水管相连的以水位或水、气压形式发出设计最高、最低供水压力信号，并能在水泵组合切换前一定时间内，保持管网设计工作压力与泵站出水管连接的调压罐；

（7）在调压罐气体空间非封闭条件下，有自动调整、保持调压罐信号准确所必须的限位仪表、充气泵和进排气阀等附属设备；

(8)根据压力信号，按设计程序启动或关闭水泵组合，并能判别压力升高的原因，避免因水锤压力引起水泵和空压机误动作的电气装置；

(9)能显示输出压力、流量、水泵运行状况、蓄水池水位和调压罐液位等重要参数的仪表；

(10)出现故障时由自动运行转入手动运行的水泵组合切换装置。

4. 喷灌管网

恒压喷灌系统的管网部分因田间喷灌装置的不同而异。20 世纪 70 ~ 80 年代以来，世界各国较多采用的田间喷灌装置可分为三大类：自走式喷灌装置。包括时针式喷灌机、直线移动式喷灌机、绞盘式喷灌机等；移动式喷灌装置。包括二级管道移动、一级管道移动、季节移动或灌溉时轮流移动，以及滚轮移动等；固定式喷灌装置。

所有的喷灌管网都必须具备以下条件：

(1)给水栓或竖管出口水压力必须符合设计要求；

(2)能承受泵站运行时的无流量静水压力；

(3)各级管线的凸起处应设置排气阀；

(4)管网中应设有水锤消除装置；

(5)冻土层内管线低处应设有排水阀；

(6)各级管道首、末端设置闸阀；

(7)管线个别部分如因地形原因压力过高，应设置限压装置；

(8)给水栓布置应符合田间喷灌装置的运行要求；

(9)根据用户的分布情况设置量水表；

(10)给水栓或竖管应有机械耕作时的保护装置。

三、恒压喷灌的工作原理

恒压喷灌系统之所以能将系统工作压力稳定在一定范围内，是因为系统内装设有调压罐及自控设备。调压罐按安装形式分为立式和卧式；按内部构造分为水气自然分隔型和隔膜分隔型；按水流通过形式又可分为全通型和旁通型。如图 1-4、图 1-5、图 1-6 所示。

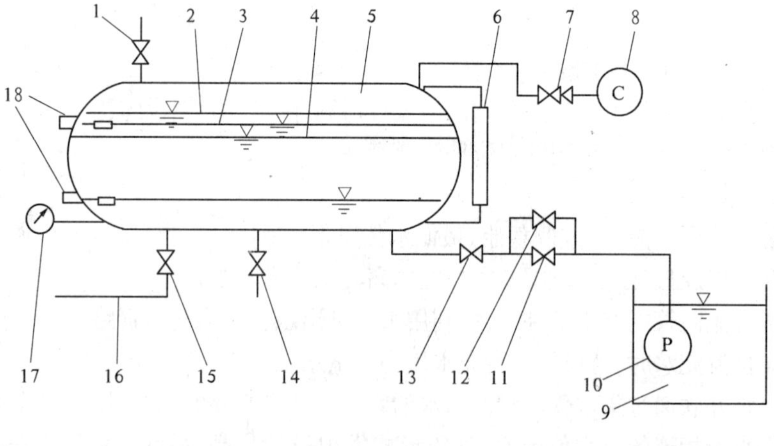

1—安全阀；2—空压机启动水位；3—水泵停止水位；4—空压机停止水位；5—调压罐；6—水位计；7—空压机进气阀；8—空压机；9—前池；10—潜水电泵；11—逆止阀；12—闸阀；13—闸阀；14—排泥阀；15—电磁阀；16—出水管；17—电接点压力表；18—液位继电器

图 1-4 卧式全通水气自然分隔调压罐

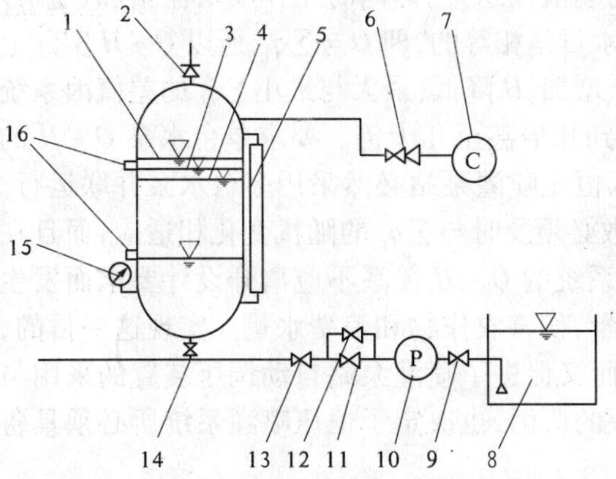

1—空压机启动水位;2—安全阀;3—水泵停止水位;
4—空压机停止水位;5—水位计;6—空压机进气阀;
7—空压机;8—前池;9—闸阀;10—离心泵;
11—逆止阀;12—闸阀;13—闸阀;14—电磁阀;
15—电接点压力表;16—液位继电器

图 1-5　立式旁通水气自然分隔调压罐

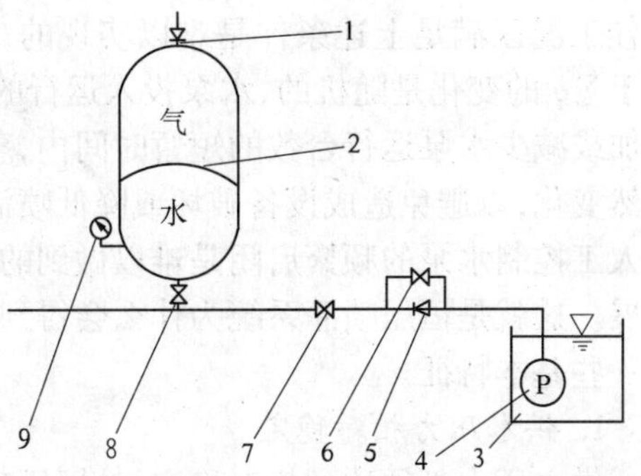

1—充气阀;2—隔膜;3—前池;4—潜水电泵;
5—逆止阀;6—闸阀;7—闸阀;
8—电磁阀;9—电接点压力表

图 1-6　立式旁通水气隔膜分隔调压罐

现以水气自然分隔型调压罐运行过程为例,来说明恒压喷灌的工作原理。

水气自然分隔型调压罐运行过程:

(1)关闭调压罐下的闸阀。开动空气压缩机,往罐内充气,使罐内气体到达设计起始压力。

(2)接通管网,启动水泵到水压力大于罐内起始压力时,调压罐进水电磁阀开启,随着水压力增大,罐内水位逐渐上升,至罐内压力到达调压上限时,关闭水泵,喷灌系统即可以投入运行。

(3)随着灌区喷头的开启,罐内水位压力下降到泵启动水位,此时罐内压力下降到调压下限,压力开关动作,各泵按规定的程序开启,投入自动运行。当供水大于用水时,罐内水位上升至泵停止水位,罐内压力又达到调压的上限,各泵自动关闭,如此反复进行。

(4)罐内的空气由于被水流带走,而使气压降低,罐内的水位将会上升到泵停止水位以上,液位控制继电器动作,启动空压机,压缩罐中的水,使水位下降至空压机停止水位,液位控制继电器动作,关闭空压机,如此反复,使罐中水位保持在设计最高和最低水位范围之内。

(5)当系统产生水锤时,如果压力不高,则罐内上部空气受到压缩,吸收水锤的能量。由于水锤发生时罐内水位波动的速度很快,而泵和空压机的启闭又有延时继电器控制,不会马上动作,因此不影响泵的运转。如果水锤压力很大,超出调压罐的许可压力,则罐顶的安全排气阀被冲开,空气与部分水被排出罐外,保护调压罐的安全。水锤过后又按以上的过程投入运行。

(6)如果所有的泵都已开启,罐内的水位仍然从最低水位下降(在灌区用水超过设计最大流量或管道破裂时发生),则泵站自动停机,调压罐下的电磁阀随即关闭,防止泄空调压罐。

四、恒压喷灌系统的基本特征

喷灌向恒压方向发展,是喷灌系统的随机用水特点决定的,也是喷灌发展到一定阶段的必然产物。在采用水泵直接加压的条件下,喷灌系统供水流量 Q 与供水压力水头 H 之间的关系，既受水泵 $Q \sim H$ 性能的影响，又受系统内喷灌用水量，即同时工作喷头流量和（$\sum q_i$）的影响，由于喷灌系统正常运行时用水量和供水量是相等的，即 $Q = \sum q_i$，所以 $Q \sim H$ 实际上是 $\sum q_i \sim H$ 关系的反映，$\sum q_i$ 减小，H 升高，$\sum q_i$ 增加，H 降低，最大与最小 $\sum q_i$ 的差值因系统运行时实际喷灌面积的大小而不同，变化能达到几倍甚至几十倍。要求单台水泵 $Q \sim H$ 的最佳工况区满足上述条件是难以实现的，所以恒压喷灌泵站必然采用多台水泵并联运行。由于 $\sum q_i$ 的变化是随机的，水泵投入运行的台数必须及时与 $\sum q_i$ 的随机变化相适应，而且在增加或减少水泵运行台数的短暂时间内，整个系统的 $Q \sim H$ 关系不应离开设计要求而发生突然变化，以避免造成设备破坏或降低喷洒质量，伤害农作物和浪费水量。实现这一目的，靠人工控制水泵的频繁启闭是难以做到的，因而又促进了喷灌泵站自动调压装置的采用与发展。这就是恒压喷灌系统为什么会得到发展的原因，也决定了恒压喷灌系统所必须具备的一些基本特征。

1. 供水压力相对稳定

供水压力必须达到相对稳定，是恒压喷灌系统最基本的特征。压力相对稳定是指压力可以在某一允许范围内发生变化的稳定状态。做到压力绝对稳定是不可能的，所以“恒压”只能是一个相对的概念，即同时工作的喷头都应在其设计工作压力 20% 以内工作。对工作压力在 300 kPa 的喷头，恒压喷灌系统的供水压力一般控制在压力设计点上下各 30 kPa 范围以内变化为宜。要求越高，压力变化范围越小，设备投资越高；要求过低，又难以满足喷洒质量的最低要求。

自压喷灌系统，依靠高位供水池即可提供相对稳定的供水压力，压力变化范围在供水池最高水位与最低水位之间。所以，自压喷灌系统无须增设调压装备即可达到恒压，是山区、丘陵区喷灌系统的一种比较理想的形式之一。日本和我国四川省一带，在高位水池没有自流水源的条件下，从山下抽水上山入池，建立扬水自压系统，即所谓的“不能自压创造条件搞自压”，是喷灌系统实现恒压的一种经济、易行的做法。

在平原和缓坡丘陵地区，借助水泵加压建设集中供水的喷灌管网系统，是这类地区今后发展喷灌的主要形式之一。实现这类供水系统供水压力的相对稳定，必须在喷灌泵站配备与田间喷灌设施性能相适应的电气、机械恒压装置，构成恒压喷灌泵站。与自压喷灌系统相比，恒压喷灌在技术上更复杂一些，需要增加一些投资，但研究表明，在系统控制面积大于 50 hm^2 时，若不采用恒压技术，将难以保证系统的稳定运行，而且会造成较大的资源浪费。

2. 多台水泵并联运行

恒压喷灌泵站大多由 2 ~ 5 台扬程及最佳工况扬程范围基本相同的水泵组成，在控制面积和单台水泵流量较大时，可以安排 1 ~ 2 台流量较小的水泵，以适应小用水量时的需要，也可以安排 1 台专用的充水小泵，用以向管网缓慢充水，预防田间用水量突变时产生水锤。

多台水泵并联运行的目的，在于通过水泵不同数量的组合，形成若干个级差的流量供应范围，以适应全系统用水量随机变化的需要，并保证供水压力始终稳定在设计范围内和每台水泵均在最佳工况区内运行。因此，水泵运行组合的投入顺序，是按流量由小到大和由大到小排列的，依次切换，且各个组合的流量范围按顺序彼此间还必须有一定的搭接（如图 1-7 所示），以避免出现水泵的频繁启闭。如果没有流量搭接区，用水量增加时的组合切换点与下降时的组合切换点将重合在一条垂直线上，此时，如果出现用水量连续发生微小的逆向变化，必将引起水泵组合的频繁切换，对设备的安全运行非常不利。

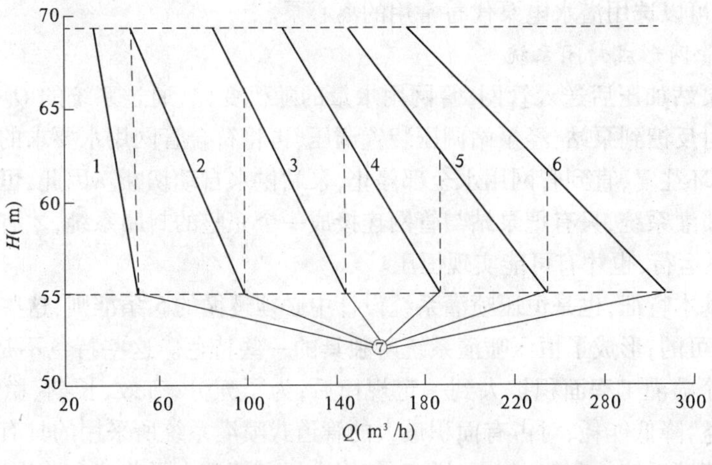

1—1 台小泵;2—2 台小泵;3—1 台小泵 +1 台大泵;4—2 台大泵;5—2 台大泵 +1 台小泵;
6—2 台大泵 +2 台小泵;7—各种水泵运行切换点

图 1-7　恒压喷灌泵站组合 $Q \sim H$ 特性曲线示意图

3. 自动调压装置

如前所述,喷灌泵站自动调压装置是恒压喷灌系统发展的必然产物,在系统中起自动调整供水量和稳定供水系统压力的作用,即:

(1)根据用水量和压力的变化,发出水泵组合切换的信号;

(2)指挥水泵组合切换机构,按程序实现水泵的启闭;

(3)在信号发出到水泵正常运行的短暂时间内,把供水压力依然保持在设计范围以内;

(4)可以根据电机频繁启闭的耐受能力,保持一定延时,并在延时期间控制供水压力稳定在设计范围;

(5)具有不断调整、保持信号质量的功能;

(6)能够吸收因水泵突然启闭而产生的水锤压力波;

(7)在非设计工况时可自动全部切断;

(8)可随时显示供水压力和流量的变化,并做出总水量记录;

(9)发生自控故障时可自动转入手动切换。

泵站自动调压装置的上述功能中大多数是不可替代的,虽然发生故障时也必须具有手动切换的功能,但仅限于水泵组合的切换,其他功能如(3)、(4)、(5)、(6)、(8)各项,依然在按照设计要求运行,否则,整个系统也就失去了恒压功能。

4. 水泵安装在泵站前池最低水位以下

恒压喷灌泵站运行时,要求各台水泵均应处于随时可以投入工作状态,并在尽可能短的时间内实现切换,以减轻调压装置为保持压力稳定所必须具有的设计能力。为此,普遍采用的做法是,将离心泵安装于泵站前池最低水位以下,使之经常处于充满水状态,此方法简单易行,且比较可靠。采用附加水泵吸水装置,不仅增加投资和能耗,而且会延长从水泵启动到正常运行的时间,如果再附加底阀,既增加水头损失,又增加了一个水泵投入运行时的不稳定因素,都将影响恒压喷灌泵站的运行效果。

如果水源和地形条件不允许离心泵直接装设于水源最低水位以下时,可以考虑采用真空泵排气充水或采取二级扬水,第一级抽水入第二级的前池,在此前池旁设恒压喷灌泵站。

条件许可时,也可以选用潜水电泵代替常用的离心泵。

5. 泵站与管网形成封闭系统

灌溉水经泵站加压后送入管网,管网用水量的随机变化,通过系统的 $Q\sim H$ 运行关系,以压力信号及时反馈到泵站,经泵站调压装置调压,再将符合管网用水要求的压力和流量送入管网,如此循环往复,直到管网用水全部停止,泵站供水自动切断。因此,恒压喷灌系统也必然是管道式喷灌系统,只有把泵站与管网连接成一个完整的封闭系统,才有可能严格按设计的 $Q\sim H$ 关系运行,也才有可能实现恒压。

上述 5 项基本特征,也是恒压喷灌系统设计中必须遵循的 5 条准则,这些设计准则是互相联系、缺一不可的,形成了恒压喷灌系统所独具的一些特色。这些特色不是人为地“锦上添花”,而是单个喷灌工程面积扩大到一定规模后,为了充分、有效、长期、稳定地发挥喷灌工程的灌溉效益,降低能耗,对占有面积最大的管道式喷灌系统所采用的具有重大意义的技术革新。它把喷灌系统的节能、节水、增产、使用方便和管理水平普遍向前推进了一大步,使恒压喷灌工程在灌溉工程“家族”中切实成为能够发挥稳定作用的重要成员,而不再长期停留在小面积、试验性,对全局无足轻重的地位。世界上许多发达国家喷灌系统的这一发展经验,是值得借鉴的。

第二节　压力流量调节的类型

喷灌系统像其他管道灌溉系统一样,田间用水通常处于一种随机用水状态,用水的不确定性经常造成管网系统压力、流量的变化。为适应田间用水量的变化,保证供给所需要的水量,供水系统如水泵运行的组合工况也处于经常性的变化之中,在设计及管理上需要使整个系统随田间水量的变化处于一种自动适应的动态调节过程。若设计、管理不当,则会产生负面影响,如发生水锤、供水过量或不足等问题。日本一学者在 1987 年的一项调查显示:在 185 个管道化灌区中,有 163 个灌区存在水锤和气锤危害,占 88%;因管理不善造成供水不足的有 139 处,占 75%;引起管道中吸入空气的有 164 处,占 89%;在 160 处开式和半封闭式灌区中,产生水池溢水的有 153 处,占 96%。因此,为适应用水管理、按需供水、节能、方便操作等方面的要求,目前灌溉管网尤其是大规模管网中广泛采用了调压罐、调蓄水池、减压池、减压阀、多台水泵、对水泵转速调节以及优化闸阀控制等多种控制调节设施。

压力和流量是给水系统在使用过程中需要调节的主要参数。由水泵通过管路供水的理论可知,对于一给定的水泵,其压力—流量调节主要有以下 3 种方法:一是阀门调节,二是压力罐调节,三是水泵变速调节。

一、阀门调节

采用阀门进行节流调节,即水泵的转速不变,改变供水管路上阀门开度的大小,以调节压力和流量。开大阀门,流量增加,供水压力下降;关小阀门,流量减少,供水压力上升,从而实现灌溉系统的压力—流量调节,满足灌溉用水对压力和流量的要求。但采用阀门节流调节时,因阀门水力损失的存在,将有大量能量消耗在调节阀上。

通过调节阀门开度的流量控制方式,如果阀门形式选择不当,控制精度就会不稳定,同时还会产生因气蚀引起的噪音、振动,甚至可能成为故障的原因。所以,对流量控制阀有必要就其流量控制范围、管内压力、要求的精度等，在充分研究的基础上进行选择。

（一）阀门的气蚀特性

阀门如果是全开使用，一般不存在气蚀。但随着阀门的关闭开度变小，在超过某一界限时将会发生气蚀。一旦发生气蚀，伴随着振动、噪音的发生，阀门或在其下游侧管道往往会发生气蚀破坏。为了防止气蚀的发生，采用阀门开度控制流量时，应进行气蚀分析。

1. 气蚀计算

气蚀发生的界限根据管内压力、阀门形式、阀门开度等而变，一般可按式(1-6)和式(1-7)计算。

$$\sigma_1 < \sigma \tag{1-6}$$

$$\sigma = \frac{H_a + H_2 - H_v}{H_1 - H_2 + \frac{v^2}{2g}} \tag{1-7}$$

式中：σ_1 为阀形式引起的固有气蚀系数；σ 为由设置条件求得的气蚀系数；H_a 为大气压力(10.33 m)；v 为阀入口处的流速，m/s；H_1 为阀上游侧的静压，m；H_2 为阀下游侧的静压，m；H_v 为在当时水温下的饱和蒸汽压，m。

σ 值如果大于 σ_1 值，则阀门不会发生气蚀。σ_1 值小，说明阀门抗气蚀特性好。关阀引起的压差($\Delta h = H_1 - H_2$)越小，阀门下游侧压力越高，则气蚀可能性也越小。

在水泵管路系统阻力损失所占比例大的场合，如果靠控制阀门开度来减少流量，管路损失变小，阀下游侧的压力 H_2 也变小，需引起注意。

2. 阀门的气蚀系数

常见主要阀门的初生气蚀系数如图1-8、图1-9所示。

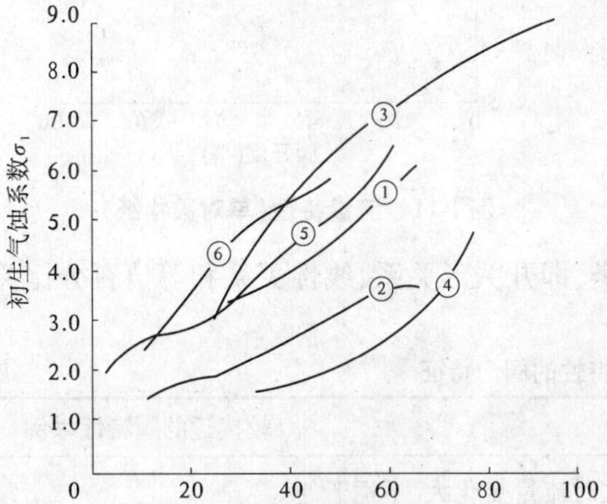

1—框架插入式锥形阀；2—侧缘插入式锥形阀；
3—球形线性阀；4—润滑旋塞阀；
5—蝶阀；6—闸阀

图1-8 各种阀的初生气蚀系数

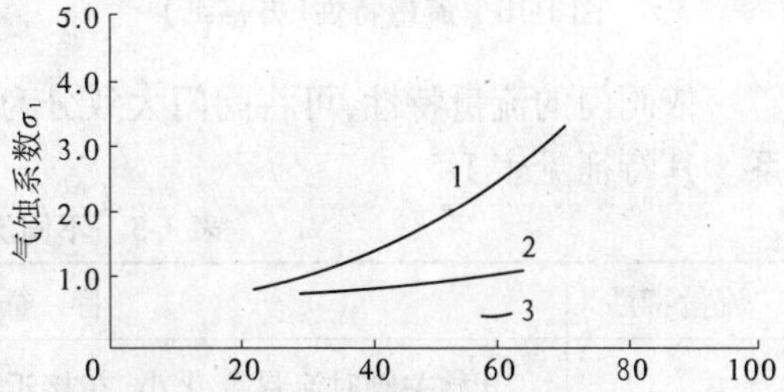

1—初生气蚀系数；
2—一般气蚀破坏开始时的气蚀系数；
3—用于使用少和无气蚀或振动的场所，气蚀系数为0.5

图1-9 回转阀的气蚀系数

（二）阀门的流量特性

阀门开度和流量系数的关系称为阀门的流量特性。用以表征控制阀门的流量特性，是选定阀门的重要参考指标。

流量系数是表示阀门特性的系数之一。对于15.6 ℃的清水,保持阀门进出口水流的压力差在6.86 kPa时,相应的阀门流量 Q、流量系数 C_v 可用式(1-8)、式(1-9)计算。

$$Q = \frac{C_v}{1.167}\sqrt{\frac{\Delta P}{\gamma}} \tag{1-8}$$

$$C_v = \frac{1.167Q}{\sqrt{\frac{\Delta P}{\gamma}}} \tag{1-9}$$

式中:Q 为流量,m^3/h;ΔP 为阀门前后的压力差,kg/cm^2;γ 为液体在15.6 ℃的相对密度。

常见阀门的流量系数见图1-10、图1-11。

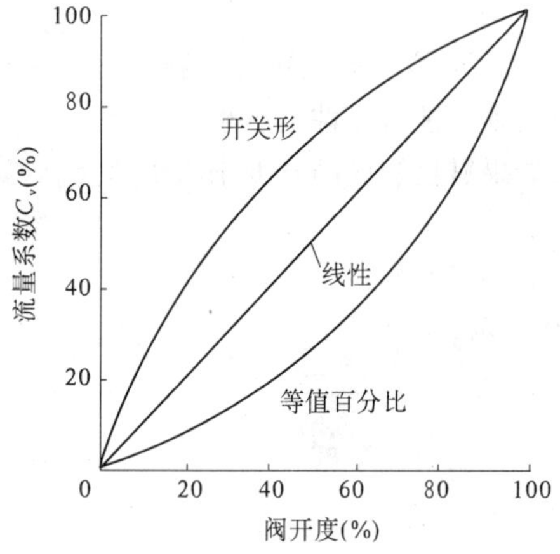

图1-10 流量特性(方格纸)

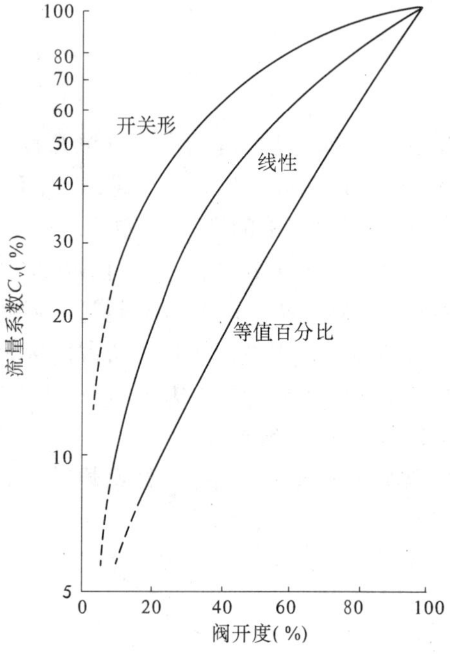

图1-11 流量特性(单对数格纸)

依阀门的流量特性,可将阀门大致分为三类,即开关形关系、线性关系和等值百分比关系。其特征见表1-5。

表1-5 不同流量特性的阀门特征

流量特性	特　征	较接近的阀特性举例
开关形	开始关阀时流量变化小,在接近全关时流量变化大,不适于作为流量控制	闸阀
线性	流量变化与阀开度成比例,较适于流量控制	蝶阀
等值百分比	阀开始关闭时流量变化大,在接近全关闭时流量变化小,特别适于流量控制和防止水锤	回转阀

二、压力罐调节

调压罐恒压供水系统由调压罐、充气设备、自控系统及有关附件组成。它通过调压罐与水泵的共同调节，使供、用水达到平衡。

水泵供水对田间用水量的变动处于动态响应，如图 1-12 所示。

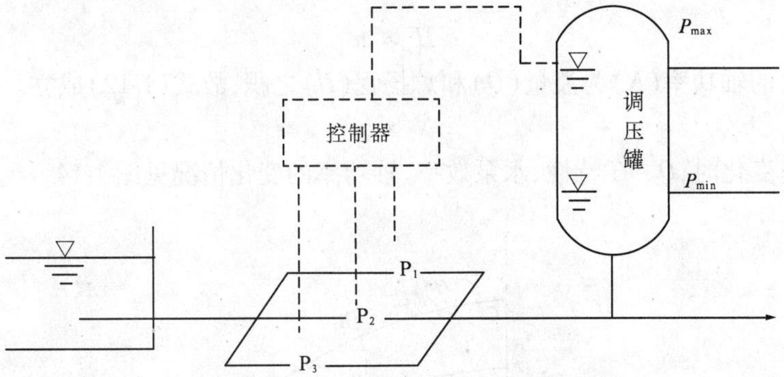

图 1-12　调压罐调节示意图

调压罐设定压力上限为 P_{max}，下限为 P_{min}。当田间用水量增加时，系统压力降低，调压罐向管网补水，当压力降到给定压力下限时，压力控制器或电接点压力表动作，控制装置控制水泵 P_1、P_2、P_3 运行组合，或启动 1 台小泵或将小泵切换成大泵运行，增加供水。若此时压力继续降低，则启动另外的泵，直至供用水平衡为止，反之亦然。其控制程序如图 1-13 所示。

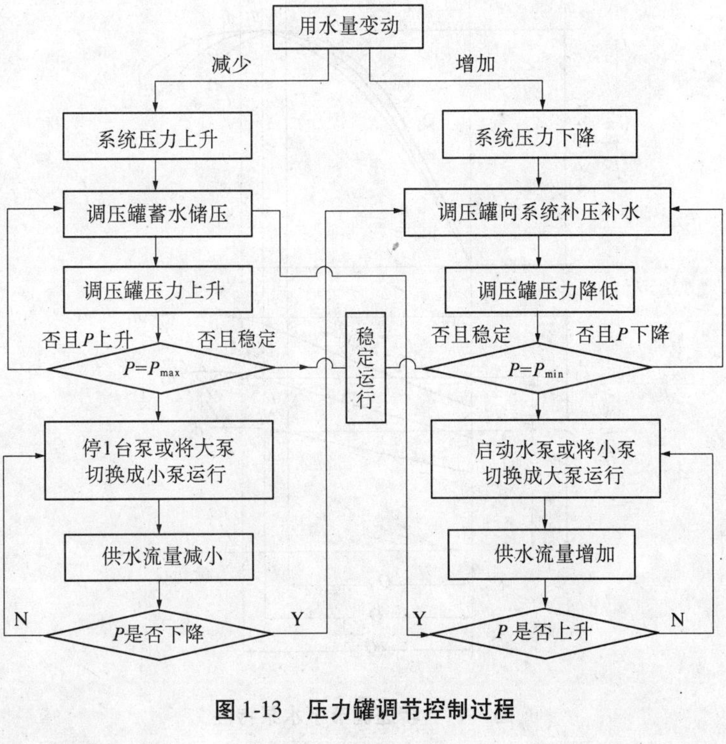

图 1-13　压力罐调节控制过程

三、水泵调速调节

（一）水泵转速控制

水泵的特性与其转速存在一定的相关关系，水泵的转速（n）一旦改变，其流量（Q）和总扬程(H)将发生变化,其变化的定量关系可依水泵相似率用式(1-10)、式(1-11)来表示。

$$Q \propto n \tag{1-10}$$

$$H \propto n^2 \tag{1-11}$$

因为水泵的轴功率(N)为流量(Q)和总扬程(H)之积,故式(1-12)成立。

$$N \propto n^3 \tag{1-12}$$

水泵转速变化时,$Q \sim H$ 特性、水泵效率、轴功率的变化情况见图1-14。

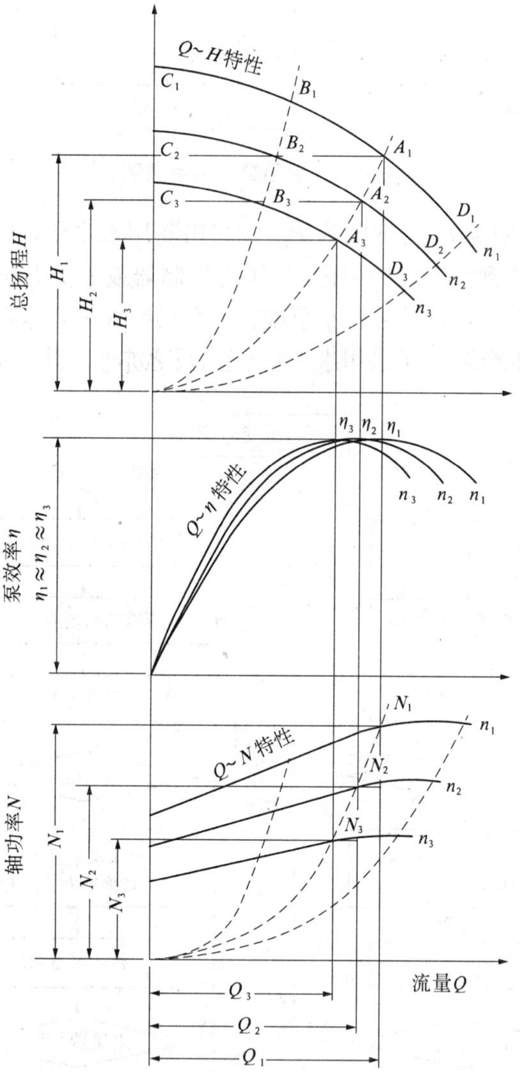

图1-14　转速调节下水泵特性

(二)转速控制方式

水泵的转速控制可采用多种方式,大致可分为两大类,一类是从电的方面改变电动机的转速,另一类是改变液力耦合器滑差,主要的控制方式见图1-15。

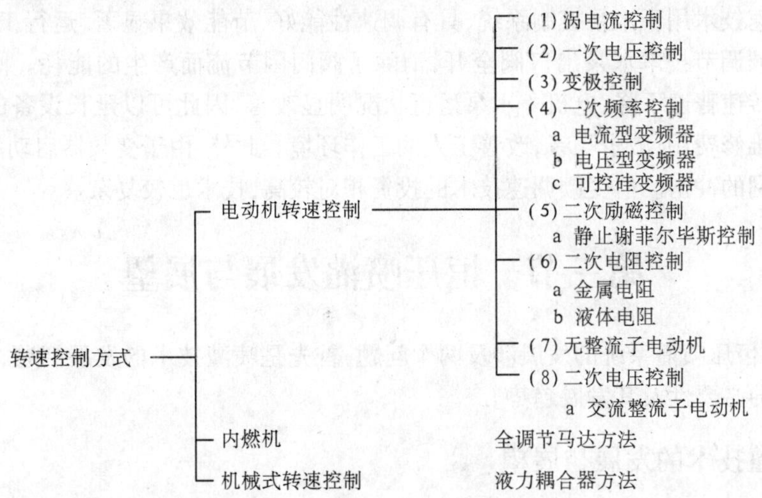

图 1-15　转速控制方式

在恒压喷灌系统中,水泵的转速调节一般是通过改变拖动水泵的电机转速,从而相应改变水泵的转速,实现对水泵的扬程和流量的调节。目前常用的方法是改变输入电机的供电频率来实现,因而又称变频调节。

变频调速技术的基本原理是根据电机转速与工作电源输入频率成正比的关系:

$$n = 60f(1-s)/p \tag{1-13}$$

式中:n 为转速;f 为输入频率;s 为电机转差率;p 为电机磁极对数。通过改变电动机工作电源频率达到改变电机转速的目的。变频器就是基于上述原理采用集交—直—交电源变换技术、电力、电子、微电脑控制等技术于一身的综合性电气产品。

恒压供水调速系统可实现水泵电动机无级调速,依据用水量的变化(实际上为供水管网的压力变化)自动调节系统的运行参数,在用水量发生变化时保持水压恒定,以满足用水要求,是目前先进、合理的节能型供水系统。

四、不同调节方式的优缺点

采用阀门调节,形式简单,操作容易,投资较小。但采用阀门调节,闸阀通过水流时会引起水力损失,特别是调节闸阀升压时,人为地增加管网输水阻力以减小流量,阻力损失相应增加,水泵可能脱离高效工作区,泵站效率变低,能耗增大;即使水泵仍在高效区工作,但叶轮转速不变,系统输入功率并无减少,能量白白地损失在节流过程中。所以,当流量压力变化时,就水泵电机系统而言,会浪费大量的电能。另外,在节流调节方式中,电动机、水泵等长期处于高速、大负载下运行,造成维护工作量大,设备寿命低,并且运行现场噪声大,影响环境。

调压罐调节易于实现自动化。但调压罐调节主要是靠启停水泵来实现的,由于水泵多采用的是 Y-△启动方式,电机的启动电流一般为其额定电流的 3~4 倍,一台 90 kW 的电动机,其启动电流将达到 500 A,在如此大的电流冲击下,接触器、电机的使用寿命会大大下降。同时,启动时的机械冲击和停泵时的水锤现象,容易对机械零件、轴承、阀门、管道等造成破坏,从而增加维修工作量和备品、备件费用。

变频调速技术用于水泵控制系统，具有调速性能好、节能效果显著、运行工艺安全可靠等优点。变频调节技术水泵出口阀全开，消除了阀门因节流而产生的能耗。同时，由于电机—水泵的转速普遍下降，电机—水泵运行状况明显改善，因此可以延长设备的使用寿命，降低设备的维修费用；减少噪音，改善工人的工作环境。此外，由于变频器启动和调速平稳，减少了对电网的冲击。但变频调速技术的投资相对较高，技术也较复杂。

第三节　恒压喷灌发展与展望

在我国，恒压喷灌系统的发展涉及两个问题，首先是喷灌技术的发展问题，其次才是采用恒压技术的必要性及其发展趋势。

一、喷灌技术的发展与展望

我国是一个水资源不足的农业大国，国民经济正处于一个蓬勃发展的新时期，实现工农业的发展目标都面临着缺水的矛盾。我国人均水资源量仅为世界平均数的26%、美国的20%、原苏联的15%，灌溉面积平均水资源量只有世界平均数的29%、美国的46%、原苏联的25%。且因时空分布不均，年降水量东南地区最大处达2 000 mm以上，西北地区最小处不足25 mm，夏秋季连续4个月降水可达全年的60%～80%以上，全年最大和最小降水量差达2～8倍。在北方辽河、海滦河、黄河和淮河流域范围内，拥有全国35%的人口和42%的耕地，但水资源量仅占全国总量的6.3%；其他地区水资源量虽比较丰富，但季节性的干旱缺水也时有发生。同时，水资源中洪水占河川径流的主要部分，加上森林覆盖率低，水土流失严重，河川径流中泥沙含量高，给水资源的开发利用带来很多困难。20世纪80年代初期，全国总供水量为4 437亿 m^3，相当于全国水资源总量28 124亿 m^3 的15.8%。

据1980年统计，全国种植业灌溉用水为3 581亿 m^3，占总用水量的80.7%，是农业用水的91.5%，这是保证我国以占耕地50%的灌溉面积，生产70%以上的粮食，使11亿人口得以粮食自给的基础。将中、美、印和原苏联四国灌溉用水进行比较，1980年前后年平均灌溉用水量分别为7 358、7 117、6 047 m^3/hm^2 和5 347 m^3/hm^2，以我国为最大。灌溉用水量偏多的问题，是多年来一直困扰着我们的一个突出矛盾，一方面我国灌溉面积平均占有的水资源量偏少，灌溉保证率不高，在很大程度上影响着农业生产水平的提高，而且随着工业的发展和城镇人口的增加，还需要从灌溉用水中转让出部分水量，尤其在水资源开发难度很大、而资金又不足的条件下，灌溉供水量相应减少将难以避免，更加剧了灌溉用水的紧缺程度；另一方面由于灌溉输水损失、田间渗漏损失和用水管理损失等多种原因，灌溉用水又有较大的浪费，虽然近年来渠道衬砌、管道输水等防渗技术有了较快的发展，但由于田间灌溉和管理水平改进不大，灌溉水的利用系数从全国来看仍维持在0.45左右。解决这个矛盾，继续大力提高水资源的开发程度是必要的，但根本出路在于走节水型农业的道路，其中最主要的无疑是把灌溉用水中的浪费部分加以有效利用。

提高灌溉用水的有效利用率，是一项涉及诸多因素的、复杂的系统工程，对采用地面灌溉方法的渠道输水灌溉来说尤其如此，既有技术因素，又受经济的、体制的和政策方面的因素制约。要在10～20年，甚至更长一段的时期内，使灌溉水有效利用程度有较大的提高，难度很大。例如，对于一个有干、支、斗、农四级固定渠道的大中型灌区来说，即便固定渠道全部衬砌，而且各级渠道和田间水利用系数均能达到0.9的标准，灌溉水的利用系数也很难突破0.6；对于只有二、三级固定渠道的小型灌区来说，水的有效利用系数最大也只能达到0.65~0.70。而且，由于地面灌溉技术难以实现机械化，在规模经营的条件下，上述标准更难达到。因此，世界上许多国家，不论大国或小国，大规模发展旱作物节水灌溉的途径大都走了发展喷灌的路子，采用喷灌水的利用系数能达到0.8~0.85或更高。根据我国近30年来喷灌发展的经验，20世纪80年代初期，从当时的技术、经济条件出发，曾提出了喷灌发展的重点应放在地面灌溉难度较大的经济作物区，显然其主要目的不在于节水，而是着眼于解决这些地区的灌溉条件。在这一方针的指导下，南方柑橘和城郊蔬菜的固定式喷灌、淮河流域年降水量800 mm左右地区的小型喷灌机组大田抗旱，以及东北国营农场大型自走式喷灌机组的应用，都有了较大的发展。到了80年代中期，全国喷灌面积超过80万 hm^2。但这一阶段喷灌的发展，实际上并没有触及已有灌区的节水问题。进入20世纪80年代后期，随着我国技术、经济条件的进一步改善，北京市顺义县为节约用水，率先在适度规模经营的条件下，把井渠双灌的已有灌区，大面积由地面灌改为喷灌。到1991年，全县5.3万 hm^2 大田，已有3.3万 hm^2 改造成为取用地下水的半固定管道式喷灌系统，不仅机井数量减少一半，地下水位不再继续下降，而且上交了北京市分配给该县的地面水1.2亿 m^3，单位面积年平均节约用水一半左右，增产20%以上。顺义县的这一大胆实践，说明了以下一些问题：

(1)在供水不足和适度规模经营条件下，只要经济条件许可，大面积改旱作物地面灌为喷灌，就我国目前状况来看，是一条可行之路。

(2)即便在水的供求矛盾非常突出的北京市，解决灌溉供水不足的问题，也完全能够依靠节水做出成效。尤其是采用喷灌技术对于老灌区进行技术改造，节水效益是令人信服的，既缓解了农业灌溉中缺水的矛盾，又可转让出部分水资源支援城市和工业建设。同时，由于取消了各级渠道和畦埂占地，扩大了播种面积，农业可进一步获得增产。

(3)半固定管道式喷灌系统是一种比较适合我国国情的喷灌工程类型，它能够适应大小不一的适度规模经营条件，可由农户自行购置、管理和使用移动喷灌设备，可以按用户的经营范围布置固定输水管道和给水栓，可以集中统一管理技术比较复杂的供水工程，兼有劳动密集和技术密集双重特点，可以大面积长期发挥稳定的灌溉作用。在北方平原地区虽投资稍高，但采取供水部分国家补贴，移动部分群众自筹等多渠道集资的办法有计划地逐步发展，对于解决我国北方地区旱作灌溉缺水问题，甚至转让出部分水量支援工业，都将发挥明显作用。

水资源紧缺问题是一个不可逆转的世界趋势，喷灌工程节水效益显著，已具备可以大面积推广的技术条件，受到了世界各国的重视。到20世纪80年代后期，美国和原苏联喷灌面积均发展到1 000万 hm^2 左右，占其灌溉面积的40%上下。这也可能正是他们单位灌溉面积年用水量少于我国的一个重要原因。鉴于我国多数灌区工程老化的现状，旧灌区技术改造问题已经提上了日程，既然是技术改造，自然就有一个用什么技术改造成什么模样的问题，是把已经老化损坏的工程基本按原样加以简单更新，还是根据灌区存在的问题，尽可能采用现代化技术，把灌区改造成为符合节水型农业发展要求的新型灌区，这是一个很值得研究的课题。顺义经验的可贵之处，正是在于它揭示了用喷灌技术对我国北方旧有灌区进行技术改造的可行性。21世纪前半叶是我国工农业全面发展并接近发达国家水平的第三个阶段，虽然在实现旧灌区节水型技术改造的历史性变革中，不必要把地面灌全部改为喷灌，但在水资源供求矛盾比较突出的地区，尤其是在大城市附近的一些地区，由于经济实力较强，喷灌技术将会成为这些地区旧灌区技术改造的首选对象。因此可以预言，喷灌工程的大面积发展对我国来说也只是个时间问题，在灌溉用水占总用水量绝大多数的条件下，解决综合国力的发展与水资源紧缺的矛盾，极有可能在21世纪从喷灌工程的发展中获得根本性的突破。

二、恒压喷灌技术的发展现状与趋势

如前所述，恒压喷灌技术是生产发展的产物，是喷灌系统发展到一定阶段，为了充分发挥灌溉效益和节约能耗所必然采取的一项有重要经济意义的技术措施。在许多国家，喷灌与恒压已经成为有着必然联系的统一体，但是在我国前一阶段的喷灌发展中，为什么没有出现喷灌系统与恒压装置的同步发展，主要有以下一些原因：

(1)20世纪80年代，在我国已有的80万 hm^2 喷灌面积中，约2/3是采用轻小型移动喷灌机组，一台小泵一个喷头，或一条多喷头移动管道，不存在调压问题；

(2)山丘地区修建的自压喷灌系统，已天然具备了恒压功能；

(3)单个泵站控制的喷灌面积很小，多数只有几公顷或几十公顷，用水时可一目了然地随时停机开机，调压装置可有可无；

(4)采用大型自走式喷灌机组的国营农场，多数用井点供水，也不存在调压问题。

上述这些已建成的喷灌系统均属于小型工程，除蔬菜外，大都是在原来没有灌溉的条件下新建的小型灌区，特别是小型移动机组的控制范围，是一种很不稳定的抗旱灌溉形式，20世纪80年代中期以后，大都已改成管道输水地面灌溉。如果不计入这一部分，全国喷灌面积只有25万 hm^2 左右，仅相当于灌溉面积的0.6%，而且近10年间喷灌总面积也增加不多。从喷灌在全局所处的地位，也就不难理解为什么恒压喷灌系统发展缓慢的原因了。

但是，像其他灌溉工程一样，喷灌工程的进一步发展，其规模也不会仅局限于小型工程，必将走集中取水的道路，出现一批成百上千、甚至数以万公顷的喷灌系统。为解决这类系统用水的随机性问题，喷灌泵站将必须采用自动调压装置。

近30年来，喷灌泵站自动调压装置的发展大致可划分为3个阶段：

第一阶段：以电气元件编排运行程序，指挥并执行泵站的运行；

第二阶段：以电子元件编排运行程序，指挥配电系统执行泵站的运行；

第三阶段：喷灌泵站及调压装置由室内转入露天无人值守。

在河南省郏县修建的我国第一座恒压喷灌试验工程，鉴于20世纪80年代初期我国电子技术的落后状况，泵站自动调压装置采用了强电技术，以求运行可靠。在今后的发展中，无疑应尽量采用已经发展的电子技术，指挥泵站的自动运行，以减少投资。露天无人值守喷灌泵站可大幅度降低工程投资，虽近期内我国尚不宜采用，但同样也有着良好的发展前景。

具有泵站自动调压装置心脏功能的调压罐，是整个装置中最大的一个部件，其容积由水和空气两部分组成，依靠空气的压缩性，在水泵启闭过程的非正常运行时间内，维持管网恒压并吸收水锤压力，调压罐必须有足够的容积，才能承担此任。30多年来，世界各国大都采用水气自然分离式调压罐。部分控制面积很小的喷灌泵站，采用弹性隔膜分离、气体密封式调压罐，容积较小，且无须充排气装置，但受隔膜材料寿命的限制，恒压功能也有所降低，一般很少采用。预计在喷灌泵站总体结构与设备未发生根本性变革之前，水气自然分离式调压罐，仍将扮演重要角色，当然在结构设计和材料选用上也会有新的发展。

此外，喷灌系统的投资有一半以上用于管网，在可靠、耐用的前提下，如何减少这部分投资，也将是目前和今后设计中一个比较突出的问题。固定管道的管材问题已有较多的选择余地，关键是如何很好地解决布局设计和配置必要的安全和管理设施；而移动喷灌设备部分，当前最大的问题是管材选择余地太小，薄壁铝合金管价格太高，而薄壁钢管的耐用问题又亟待突破。薄壁移动钢管的问世，是世界各国喷灌系统得以迅速发展的重要因素。从目前我国部分地区半固定管道式喷灌系统发展的现状来看，尽快突破薄壁钢管的镀锌工艺问题，使之经得起磕碰和长久耐用，必将对我国喷灌的发展起重要的促进作用。

变频调压技术已日趋成熟，相关设备价格逐步降低，“傻瓜式”的管理等得到了用户的好评。随着变频控制技术的改进，功能完备、造价适中、维护方便的变频调压设备的出现，进一步推动调压技术的发展，变频恒压技术将成为未来一个阶段恒压技术的主流。

第二章　喷灌系统工况分析

第一节　管网工作压力选择

管网工作压力的选择，关系到灌溉工程效益的充分发挥，也影响到喷灌系统的建设、投资及运行费用。管网工作压力一般可分解成两部分，分别用于提供喷头所需的运行压力和克服输水过程中的阻力损失。喷头工作压力的高低和管网阻力损失的大小，都左右着管网工作压力的确定。此外，管材自身强度、投资能力也是重要的影响因素。

一、喷头工作压力的选择

喷头工作压力的选择要考虑地形、土壤、作物等因素的影响，同时还应进行经济比较。目前，我国常用的喷头按工作压力可大体分为高压、中压和低压三种。

（一）作物对喷头压力的要求

喷头工作压力不同，其喷洒范围、流量及水滴大小和打击强度也不一样。不同作物承受水滴打击强度的能力不同，有些作物可以承受较大的打击强度，有些则不然，过大的打击力会影响作物的正常生长。因此，首先应根据作物种类初步选择喷头工作压力。不同压力喷头的使用范围如下：

（1）低压喷头：主要适用于苗圃、草地、温室、草坪等。

（2）中压喷头：范围较广，主要适用于果园、草地、菜地、大田及各类经济作物。

（3）高压喷头：适用于耐打击的大田作物和草原，半固定式喷灌系统较少采用。

（二）地形、土壤对喷头压力的要求

不同的地形和土壤，应选用与之相适应的喷头工作压力和喷洒强度，避免产生地表径流，破坏土壤结构。对地形坡度较大、土壤透水性较差的地区，应选择压力较小、喷洒强度也较小的喷头。

二、喷头经济工作压力的确定

从上面的论述可知，以作物、土壤、地形条件为依据选择喷头工作压力，其范围较宽，在此区间内到底应选定多大工作压力，这就涉及到一个经济问题。例如，加压固定式喷灌系统，喷头和支管间距的确定主要取决于喷头的射程，而喷头射程又由喷头进口压力决定。工作压力越高，射程越远，喷头及支管布置间距可以取较大数值；反之，压力较低，射程较近，喷头及支管间距只能取较小值。从工程投资的观点看，喷头工作压力选定的越高，支管间距越大，喷灌系统固定支管用量越小，投资越省；喷头工作压力越低，支管间距越小，投资越高。因此，希望选择较高的喷头工作压力。但另一方面，喷头工作压力选择得越高，又意味着系统能耗越大，运行成本相应增高，同时管材耐压要求高，也会增加设备的投入，从降低能耗和设备投资情况看，又希望选择较低的喷头工作压力。

在一般情况下，喷头工作压力过高虽然工程投资可能会较小，但系统运行费用加大，也未必经济。反之，喷头工作压力选择过低，虽然运行成本降低了，但系统的工程投资却要大幅度上升，也不一定理想。因此，选择一个适宜的压力值，以该值作为喷头工作压力时，工程投资和运行费用之和最小，这就是我们要求的喷头经济工作压力。

常用选择喷头工作压力的具体方法如下：

对固定式喷灌系统而言，当喷头工作压力一定时，喷头及支管布置间距越大，投资越省，系统经济性越好，但喷洒均匀系数、喷灌质量会相应降低。《喷灌工程技术规范》(GB/T 50085—2007)规定，喷灌系统在设计风速下，其组合均匀系数不应低于0.75，以此作为确定组合布置间距的依据。对于不同的喷头工作压力，可以一一求出组合喷洒均匀系数不低于0.75的最大喷头及支管布置间距。知道了布置间距，则可求出喷灌系统喷头及支管的使用数量，即相应于不同的喷头工作压力，喷灌系统有不同的喷头、支管数量及工程投资。据此，可以得出喷头工作压力与喷灌系统田间管网投资之间的关系曲线。

另一方面，喷头工作压力不同，喷灌系统能耗不一样，运行费用也不一样，通过计算，可以得出喷头工作压力与喷灌系统年运行费用之间的关系曲线。

为了便于分析比较，可按不同材料的折旧年限将喷灌系统工程投资折算成基准年的现值。上述两条关系曲线的交点即为喷头经济工作压力点，见图2-1。

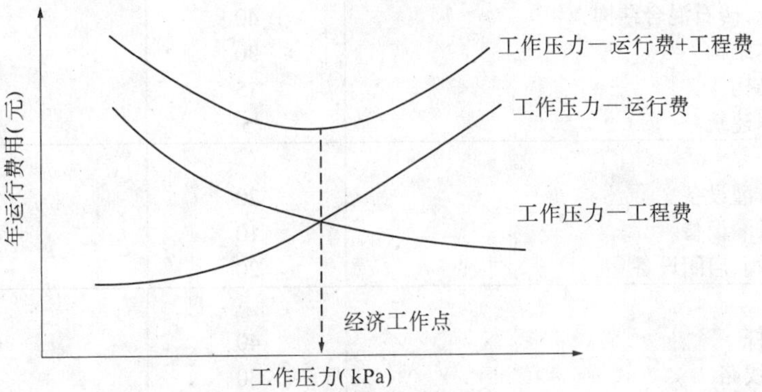

图2-1　喷头经济工作压力点示意图

三、管网工作压力的选择

(一)管径的选择计算

在确定了喷头工作压力的基础上，只要知道各级输水管道的阻力损失，即可初步确定喷灌管网的工作压力值。

喷灌系统流量明确后，输水管道单位长度的阻力损失取决于管材、管径，当管材选定后，只与管径有关。

管材选择受地形条件、施工条件、工程重要程度、投资能力等因素制约。对山区、丘陵地区，地形坡度大、地块破碎的灌区，为确保安全性，应采用强度较大的管材；对面积小、地形平坦的喷灌区，从节省投资考虑，可采用强度中等的塑料管。

根据所选管材的经济流速，初步选取各级管道的管径。管网最终管径的选取，需要通过计算喷灌系统的年投资费用和年运行费用，进行经济分析、比较后确定。其中，喷灌系统的年投资费用和年运行费用可参考下述方法计算。

1. 分项工程的年投资费用

根据折旧年限计算，各类喷灌设施折旧年限见表2-1。

表 2-1　喷灌设施折旧年限及年均大修费率

固定资产分类	折旧年限(年)	每年平均大修理费率(%)
一、坝、闸建筑物		
1. 中、小型坝闸	50	0.5 ~ 1.0
2. 中、小型涵闸	40	1.5
3. 木结构、锦纶等半永久坝、闸	10	2.0
4. 泥沙淤积多的坝、闸	30	1.0 ~ 1.5
5. 蓄水池、压力池	30	1.0 ~ 1.5
二、引水、灌排渠道		
1. 中、小型一般护砌渠道	40	1.5
2. 混凝土、沥青等护砌防渗渠道	30	2.0
3. 塑料等非永久性防渗渠道	25	3.0
4. 渡槽、分水闸和桥涵等渠系建筑物	30	2.0
三、水井		
1. 深井	20	1.0
2. 浅井	15	1.0
四、房屋建筑		
1. 钢筋混凝土、砖石混合结构	40	1.0
2. 永久性砖木结构	30	1.5
3. 简易砖木结构	15	2.0
4. 临时性土木建筑	5	3.0
五、机电设备		
1. 小型电力排灌设备	20	2.0
2. 小型机械排灌设备	10	4.0
3. 中、小型闸阀、启闭设备	20	1.5
六、输配电设备		
1. 铁塔、水泥杆	40	0.5
2. 电缆、木杆线路	30	1.0
3. 变电设备	25	1.5
4. 配电设备	20	0.5
七、喷灌机		
1. 大、中型喷灌机	15	5.0
2. 小型喷灌机	10	5.0
八、地面移动管道		
1. 薄壁铝(铝合金)管	15	2.0
2. 镀锌薄壁钢管	10	2.0
3. 塑料管	5	0
4. 塑料软管	2	0
九、地埋管道		
1. 钢筋混凝土管、石棉水泥管	40	1.0
2. 钢管、铸铁管	30	1.0
3. 塑料管	20	1.0
十、喷头		
1. 金属喷头	5	0
2. 塑料喷头	2	0
十一、工具、仪表		
1. 生产工具:用具、实验等仪器设备	10	0.5
2. 其他常用用具	10	0

喷灌系统各项工程的年折旧费可用下述两式进行计算：

静态法：

$$d = K/n \tag{2-1}$$

动态法：

$$d = [i(1+i)^{n}/(1+i)^{n-1}]K \tag{2-2}$$

式中：d 为年折旧费，元；K 为分项工程投资，元；n 为折旧年限，年；i 为年利率，%，一般为贷款利率。

2. 喷灌系统年运行费

喷灌工程运行管理中每年所支付的各项经常性费用，包括年动力费、维修费、管理费等。

1）年动力费

$$c_1 = (2.72 \times 10^{-3} QH/\eta) T\sigma_1 \tag{2-3}$$

式中：Q 为喷灌系统平均流量，m^3/h；H 为水泵工作扬程，m；η 为水泵机组效率，%；T 为年运行时间，h；σ_1 为电价，元/(kW·h)。

2）维修费

指喷灌工程设施的定期大修、岁修及日常维修、养护等费用。维修费与工程类型、使用频繁程度及管理方式有关，通常按投资的某一百分比估算。计算时，可参照已建成类似工程的费率或参考表2-1进行。

$$c_2 = K\sigma_2 \tag{2-4}$$

式中：K 为工程投资，元；σ_2 为维修费率，%。

3）管理费

包括管理人员和作业人员的工资、行政管理费等，一般按喷灌面积计算。

$$c_3 = s\sigma_3 \tag{2-5}$$

式中：s 为喷灌面积，hm^2；σ_3 为单位面积管理费，元/hm^2，可参照已建成类似工程的费率计算。

（二）管网工作压力的选择

管网各级管道的管径确定后，即可按照有关公式计算管道的输水损失。根据典型喷点的工作压力和该点距泵站出口间各级管道的输水阻力损失，可以初步得出管网的工作压力。鉴于上述计算过程中，变量间并非简单的函数关系，其中存在互为关联的隐函数关系，如在确定喷头经济工作压力时，需要计算出工程的直接费用和间接费用，而工程的直接费用和间接费用又受管材、管径的影响，同时管材、管径又影响着管网工作压力的选择，因而需要通过反复迭代，作进一步的分析、比较，最终确定出一组最为经济的系统参数。为便于说明问题，下面结合具体例子加以论述。

如某一平原地区的喷灌工程，根据投资能力及市场供给情况，拟采用PVC管。现有400、600、800 kPa三种压力可供选择，各种压力管的管径系列一样。

按前面的办法初步计算管网工作压力时，有可能出现如下结果：

（1）管网压力值介于管材的两个压力档次之间，如为650 kPa；

（2）管网压力超出管材的最大工作压力，如大于800 kPa。

对于第一种情况，管网工作压力可以定为800 kPa，原选管径不变；也可加大管径，减少输水损失，而选定600 kPa管道。选择哪个方案为好，这就需要从经济方面进行比较，看因压力档次提高增加的材料费与因管径加大而增加的材料费哪一个较小。

对于第二种情况，最好通过加大管径来解决。如果加大管径后，初算出的管网压力仍大于该管材的最大工作压力，则要变更管材，选择承受工作压力大的管道。经过上述反复计算、比较之后，方可最后确定管网的工作压力。

四、压力分区

位于丘陵山区的喷灌工程，由于地形坡度大，喷灌范围内各点高程相差悬殊，有时相差达几十米。为了充分利用这部分位能，有必要进行压力分区。根据灌区地形特点，将其分为若干个压力分区，对地面位置较高的区采用压力较小的喷头，对地面位置较低的区，则采用较大压力的喷头，以降低投资、节约能耗。但分区不宜过多，否则将给管理工作带来麻烦。

第二节 管网系统设计

喷灌系统管网根据布置可分为干管、分干管、支管三级，较小的喷灌系统有时只有干管及支管两级。

一、管网布置原则

(1)管网布置应使管道总长度最短，造价小，同时要有利于水锤防护。在平原区选择喷灌地块时，应尽量使水源和泵站位于地块中心，这样可以缩短管线，并且可以降低管径，节省管道用量和投资，同时因输水线路缩短，可降低管道水力损失，从而降低泵站运行总扬程，减少运行费用。

(2)山丘区布置喷灌系统时，一般应使干管沿主坡方向，支管平行等高线布置，这样有利于控制支管水头损失，使支管上各喷头工作压力尽量均匀一致，同时也有利于竖管保持铅垂，保证喷头在水平面上旋转。在梯田上布管时，支管宜沿梯田水平方向布置，否则支管与梯田相交，不但弯头过多而且管道拆装都比较困难。如果受地形条件限制，支管不能平行等高线时，也可以使支管顺坡或与等高线斜交布置，同时应避免支管上坡。

(3)管道布置应考虑到各用水单位的需要，使用水及运行管理方便，有利于进行轮灌，快速地分散流量。

(4)支管布置应尽量与作物耕作方向一致。对固定式喷灌系统，这样布置可减少竖管对机耕的影响；对半固定式系统，便于操作，并可避免践踏庄稼。同时，在可能的情况下，宜使支管垂直主风向。

(5)充分考虑地坡形状，力求使支管长度一致、规格统一。管线纵剖面应力求平顺，减少折点，尤其应尽量避免驼峰。不能避免时，应在驼峰处增设进排气阀等水锤防护装置。

(6)管网布置与道路、林带、排水、供电系统及居民点规划相结合。

二、管网布置形式

喷灌管网布置通常可分为如下几种。

(一)树状管网

这种管网形式是我国喷灌系统管道布置中最常用的一种形式，布置简单，适合于地块分散、地形起伏的地区，并且水力学计算也比较简单。但这种形式的管网，一般支管必须严格按顺序工作，布置管道较多，管道利用率低，在运行时若一处管道出现故障，常会影响几条甚至全系统停止运行。常见的树状管网根据其地形及水源位置的不同又可分为丰字形、梳子形、树杈形，如图 2-2 所示。

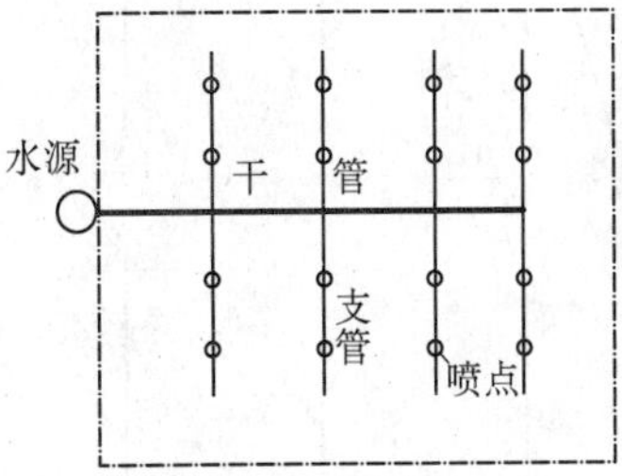

(a 丰字形管网

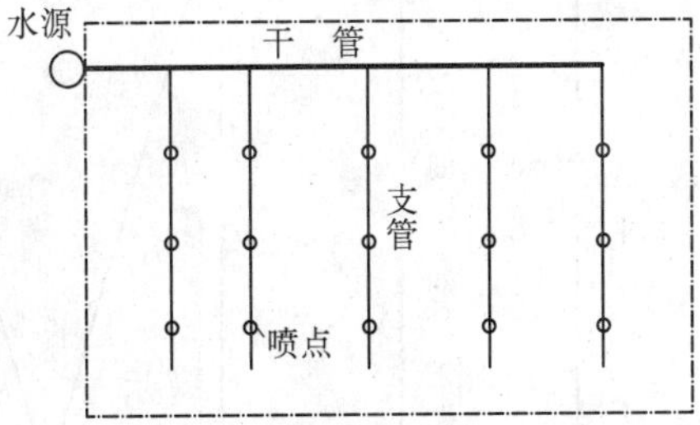

(b) 梳子形管网

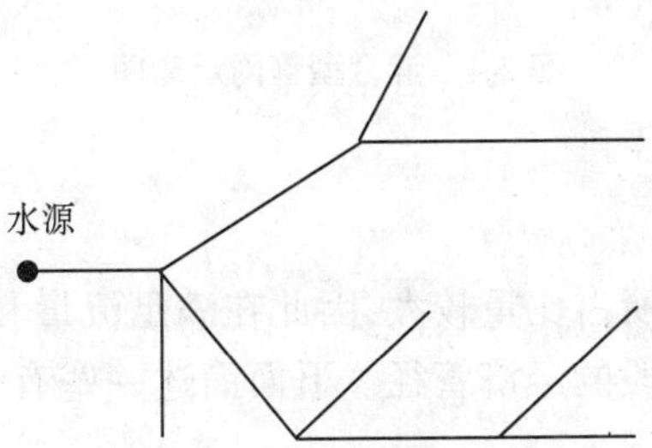

(c) 树杈形管网

图 2-2 常见的树状管网布置示意图

(二)环状管网

近年来，农村经济体制发生了深刻的变化，用水单位变小，田间管网惯用的有序轮灌的方法变得很困难，需要采用环状管网，实行随机用水。此外，多水源地区也可采用环状管网。采用环状管网的优点是提高用水可靠程度，整个管网水压均匀，用水调度灵活，有利于随机用水，管网中所有管道均在工作，管道利用率高，但采用环状管网有可能使投资增加。

环状管网形式如图 2-3 所示。

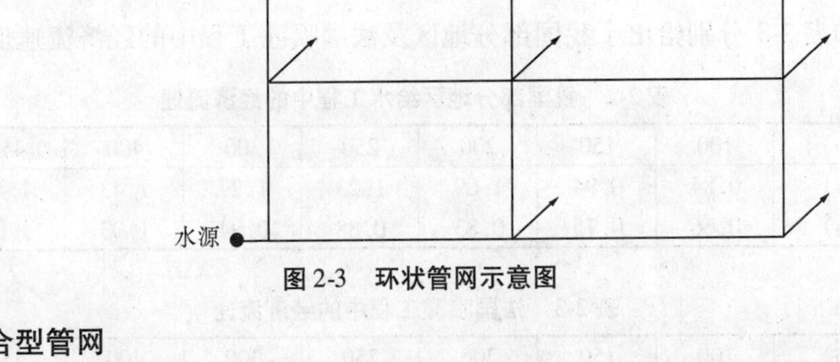

图 2-3 环状管网示意图

(三)混合型管网

对于多水源系统可将管网布置成环状管网与树状管网的混合型(见图 2-4)。这种管网既可提高用水保证率，避免因局部事故而影响系统灌水，同时管道利用率高，用水随机性及管网中压力均匀性、投资等介于环状管网与树状管网之间。此外，混合型管网布置形式在地形有利时，可联网形成环，在地形起伏较大地区又可分网成树，适应地形变化较大及地块分散的情况。

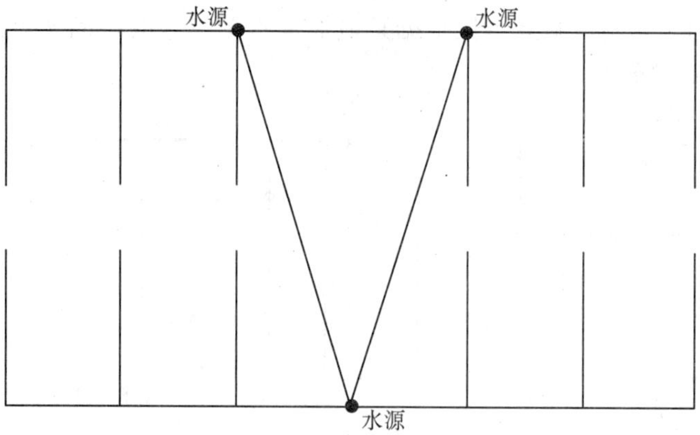

图 2-4 混合型管网示意图

三、管网技术经济计算

在喷灌系统中，管网投资所占比重较大，因此在满足流量和压力的前提下，要求对管网进行技术经济计算，确定各管段的经济管径。下面简述一些有关树状管网及环状管网的计算方法。

（一）树状管网的经济计算

1. 经济流速法

树状管网一般的设计方法是在确定各管段设计流量后，根据经济流速法选定管径，再由流量、管径及管长计算各段水力损失，最后根据压力要求及地形高差推求各节点水压及水泵扬程。因此，若已知经济流速，则计算简单易行，即

$$D = \left(\frac{4Q}{\pi v}\right)^{1/2} = 1.13(Q/v)^{1/2} \tag{2-6}$$

式中：D 为经济管径，m；Q 为管段设计流量，m^3/s；v 为经济流速，m/s。

由于经济流速的影响因素复杂，地区性较强，国内还没有统一的标准，应用受到很大限制。在我国，管内流速一般不小于 0.6 m/s，以防淤积；同时，也不宜超过 2.5 m/s，以减少水锤压力。

表 2-2 和表 2-3 分别给出了我国部分地区及法国喷灌工程中的经济流速值，供参考。

表 2-2 我国部分地区给水工程中的经济流速

管径 D(mm)	100	150	200	250	300	400	450	500
上海 v(m/s)	0.84	0.94	1.09	1.23	1.27	1.43	1.49	1.59
北京 v(m/s)	0.66	0.75	0.83	0.88	0.94	1.03	1.07	1.11

表 2-3 法国喷灌工程中的经济流速

管径 D(mm)	100	150	200	250	300	400	450	500
v_{min}(m/s)	0.2	0.25	0.35	0.40	0.40	0.50	0.50	0.50
v_{max}(m/s)	1.8	1.95	2.05	2.15	2.25	2.30	2.50	2.85

此外，需说明的是，喷灌工程与给水工程相比，年工作时数少，全年耗电费用占年费用较

少，因此可适当提高经济流速值，以减小管径，使年费用最小，这也可以说是喷灌工程的一大特点。用经济流速确定管径方法简便，在有资料或经验的地区可以采用，但经济流速的地域性及时间性较强，任意挪用将会受一定限制，应按当地条件分析经济流速，也可采用其他方法直接计算经济管径。

2. 年费用最小法

当管道流量已知时，若管径选择大，则运行费用可降低，但管网投资将增加；相反，选择小管径可降低管网投资，但运行费用增加，因此存在一种管径可以使管网折算年投资费用及年运行费用之和最小，如图 2-5 所示。

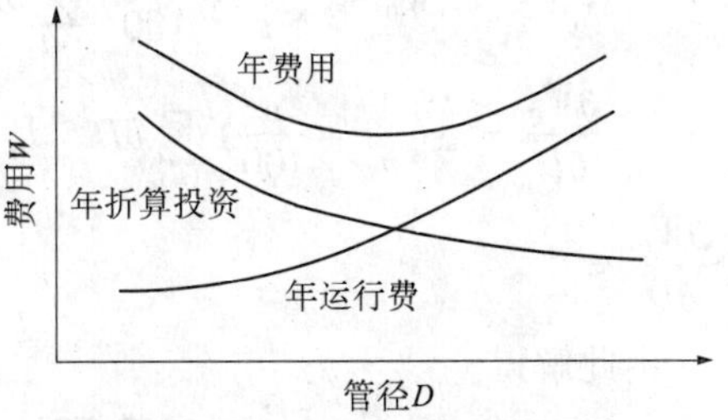

图 2-5　管径与投资、费用关系

设管网年费用为 W，则

$$W = C/t + M \tag{2-7}$$

式中：W 为管网年费用，元；t 为管网有效使用年限，年；C 为管网总造价，元；M 为年运行费，元。

$$C = \sum_{i=1}^{n} bD_i^{\alpha}L_i \tag{2-8}$$

式中：D_i 为第 i 种管的管径；L_i 为第 i 种管的管长；b 为系数；α 为指数；n 为不同管径的管段数。

M 为年运行费，包括动力费用 M_1，大修、维修、行政开支及管理费用 M_2。

动力费 M_1 主要由水泵机组决定，水泵轴功率计算如下：

$$N = 2.723 \times 10^{-3} QH/\eta \quad (\text{kW}) \tag{2-9}$$

式中：N 为水泵轴功率，kW；Q 为水泵供水流量，m^3/h；H 为扬程，m；η 为水泵机组效率，%。

故年动力费为

$$M_1 = \gamma NT = 2.723 \times 10^{-3}\gamma T\sigma QH/\eta = 2.723 \times 10^{-3}\gamma T\sigma(Z_0 + \sum h_{f_i})Q/\eta \tag{2-10}$$

式中：γ 为设计年内供水流量变化系数，在供水压力不变的条件下为年平均供水流量与设计流量之比，可从设计用水过程线中分析此值，建议一般采用 0.75 ～ 0.95；T 为年运行时数，h；σ 为电费，元/(kW·h)；Z_0 为水泵供水静扬程，m；h_{fi} 为第 i 种管道损失水头，m。

$$h_{fi} = K_G \frac{k \cdot q_i^n L_i}{D_i^m} \tag{2-11}$$

式中：k 为管道摩阻系数；m 为管径指数；n 为流量指数；K_G 为管道损失附加系数，当局部损失为沿程损失的 10% 时，$K_G = 1.1$。

折旧费和大修费可通过管网造价的百分数 p 计算，即

$$M_2 = \frac{p}{100}C \tag{2-12}$$

将上述各式代入式(2-7)中，得

$$W = \left(\frac{1}{t} + \frac{p}{100}\right)\sum_{i=1}^{n} bD_i^{\alpha}L_i + 2.723 \times 10^{-3}\gamma T\sigma \frac{Q}{\eta}\left(Z_0 + \sum_{i=1}^{n}\frac{K_G kq_i^n L_i}{D_i^m}\right) \tag{2-13}$$

取上式可变部分，记作

$$W_0 = \left(\frac{1}{t} + \frac{p}{100}\right)\sum_{i=1}^{n} bD_i^{\alpha}L_i + 2.723 \times 10^{-3}\gamma T\sigma \frac{Q}{\eta}\sum_{i=1}^{n}\frac{K_G kq_i^n L_i}{D_i^m} \tag{2-14}$$

采用拉格朗日法计算 W_0 最小时的 D 值。

1) 单一输水管且沿程无出流

$$q_i = Q$$

$$W_0 = (\frac{1}{t} + \frac{p}{100}) \sum_{i=1}^{n} bD^{\alpha}L_i + 2.723 \times 10^{-3}\gamma T\sigma \frac{Q}{\eta} \frac{K_G kQ^n L}{D^m} \tag{2-15}$$

$$\frac{\partial W_0}{\partial D} = \alpha(\frac{1}{t} + \frac{p}{100}) \sum_{i=1}^{n} bD^{\alpha-1}L_i + 2.723 \times 10^{-3}\gamma T\sigma \frac{Q}{\eta} K_G kQ^n L(-m) D^{-(m+1)} \tag{2-16}$$

令 $\frac{\partial W_0}{\partial D} = 0$

由此解得

$$D = (\frac{2.723 \times 10^{-3} mK_G k\gamma\sigma}{(\frac{1}{t} + \frac{p}{100}) b\alpha\eta})^{\frac{1}{\alpha+m}} T^{\frac{1}{\alpha+m}} Q^{\frac{n+1}{\alpha+m}} \tag{2-17}$$

令 $f = \frac{2.723 \times 10^{-3} mK_G k\gamma\sigma}{(\frac{1}{t} + \frac{p}{100}) b\alpha\eta}$,并称其为经济因素,则

$$D = (fTQ^{n+1})^{\frac{1}{\alpha+m}} \tag{2-18}$$

因式(2-15) 的二阶导数 $\frac{\partial^2 W_0}{\partial D^2} > 0$,故式(2-18) 所求的管径为年费用最小的经济管径。因此,只要根据当地的各项技术经济指标,算出经济因素 f 值,即可求出输水管径。另由式(2-18) 可看出,若年运行时间增加,则管径相应增加。

例:某输水干管通过流量为 90 m^3/h,采用钢管,其费用参数为 $b = 2.67 \times 10^{-3}$,$\alpha = 1.75$,水力损失参数为 $m = 5.1$,$n = 1.9$,$k = 6.25 \times 10^5$,$K_G = 1.1$,水泵机组年工作 1 200 h,设计年供水流量变化系数 $\gamma = 0.75$,电费 $\sigma = 0.10$ 元/(kW·h),机组效率 $\eta = 0.70$,并且设 $t = 25$ 年,$p = 4$。

$$f = \frac{2.723 \times 10^{-3} mK_G k\gamma\sigma}{(\frac{1}{t} + \frac{p}{100}) b\alpha\eta} = \frac{2.723 \times 10^{-3} \times 5.1 \times 1.1 \times 6.25 \times 10^5 \times 0.75 \times 0.1}{(\frac{1}{25} + \frac{4}{100}) \times 2.67 \times 10^{-3} \times 1.75 \times 0.70} = 2.737 \times 10^6$$

$$D = (2.737 \times 10^6 \times 1\,200 \times 90^{2.9})^{1/6.85} = 164.6(\mathrm{mm})$$

以此去选择合适的管径或将管径标准化,详见后述。

2) 单一出水管沿程有分流且管首水头已定

在管首水头已定的情况下,则式(2-14) 中的 $\sum_{i=1}^{n} \frac{K_G kq_i^n L_i}{D_i^m} = H$ 为常数,取可变部分记为

$$W_0 = (\frac{1}{t} + \frac{p}{100}) \sum_{i=1}^{n} bD_i^{\alpha}L_i \tag{2-19}$$

由 $h_i = K_G kL_i q_i^n / D_i^m$ 得

$$D_i = (K_G kq_i^n L_i / h_i)^{1/m} \tag{2-20}$$

将式(2-20) 代入式(2-19),得

$$W_0 = (\frac{1}{t} + \frac{p}{100}) \sum_{i=1}^{n} b(\frac{K_G kq_i^n L_i}{h_i})^{\frac{\alpha}{m}} L_i \tag{2-21}$$

用拉格朗日条件极值法，作辅助函数

$$F(h)=\left(\frac{1}{t}+\frac{p}{100}\right)\sum_{i=1}^{n}b\left(\frac{K_G k q_i^n L_i}{h_i}\right)^{\frac{\alpha}{m}}L_i+\lambda(H-h_1-h_2-\cdots) \tag{2-22}$$

对 $F(h)$ 求偏导得

$$\frac{\partial F(h)}{\partial h_1}=-\frac{\alpha}{m}\left(\frac{1}{t}+\frac{p}{100}\right)bL_1^{\frac{\alpha+m}{m}}q_1^{\frac{\alpha n}{m}}(K_G k)^{\frac{\alpha}{m}}h_1^{-\frac{\alpha+m}{m}}-\lambda=0$$

$$\frac{\partial F(h)}{\partial h_2}=-\frac{\alpha}{m}\left(\frac{1}{t}+\frac{p}{100}\right)bL_2^{\frac{\alpha+m}{m}}q_2^{\frac{\alpha n}{m}}(K_G k)^{\frac{\alpha}{m}}h_2^{-\frac{\alpha+m}{m}}-\lambda=0 \tag{2-23}$$

……

当各级管段的 α,b,K_G,k,m 相同时，由式(2-23) 得

$$q_i^{\frac{\alpha n}{m}}\left(\frac{L_i}{h_i}\right)^{\frac{\alpha+m}{m}}=\text{常数} \tag{2-24}$$

因为

$$h_i/L_i=i_i \tag{2-25}$$

式中：i_i 为第 i 段管水力坡度。

故将式(2-25) 代入式(2-24) 并整理得

$$q_i^{\frac{\alpha n}{\alpha+m}}/i_i=\text{常数}=C_R \tag{2-26}$$

并且有

$$\sum i_i L_i=H \tag{2-27}$$

式中：H 为管道首末端的允许水头损失值(已知)。

联解式(2-24)及式(2-27)即可求出各管段的经济水力坡降 i_i 及水力损失 h_i 值，然后再由式(2-20)可求得 D_i。

例：某干管分两段，分别为 $L_1=30$ m 和 $L_2=20$ m，采用钢管，其余参数同前例，允许水头损失值为 $H=0.4$ m。

由式(2-27)得

$$i_1L_1+i_2L_2=H$$

即

$$30i_1+20i_2=0.4$$

由式(2-26)得

$$q_1^{\frac{\alpha n}{\alpha+m}}/i_1=q_2^{\frac{\alpha n}{\alpha+m}}/i_2$$

即

$$i_2=i_1\left(\frac{q_2}{q_1}\right)^{\frac{\alpha n}{\alpha+m}}=i_1\left(\frac{90}{180}\right)^{\frac{1.75\times1.9}{1.75+5.1}}=0.714i_1$$

联解上两式得

$$i_1=0.009\,0,\ i_2=0.006\,4$$

相应

$$h_1=0.27\text{ m},\ h_2=0.128\text{ m}$$

将 h_1、h_2 代入式(2-20)，得

$$D_1=(\frac{1.1\times 6.25\times 10^5\times 180^{1.9}\times 30}{0.27})^{\frac{1}{5.1}}=243(\mathrm{mm})$$

$$D_2=(\frac{1.1\times 6.25\times 10^5\times 90^{1.9}\times 20}{0.128})^{\frac{1}{5.1}}=200(\mathrm{mm})$$

3)树状网

上面所述的为单一管,当管道有分叉时,需重新推之。

由式(2-26)并引入经济特征系数 R_i,得

$$R_i=h_iC_R=L_iq_i^{\frac{\alpha n}{\alpha+m}} \tag{2-28}$$

式中:R_i 并不是一个常数,每一管段都有自己的经济特征系数值,由式(2-20)得

$$D_i=(K_Gk)^{\frac{1}{m}}q_i^{\frac{n}{m}}h_i^{-\frac{1}{m}}L_i^{\frac{1}{m}} \tag{2-29}$$

将式(2-28)代入式(2-29),得

$$D_i=(K_Gk)^{\frac{1}{m}}R_i^{\frac{\alpha+m}{\alpha m}}h_i^{-\frac{1}{m}}L_i^{-\frac{1}{\alpha}} \tag{2-30}$$

将上式代入造价式 $C_i=bD_i^{\alpha}L_i$,得

$$C_i=b(K_Gk)^{\frac{\alpha}{m}}R_i^{\frac{\alpha+m}{m}}h_i^{-\frac{\alpha}{m}} \tag{2-31}$$

a. 串联管

串联管的总水头损失 $h=\sum_{i=1}^{n}h_i$,因此有

$$hC_R=\sum_{i=1}^{n}C_Rh_i \tag{2-32}$$

$$R=\sum_{i=1}^{n}R_i \tag{2-33}$$

即串联管的特征值为各管段特征值之和。

b. 分支汇合管

如多个管道汇合,其总造价为各自造价之和,即

$$C=C_1+C_2+C_3+\cdots \tag{2-34}$$

故

$$b(K_Gk)^{\frac{\alpha}{m}}R^{\frac{\alpha+m}{m}}\Delta H^{-\frac{\alpha}{m}}=\sum b(K_Gk)^{\frac{\alpha}{m}}R_i^{\frac{\alpha+m}{m}}h_i^{-\frac{\alpha}{m}} \tag{2-35}$$

因汇合点水头相等,在平地时则有 h_i = 常数 $=\Delta H$,故

$$R^{\frac{\alpha+m}{m}}=\sum R_i^{\frac{\alpha+m}{m}} \tag{2-36}$$

因此,分叉汇合管的特征值为

$$R=(\sum R_i^{\frac{\alpha+m}{m}})^{\frac{m}{\alpha+m}} \tag{2-37}$$

求解树状网经济管径方法如下:

(1)由式(2-33)或式(2-37)求整个管网的总的特征值 R。

(2)求管网经济水头损失值。

将管网总造价 $C=b(K_Gk)^{\frac{\alpha}{m}}R^{\frac{\alpha+m}{m}}\Delta H^{-\frac{\alpha}{m}}$ 代入式(2-7)并取变动部分得

$$W_0=\left(\frac{1}{t}+\frac{p}{100}\right)b(K_Gk)^{\frac{\alpha}{m}}R^{\frac{\alpha+m}{m}}\Delta H^{-\frac{\alpha}{m}}+2.723\times 10^{-3}\gamma T\sigma\frac{Q}{\eta}\cdot\Delta H \tag{2-38}$$

采用拉格朗日极值法可求得 $\min(W_0)$ 时的 ΔH。

(3)求各段经济水头损失值。

由上至下将管网的经济水头损失值 ΔH 按特征值 R 的比例来分配,即

$$h_i = \frac{R_i}{R}\Delta H \tag{2-39}$$

(4)根据式(2-20)求经济管径。

3. 管径的标准化

经济管径的计算值往往是非标准值,需要标准化。将计算管路一分为二,找出与之相邻的标准管径,按阻力损失相等的原则确定两管段长度,即

$$kq^n D^{-m} L = kq^n D_1^{-m} L_1 + kq^n D_2^{-m} L_2 \tag{2-40}$$

式中:L_1、L_2 为对应标准管径 D_1、D_2 的长度,并且有 $L_1 + L_2 = L$。

由此可解得

$$\left.\begin{aligned} L_1 &= \frac{D^{-m} - D_2^{-m}}{D_1^{-m} - D_2^{-m}} L \\ L_2 &= -\frac{D^{-m} - D_1^{-m}}{D_1^{-m} - D_2^{-m}} L \end{aligned}\right\} \tag{2-41}$$

树状管网经济分析计算方法较多,如动态规划法等,在此不再一一介绍。

(二)环状管网的经济计算

1. 环状管网流量分配

环状管网与树状管网不同,各管段流量未知,必须首先对其流量进行分配,并据此选择管径,因此流量分配成为该类管网设计和计算过程中的重要环节。

环状管网流量分配有多种方案,每一方案都要保证供水管网所需的水量,且必须满足节点流量平衡条件。因每一方案分配给各管段的流量都不同,因此所得管径也不同,故造价必然会有差别。

流量分配时,应尽可能使到每一个节点的供水路线最短,以减少管线总长度和建造费用。另一方面也不应使某些管段中的流量为零,以致使环状管网成为树状管网,因为保证供水可靠性是流量分配的合理准则之一。管网流量分配同时应做到经济性和可靠性并重,即流量分配时尽量使各段干管线的流量分配均匀,当个别干管段损坏时,其余管线所传输的流量不致过大,根据这种原则分配的各管段流量基本上可满足可靠性要求。最后还应在选定管径的基础上,核算事故时是否满足可靠性要求。

流量分配的方法很多,下面介绍两种较为简单的分配方法。

1)均分法

设节点 i 的上游侧连接 k_i 条管段,这些管段均匀分担节点 i 下游侧的管段流量和节点流量,因此管段 k_i 的流量为

$$q_{ki} = \frac{1}{n_i}\left(\sum_{j \in DI} q_{ij} + Q_i\right) \tag{2-42}$$

式中:DI 为节点下游侧管段的集合;n_i 为节点 i 上游侧的管段数;Q_i 为节点 i 的流量;q_{ij} 为 i 节点下游侧 ij 管段流量。

分配流量时,从终节点($q_{ij}=0$)开始,向上游侧一直分配到水源为止。

如图 2-6 所示的管网,各节点的流量均为 16 m^3/h,水源为节点 1。

节点 12 上游侧的管段为 8—12、11—12,因节点流量为16 m^3/h,所以两管段流量各为 8 m^3/h。

节点 11 上游侧管段为 10—11、7—11,因下游侧管段流量为 8 m^3/h,节点流量为 16 m^3/h,故 10—11、7—11 两段流量为

$$(16+8)\div 2=12\ (m^3/h)$$

依此类推,对于中间节点 6,下游侧流量为

$$14+20=34\ (m^3/h)$$

节点流量为 16 m^3/h,故上游侧二管段 5—6、2—6 的流量为

$$(16+34)\div 2=25\ (m^3/h)$$

各管段流量分配最后结果如图 2-6 所示。

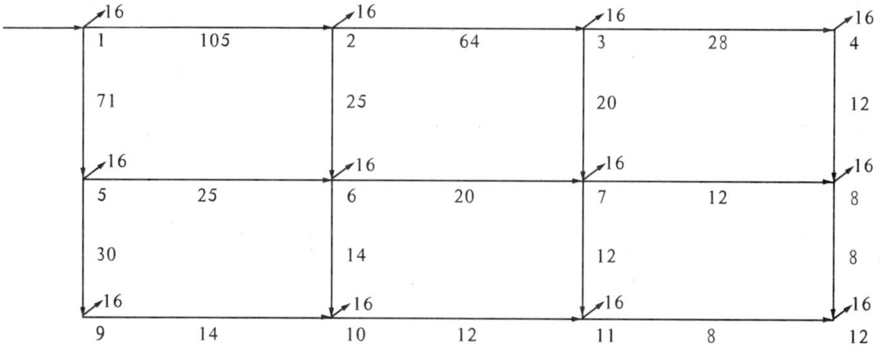

图 2-6 环状管网流量分配结果图

2)最小平方和法

该方法是将分配后的各管段流量取平方和,然后求其最小值,事先无须规定管段的水流方向,因此可用于复杂管网,其特点是使管网起点附近流量较大的管段中,流量分配比较均匀。

假设管网的管段数为 P,管段流量为 q_{ij},使目标函数 Ω 为最小:

$$\Omega = \sum_{i=1}^{P} q_{ij}^2 \rightarrow \min \tag{2-43}$$

约束条件为各节点满足节点流量平衡条件,以保持水流连续性,设离开节点的水流为正、流向节点的水流为负,则节点流量平衡关系为

$$\sum q_{ij} + Q_i = 0 \tag{2-44}$$

式中:q_{ij} 为节点 i 各管段流量,m^3/s;Q_i 为节点 i 的流量,m^3/s。

因目标函数为非线性,约束条件为线性,可用拉格朗日未定乘数法求解,引入未定乘数 λ_i,得

$$\Omega = \sum_{i=1}^{P} q_{ij}^2 + \sum \lambda_i\left(\sum q_{ij} + Q_i\right) \tag{2-45}$$

对式(2-45)q_{ij} 和 λ_i 偏微分,并令其等于零,可得

$$2q_{ij} + \sum \lambda_i = 0 \tag{2-46}$$

$$\sum q_{ij} + Q_i = 0 \tag{2-47}$$

上式为 $P+J-S$ 元(P 为管段数,J 为节点数,S 为环数)线性方程组,可解 λ_i、q_{ij}。

如图 2-7 所示管网,配水源为节点 1、5,管段的水流方向如图 2-7 中箭头所示。如求得的 q_{ij} 为负值,表示流向与图中标示的方向相反,因 $P=8$,$J=7$,$S=2$,可写出 $8+7-2=13$ 个方程。

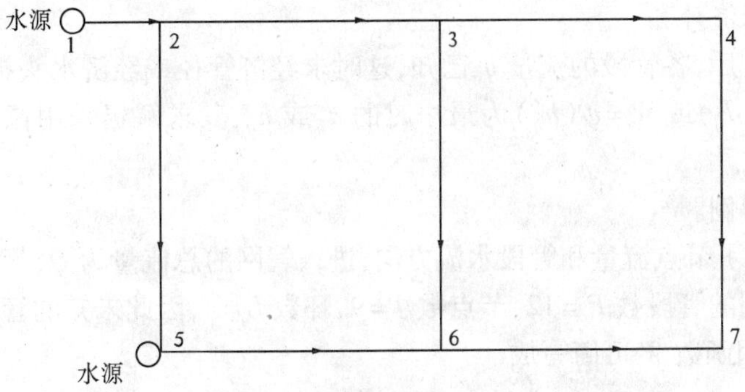

图 2-7　环状管网示意图

根据式(2-46)、式(2-47)得管段方程

$$\left.\begin{aligned}
2q_{1-2} &= -\lambda_2 \\
2q_{2-3} &= -\lambda_3 + \lambda_2 \\
2q_{3-4} &= -\lambda_4 + \lambda_3 \\
2q_{2-5} &= -\lambda_2 \\
2q_{3-6} &= -\lambda_6 + \lambda_3 \\
2q_{4-7} &= -\lambda_7 + \lambda_4 \\
2q_{5-6} &= -\lambda_6 \\
2q_{6-7} &= -\lambda_7 + \lambda_6
\end{aligned}\right\} \tag{2-48}$$

节点方程(水源以外的节点)

$$\left.\begin{aligned}
q_{1-2} + q_{2-5} - q_{2-3} &= Q_2 \\
q_{2-3} - q_{5-6} - q_{3-4} &= Q_3 \\
q_{3-4} - q_{4-7} &= Q_4 \\
q_{5-6} + q_{3-6} - q_{6-7} &= Q_6 \\
q_{4-7} + q_{6-7} &= Q_7
\end{aligned}\right\} \tag{2-49}$$

从式(2-48)解出 q_{ij} 代入式(2-49)得

$$\left.\begin{aligned}
3\lambda_2 - \lambda_3 &= -2Q_2 \\
3\lambda_3 - \lambda_2 - \lambda_4 - \lambda_6 &= -2Q_3 \\
2\lambda_4 - \lambda_3 - \lambda_7 &= -2Q_4 \\
3\lambda_6 - \lambda_3 - \lambda_7 &= -2Q_6 \\
2\lambda_7 - \lambda_4 - \lambda_6 &= -2Q_7
\end{aligned}\right\} \tag{2-50}$$

可以看出方程数减为 $J-S=7-2=5$,方程通式如下:

$$n\lambda_i - \sum_j \lambda_j = -2Q_i \quad (i \in \text{INR}) \tag{2-51}$$

式中：n 为节点 i 的管段数；J 为与节点 i 邻接的节点，不包括水源；INR 为配水源外的节点集合。

将式(2-51)求出的 λ_i 代入式(2-48)，得

$$q_{ij} = (\lambda_i - \lambda_j)/2 \tag{2-52}$$

式中：i、j 为管段的起端和终端(顺水流方向)的节点，如果起端为配水源节点，则 $\lambda_i = 0$。

2. 环状管网经济计算

管网流量分配后，各管段的流量 q_{ij} 已知，这时求经济管径或经济水头损失的问题，就是求费用函数 $W = f(d_{ij})$ 或 $W = \psi(h_{ij})$ 为最小时的 d_{ij} 或 h_{ij}，其求解仍采用拉格朗日未定乘数法。

以四环管网为例。

图 2-8 中标明了节点流量和管段水流方向，进入管网的总流量为 Q，管网终端节点 9 的水压 H_9 已知，管网的管段数 $P = 12$，节点数 $J = 9$，环数 $L = 4$，因此未知的管段管径或水头损失 h_{ij} 共 12 个，费用函数 W 可简写成

$$W = \left(\frac{1}{t} + \frac{p}{100}\right) \sum_{i=1}^{P} bD_i^{\alpha} L_i + KH_1 Q \tag{2-53}$$

式中：H_1 为节点 1 即供水点扬程，m；K 为运行费用参数，$K = 2.723 \times 10^{-3} \gamma T \sigma / \eta$。

根据水头平衡得

$$H_1 = H_9 + \sum h_{1-9} \tag{2-54}$$

式中：$\sum h_{1-9}$ 表示从节点 1 到控制点 9 沿任一水流方向所经管线的水头损失。

假定管线选定为 1—2—3—4—9，则

$$\sum h_{1-9} = h_{1-2} + h_{2-3} + h_{3-4} + h_{4-9} \tag{2-55}$$

根据水流方向，管段水头损失有正负，一般假定任一环内的水流顺时针方向的管段水头损失为正，逆时针方向时则为负，因此

$$H_1 = h_{1-2} + h_{2-3} + h_{3-4} + h_{4-9} + H_9 \tag{2-56}$$

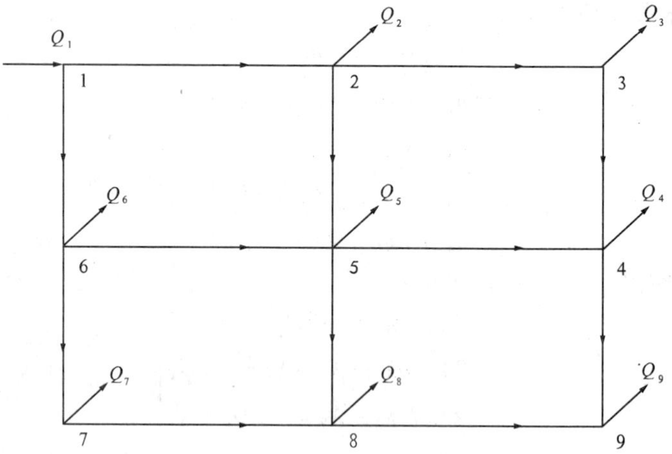

图 2-8　四环管网示意图

管径写成管损的函数如下

$$d_{ij} = \left(\frac{K_G k q_{ij}^2 L_{ij}}{h_{ij}}\right)^{\frac{1}{m}} = k^{\frac{1}{m}} q_{ij}^{\frac{2}{m}} L_{ij}^{\frac{1}{m}} h_{ij}^{-\frac{1}{m}} \tag{2-57}$$

将式(2-56)及式(2-57)代入(2-53),得

$$W=\left(\frac{1}{t}+\frac{p}{100}\right)\sum_{i=1}^{P}bk^{\frac{\alpha}{m}}q_{ij}^{\frac{2\alpha}{m}}h_{ij}^{-\frac{\alpha}{m}}L_{ij}^{\frac{\alpha}{m}}L_{ij}+K(h_{1-2}+h_{2-3}+h_{3-4}+h_{4-9}+H_9)Q \tag{2-58}$$

流量及水头必须满足节点流量平衡条件及损失平衡方程,即

$$\sum q_{ij}+Q_i=0 \tag{2-59}$$

$$\sum h_{ij}=0 \tag{2-60}$$

故可写出函数如下

$$\begin{aligned}F(h_{ij})=&\left(\frac{1}{t}+\frac{p}{100}\right)\sum_{i=1}^{P}bk^{\frac{\alpha}{m}}q_{ij}^{\frac{2\alpha}{m}}h_{ij}^{-\frac{\alpha}{m}}L_{ij}^{\frac{\alpha}{m}}L_{ij}+K(h_{1-2}+h_{2-3}+h_{3-4}+h_{4-9}+H_9)Q\\&+\sum\lambda_j\left(\sum q_{ij}+Q_i\right)_j+\sum\lambda_L\left(\sum h_{ij}\right)_L\end{aligned} \tag{2-61}$$

式中:λ_j 为 j 结点流量平衡待定系数;λ_L 为 L 环损失平衡方程待定系数。

由

$$\frac{\partial F}{\partial h_{ij}}=0$$

经适当变换消去 λ 后得新的方程

$$\left.\begin{aligned}&a_{1-2}h_{1-2}^{-(\alpha+m)/m}+a_{1-6}h_{1-6}^{-(\alpha+m)/m}-AQ=0\\&a_{1-2}h_{1-2}^{-(\alpha+m)/m}-a_{2-3}h_{2-3}^{-(\alpha+m)/m}-a_{2-5}h_{2-5}^{-(\alpha+m)/m}=0\\&a_{2-3}h_{2-3}^{-(\alpha+m)/m}-a_{3-4}h_{3-4}^{-(\alpha+m)/m}=0\\&a_{3-4}h_{3-4}^{-(\alpha+m)/m}+a_{4-5}h_{4-5}^{-(\alpha+m)/m}-a_{4-9}h_{4-9}^{-(\alpha+m)/m}=0\\&a_{2-5}h_{2-5}^{-(\alpha+m)/m}+a_{5-6}h_{5-6}^{-(\alpha+m)/m}-a_{4-5}h_{4-5}^{-(\alpha+m)/m}-a_{5-8}h_{5-8}^{-(\alpha+m)/m}=0\\&a_{1-6}h_{1-6}^{-(\alpha+m)/m}-a_{5-6}h_{5-6}^{-(\alpha+m)/m}-a_{6-7}h_{6-7}^{-(\alpha+m)/m}=0\\&a_{6-7}h_{6-7}^{-(\alpha+m)/m}-a_{7-8}h_{7-8}^{-(\alpha+m)/m}=0\\&a_{5-8}h_{5-8}^{-(\alpha+m)/m}+a_{7-8}h_{7-8}^{-(\alpha+m)/m}-a_{8-9}h_{8-9}^{-(\alpha+m)/m}=0\end{aligned}\right\} \tag{2-62}$$

式中:$a_{ij}=q_{ij}^{2\alpha/m}L_{ij}^{(\alpha+m)/m}$;$A=\dfrac{mK}{\left(\dfrac{1}{t}+\dfrac{p}{100}\right)bak^{\frac{\alpha}{m}}}$。

式(2-62)的方程数等于$(J-1)$个,加上 L 个$\sum h_{ij}=0$ 的条件,共计 $P=L+J-1$ 个方程,可以确定 P 条管段的 h_{ij} 值,继而由式(2-57)可求出经济管径 d_{ij}。

根据节点流量平衡的条件,得各管段的 q_{ij} 值,然后使每一环符合$\sum h_{ij}=0$ 的条件及从管网起点到终点任一条管线满足 $H_i-\sum h_{ij}=H_j$ 的条件。H_i 和 H_j 为管网起点与终点的水压高程,一般说来,还不能满足 $\sum a_{ij}h_{ij}^{-(\alpha+m)/m}=0$ 的条件,出现的差值称为闭合差 $\Delta(a_{ij}h_{ij}^{-(\alpha+m)/m})$。通过计算,将闭合差降低到允许范围内,但不一定要等于零,这一计算过程称为平差。

每一节点的水压修正值$(\Delta h)_J$可按下式计算:

$$(\Delta h)_J=\frac{\Delta\left(a_{ij}h_{ij}^{-\frac{\alpha+m}{m}}\right)L}{-\dfrac{\alpha+m}{m}\sum a_{ij}h_{ij}^{-\frac{\alpha+m}{m}-1}} \tag{2-63}$$

对节点水压高程修正后,与该节点连接的各管段的水头损失 h_{ij} 也发生了变化,经过反

复修正直到满足式(2-62)为止。

管网技术经济计算工作量大,须借助电子计算机,下面简述较为简单的虚流量法。

式(2-62)各项除以 A 并令 $\frac{\alpha+m}{m}=\beta$ 得

$$\left.\begin{aligned}&\frac{a_{1-2}h_{1-2}^{-\beta}}{A}+\frac{a_{1-6}h_{1-6}^{-\beta}}{A}=Q\\&\frac{a_{1-2}h_{1-2}^{-\beta}}{A}=\frac{a_{2-3}h_{2-3}^{-\beta}}{A}+\frac{a_{2-5}h_{2-5}^{-\beta}}{A}\\&\cdots\cdots\end{aligned}\right\}\tag{2-64}$$

将 $\frac{a_{ij}h_{ij}^{-\beta}}{A}$ 看做是进入管网总流量 Q 的一部分,用 $x_{ij}Q$ 表示,x_{ij} 称为虚流量,为无因次值,其含义是占进入管网总流量 Q 的 $\frac{a_{ij}h_{ij}^{-\beta}}{A}$ 倍,则按图 2-8 可写出

$$\left.\begin{aligned}&x_{1-2}Q+x_{1-6}Q=Q\\&x_{1-2}Q=x_{2-3}Q+x_{2-5}Q\\&\cdots\cdots\end{aligned}\right\}\tag{2-65}$$

当 $Q=1$ 时,可得未知量为 x_{ij} 的方程组,从式(2-65)得管网起端节点的 x_{ij} 总和为1,因此 x_{ij} 可看做是管网总流量 $Q=1$ 时每一管段的虚流量。

未知量 x_{ij} 等于管段数 P,现有 $(J-1)$ 个节点方程,为解决尚缺 $P-(J-1)=L$ 个方程,可由每环各管段在通过 x_{ij} 虚流量时的虚水头损失平衡条件加以补充,说明如下:

$$x_{ij}=\frac{a_{ij}h_{ij}^{-\beta}}{AQ}=\frac{q_{ij}^{\frac{2\alpha}{m}}L_{ij}^{\frac{\alpha+m}{m}}h_{ij}^{-\frac{\alpha+m}{m}}}{AQ}\tag{2-66}$$

管段 ij 的实际水头损失可用相应的虚流量 x_{ij} 表示为

$$h_{ij}=\frac{\left(q_{ij}^{\frac{2\alpha}{m}}L_{ij}^{\frac{\alpha+m}{m}}\right)^{\frac{m}{\alpha+m}}}{(AQx_{ij})^{\frac{m}{\alpha+m}}}=\frac{\left(q_{ij}^{\frac{2\alpha}{\alpha+m}}L_{ij}\right)x_{ij}^{-\frac{m}{\alpha+m}}}{(AQ)^{\frac{m}{\alpha+m}}}\tag{2-67}$$

式(2-67)是环状管网任一管段的经济水头损失公式,将此 h_{ij} 值代入环状管网水头损失平衡方程 $\sum h_{ij}=0$ 中,得

$$\sum\frac{\left(q_{ij}^{\frac{2\alpha}{\alpha+m}}L_{ij}\right)x_{ij}^{-\frac{m}{\alpha+m}}}{(AQ)^{\frac{m}{\alpha+m}}}=0\tag{2-68}$$

式(2-68)中分母为常数,所以可写成

$$\sum\left(q_{ij}^{\frac{2\alpha}{\alpha+m}}L_{ij}\right)x_{ij}^{-\frac{m}{\alpha+m}}=0\tag{2-69}$$

式(2-69)为环状管网虚流量平差条件,括号中的值称为管段的“虚阻力”,用 S_{Ψ} 表示,因此由虚流量 x_{ij} 引起的虚水头损失

$$h_{\Psi ij}=S_{\Psi ij}x_{ij}^{-m/(\alpha+m)}\tag{2-70}$$

由式(2-67)得,管网的虚水头损失比实际水头损失大 $(AQ)^{m/(\alpha+m)}$ 倍,即

$$h_{\Psi ij}=(AQ)^{m/(\alpha+m)}h_{ij}\tag{2-71}$$

据此,先按 $Q=1$ 分配流量,然后进行虚流量平差,直到各节点符合 $\sum x_{ij}=0$。各环符合

$\sum h_{\Psi ij}=0$时，即得各管段的 x_{ij} 值，由 $h_{\Psi ij}$ 可确定经济水头损失 h_{ij}，也可由下式直接求出经济管径。

$$d_{ij}=k^{\frac{1}{m}}L_{ij}^{\frac{1}{m}}\left[\frac{\left(q_{ij}^{\frac{2\alpha}{m}}L_{ij}^{\frac{\alpha+m}{m}}\right)^{\frac{m}{\alpha+m}}}{\left(AQx_{ij}\right)^{\frac{m}{\alpha+m}}}\right]^{-\frac{1}{m}}=\frac{k^{\frac{1}{m}}q_{ij}^{\frac{2}{m}}L_{ij}^{\frac{1}{m}}(AQ)^{\frac{1}{\alpha+m}}x_{ij}^{\frac{1}{\alpha+m}}}{q_{ij}^{\frac{2\alpha}{m(\alpha+m)}}L_{ij}^{\frac{1}{m}}}=\left(Ak^{\frac{\alpha+m}{m}}\right)^{\frac{1}{\alpha+m}}Q^{\frac{1}{\alpha+m}}x_{ij}^{\frac{1}{\alpha+m}}q_{ij}^{\frac{2}{\alpha+m}} \tag{2-72}$$

令 $Ak^{\frac{\alpha+m}{m}}=f$，称经济因素，得经济管径计算公式

$$d_{ij}=\left(fQx_{ij}q_{ij}^{2}\right)^{\frac{1}{\alpha+m}} \tag{2-73}$$

式中：f 为经济因素，包括多种经济指标的综合参数；Q 为进入管网的总流量，m^3/s；q_{ij} 为管网中某一管段的流量，m^3/s；x_{ij} 为虚流量，即反映该管段在管网中所起作用的系数。

采用虚流量法计算框图如图 2-9 所示。

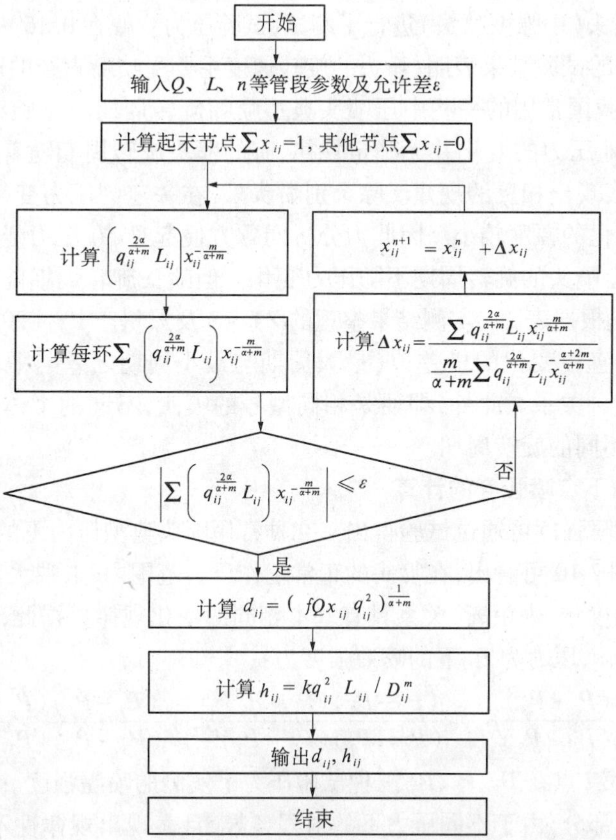

图 2-9　环状管网虚流量法计算框图

第三节　喷灌系统工况与喷灌质量

一、压力周期变化对喷头性能的影响

由于田间用水的随机性，喷灌系统工作时常常偏离设计工作状态。一个良好的喷灌系统，必须能够自动恢复到设计状态下工作，因而实际的喷灌系统运行在设计工作状态附近，即以设计工作压力为均值、变幅为系统允许压力变差的压力区间内，系统的工作压力呈周期

性变化。

要确定压力周期变化对喷洒水均匀系数的影响,须先分析压力周期变化对喷头的转动性能及喷洒水滴分布所造成的影响。

(一)压力变化对喷头旋转周期的影响

喷头旋转周期(转动一周所需的时间)主要取决于摇臂的打击频率及打击一次转角的大小,转角的大小又取决于摇臂弹簧的弹力系数及其安装的松紧程度。通常随着压力的提高,作用于喷头空心轴的轴向压力也增大,喷头转动所需克服的摩擦阻力增大,另一方面,压力的增大造成水流动能增加,水流对摇臂的冲击力增强,从而引起摇臂张角增加,又相应地增加了摇臂的打击力。在打击频率不变时,若摇臂增加的打击力与空心轴所增加的摩阻力相平衡,则喷头转速将不受压力影响,否则转速随压力变化。前民主德国马丁·弗里林豪斯对U64型旋转式喷头(中强度喷头)进行了测试,试验压力变幅在0.15~0.4 MPa,不同直径喷嘴在不同压力下的试验结果表明,喷头的旋转速度主要受喷嘴直径的影响,受工作压力影响很小。表2-4为我国常用的一些中压喷头典型喷嘴旋转周期的试验结果,由表2-4可看出,喷头旋转周期随压力的变化并无确定规律,有的喷头旋转周期随着压力的增加有所增加,而有些喷头则表现出相反的规律。除个别喷头外,在一定的压力变幅内,大多数喷头的旋转周期随压力变化的幅度较小。因此为分析问题方便起见,在压力变化幅度不是很大的情况下,可近似假定喷头的旋转周期不随压力变化。但喷头旋转周期随喷嘴直径的变化却是很大的,表2-5是根据表2-4实测结果整理的ZY-3及郑州产PY-20两种喷头不同压力下旋转周期随喷嘴直径变化的极差值(最大周期与最小周期之差与平均周期比值的百分数),充分说明了这种关系。此外,即便是相同型号的喷头,不同的个体也会由于弹簧等因素的影响,表现出不同的旋转周期。

(二)不同压力下点喷强度的计算

典型压力下点喷强度可通过试验得出。几种常用喷头典型压力下的喷灌强度实测值如图2-10所示。由图2-10可看出,在喷头的正常工作压力范围内,末端水舌之前,不同压力下$\rho_i \sim x_i$(ρ_i为点喷强度;x_i为距离)关系具有基本相同的变化规律。据此,采用拉格朗日插值法求第i点或距离x_i、压力为P_j下的喷灌强度为:

$$\rho_{ij}=\frac{(P_j-P_2)(P_j-P_3)}{(P_1-P_2)(P_1-P_3)}\rho_{i1}+\frac{(P_j-P_1)(P_j-P_3)}{(P_2-P_1)(P_2-P_3)}\rho_{i2}+\frac{(P_j-P_1)(P_j-P_2)}{(P_3-P_1)(P_3-P_2)}\rho_{i3} \tag{2-74}$$

式中:ρ_{i1}、ρ_{i2}、ρ_{i3}为第i点在P_1、P_2、P_3三种试验压力下实测的喷灌强度。

对于末端水舌部分,由于不同压力下的射程各异,且表现出规律性不太一致,因此插值已不再适用,需作特别处理。为此,以相对值$\varepsilon_\rho=\frac{\rho_i}{\bar{\rho}}$、$\varepsilon_R=\frac{x_i}{R}$($\bar{\rho}$为计算平均喷灌强度,$\bar{\rho}=q/(\pi R^2)$;$q$为喷头流量;$R$为喷头射程)点绘不同喷头及相同喷头不同压力下$\varepsilon_\rho \sim \varepsilon_R$的关系如图2-11所示。由图2-11可看出,几种常用喷头大致在$\varepsilon_R=0.7$左右处ε_ρ开始下降。设下降符合自由抛物线方程,则有

$$\frac{\rho_i}{\rho_{0.7}}=1-\frac{\left(\frac{x_i}{R}-0.7\right)^2}{(1-0.7)^2} \quad 0.7R\leqslant x_i\leqslant R \tag{2-75}$$

式中:$\rho_{0.7}$为$x_i=0.7R$处的喷灌强度。

据此，计算不同喷头末端水舌部分的喷灌强度，并与实测值比较如图 2-12 所示。由图 2-12可看出，式(2-75)能较好地拟合喷头末端水舌部分喷灌强度的变化关系。

表 2-4　几种常用喷头旋转周期试验结果

喷头类型	喷嘴直径（mm×mm）	压力(MPa)								平均周期 $\bar{t}$(s)	最大偏差 δ $\max\frac{\lvert t_i-\bar{t}\rvert}{t}\times100\%$
		0.20	0.25	0.30	0.35	0.40	0.45	0.50	0.55		
ZY-3	10×6.5			125	131	128	120	125		125.8	4.61
	11×6.5			123	130	120	120	130		124.6	4.33
	12×6.5				131	125	124	124	129	126.6	3.48
	13×6.5				132	129	128	132	133	130.8	2.14
	14×6.5				141	132	132	136	136	135.4	4.14
	15×6.5				148	153	157	159	173	158.0	9.49
中原 12Y	6.5×2.0		70	71	68	67				69.0	2.90
美国雨鸟	4.2×5.4			104	99	99				100.7	3.31
鲍尔	5.5		45		42	42				43.0	4.65
中原 20Y	8.1×3.82		35	32	32					33.0	4.65
ZY-1	7.0	25		25.5		25.2				25.2	1.06
PY-20	6.4×2.0			29.5	30.0	30.5				30.0	1.67
	6.2×2.4			34.0	33.5	31.0				32.8	5.58
	5.8×3.2			36.0	37.0	35.5				36.2	2.30
	6.7			28.5	28.5	27.5				28.2	2.37
PY_2-40	14.0				27	26.5	25.0			26.2	4.46
$PY_1$20Sh-1	7×4			56		58				57.0	1.75
PYS_2-20A	7.0×3.0			56	52				54.0	3.70	
	6.0×3.0			100	90				95.0	5.26	
PY_1-50	16×5.5					196		206		201.0	2.49

表 2-5　不同压力下旋转周期随喷嘴直径变化的极差值　(%)

压力(MPa)	0.30	0.35	0.40	0.45	0.50	0.55
ZY-3	—	13.284	25.159	28.425	26.054	30.823
PY-20	23.437	26.357	25.703	—	—	—

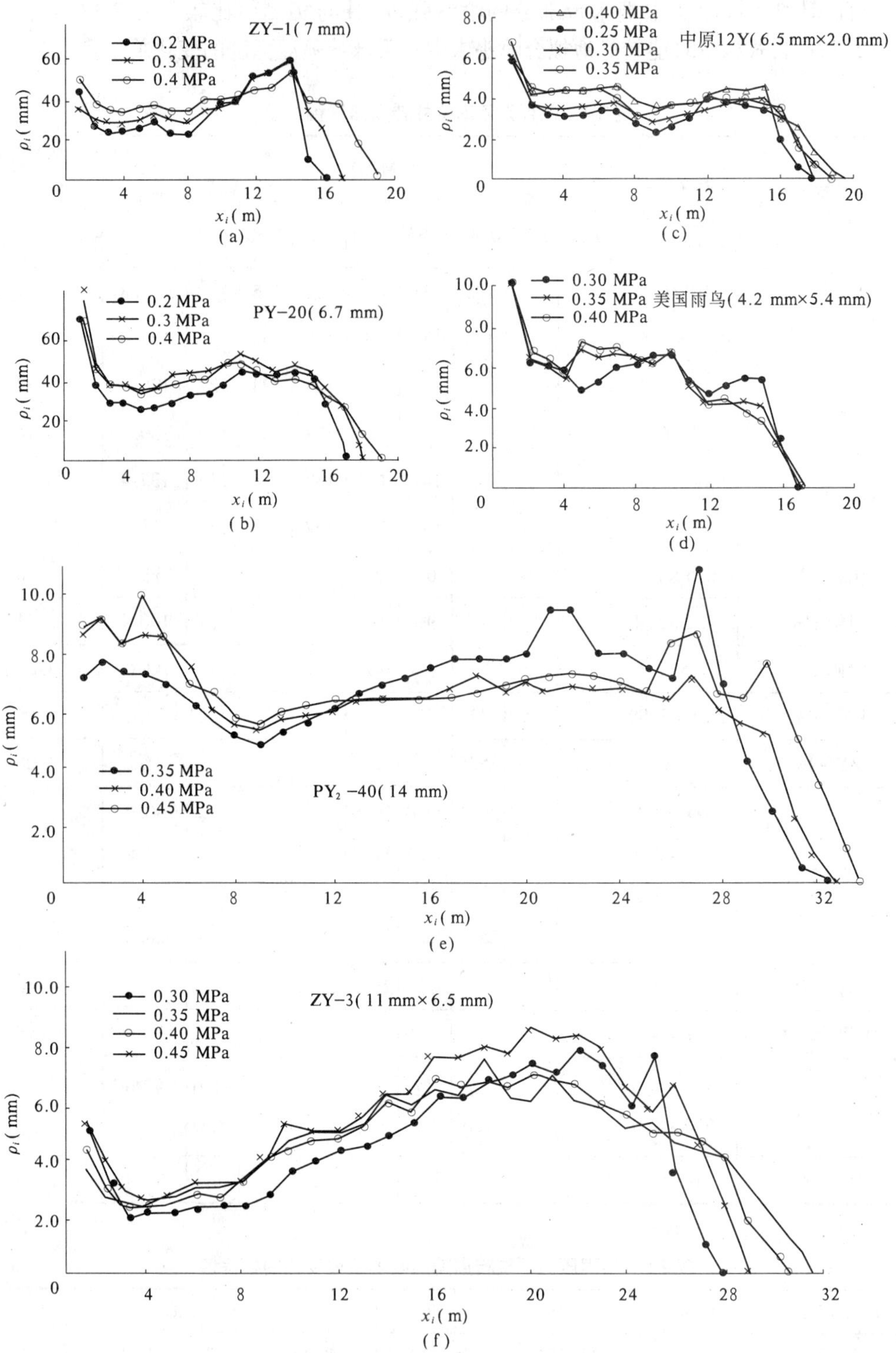

图 2-10　几种常用喷头不同压力下喷灌强度实测值

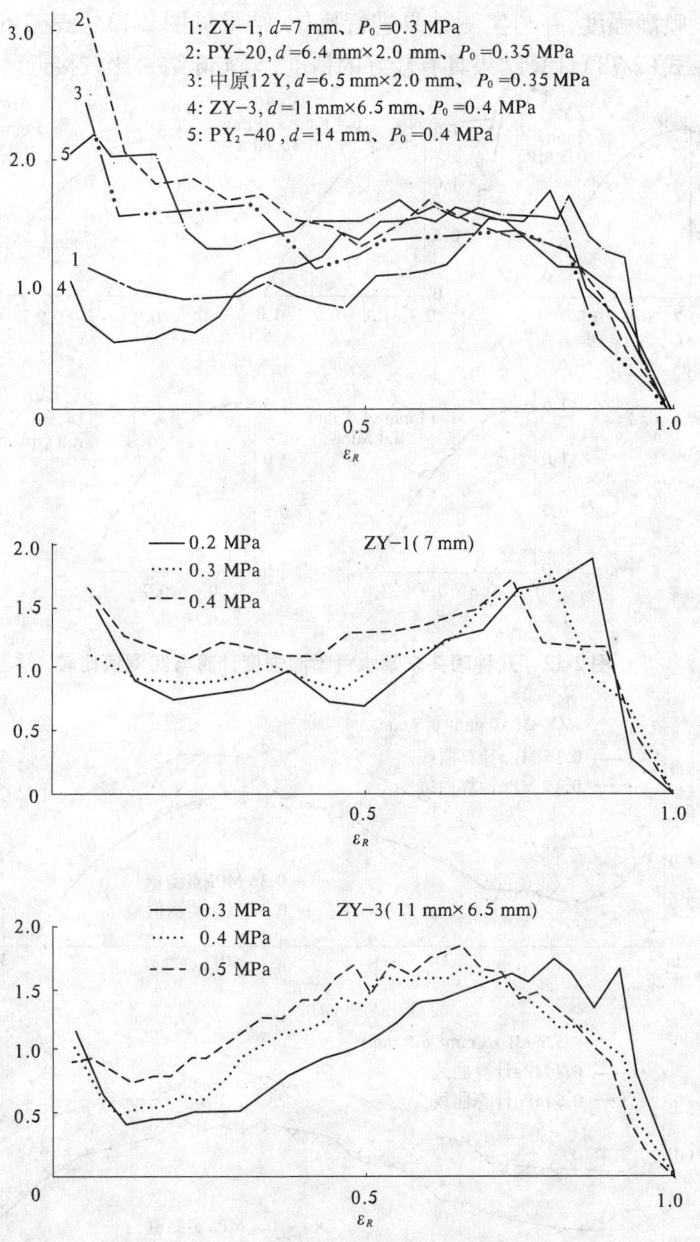

图 2-11　不同压力下的 $\varepsilon_\rho \sim \varepsilon_R$ 关系

此外，式(2-75)中的射程 R 需预先给出，对于压力 P_j 下的喷洒射程采用拉格朗日插值，则

$$R_j = \frac{(P_j - P_2)(P_j - P_3)}{(P_1 - P_2)(P_1 - P_3)}R_1 + \frac{(P_j - P_1)(P_j - P_3)}{(P_2 - P_1)(P_2 - P_3)}R_2 + \frac{(P_j - P_1)(P_j - P_2)}{(P_3 - P_1)(P_3 - P_2)}R_3 \tag{2-76}$$

式中：R_1、R_2、R_3 分别为压力 P_1、P_2、P_3 下的对应射程。

为检验上述计算式的可靠性，针对 ZY－3 型喷头试验 5 种压力的射程及喷灌强度，采用最大、中间及最小 3 种压力下的诸值，由式(2-76)、式(2-74)及(2-75)分别计算其余两种压力下的射程、喷灌强度,并与实测结果进行比较,结果见图 2-13 及表 2-6。由表 2-6 可看出,式(2-76)~式(2-78)计算结果具有较好的精度,与实际结果比较接近。

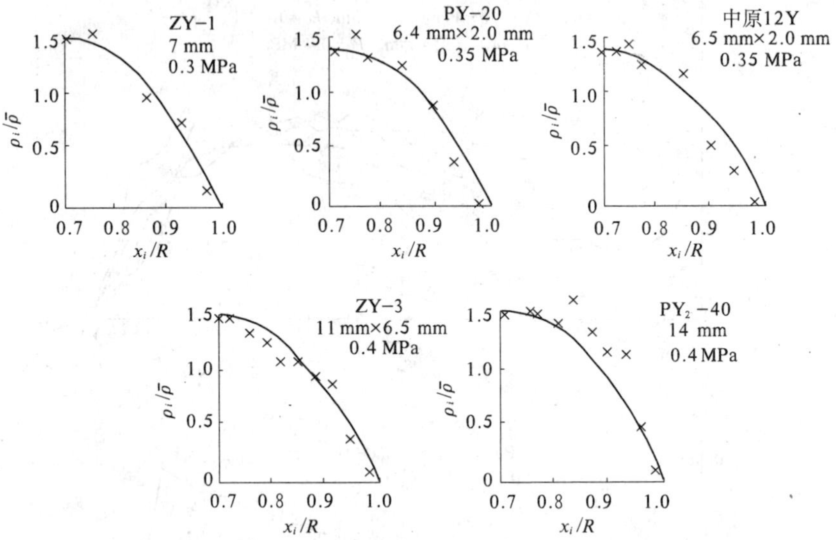

图 2-12 几种喷头末端水舌喷灌强度计算与实测值比较

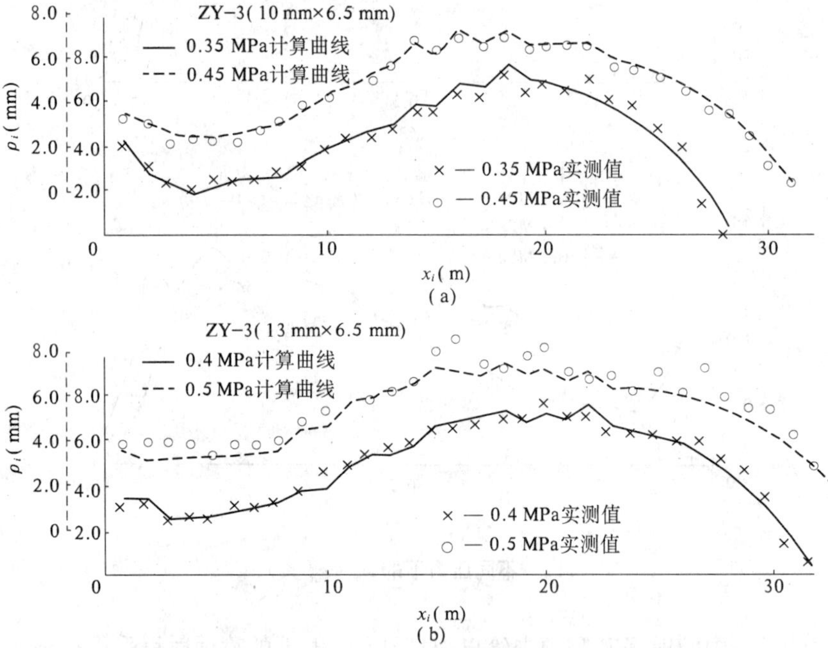

图 2-13 ZY−3 型喷头插值计算结果与实测结果比较

(三)压力周期变化时单喷头雨量分布及均匀变化

前面已分析,喷头旋转周期随压力变化较小,设喷头旋转角速度为 ω_0($\omega_0=\dfrac{2\pi}{T_0}$,$T_0$ 为喷头旋转周期),喷头初始位置角为 φ_0,则任意射线,喷头转过的时间分别为

表 2-6 喷头射程插值计算结果与实测结果比较(ZY-3)

喷嘴直径(mm×mm)	10×6.5		11×6.5		12×6.5		13×6.5		14×6.5		15×6.5		16×6.5	
工作压力(MPa)	0.35	0.45	0.35	0.45	0.40	0.50	0.40	0.50	0.40	0.50	0.40	0.50	0.40	0.50
实测射程(m)	28.33	31.50	29.22	31.50	32.40	34.33	32.40	34.33	33.40	35.71	33.23	35.66	34.33	36.57
计算射程(m)	28.40	31.07	28.74	31.70	31.78	34.31	32.62	34.08	34.25	36.79	32.76	36.79	34.72	37.23
相对差δ(%)	0.247	1.365	1.643	0.635	1.914	0.058	0.679	0.728	2.545	3.024	1.414	3.169	1.136	1.805

$$t_j = \frac{2\pi(j-1)+\varphi-\varphi_0}{\omega_0} \quad (j=1,2,3,\cdots,n_p) \tag{2-77}$$

式中:j 为喷头转过射线 φ 的次数。

总次数 n_p 视洒水时间而定,若喷洒时间为 t_T,则喷头转过射线 φ 的总次数为

$$n_p = \mathrm{Int}\left[\frac{\omega_0 t_T-(\varphi-\varphi_0)}{2\pi}\right]+1 \tag{2-78}$$

采用叠加原理可得射线 φ 上第 i 点时间 t_T 内的平均喷灌强度为

$$\bar{\rho}_{ti} = \frac{1}{n}\sum_{j=1}^{n}\rho_{itj} \tag{2-79}$$

式中:$\bar{\rho}_{ti}$为 t_T 时间内第 i 点的平均喷灌强度;ρ_{itj}为第 i 点 t_j 时间的喷灌强度。

由于 ρ_{itj}受压力周期变动的影响,同时由于喷头个体间 ω_0 的相异,不同喷头的水量分布将不一致,而喷灌系统设计通常以最不利状态为设计参照点,因此仅讨论最不利的喷洒水量分布状况及其相应的均匀系数。

水量分布的最不利状况即分布最不均匀状况,该状况出现在系统压力的变动周期与喷头旋转周期相等时。此时,喷洒过程中最大压力或最小压力始终重合在一条线上,如图 2-14 所示,喷头在转动到射线 φ 上的压力也相同,由式(2-79)可得

$$\bar{\rho}_{ti} = \rho_{itj}$$

即当系统压力变动周期与喷头旋转周期一致时,t_T 时间内第 i 点的平均喷灌强度即为其相应压力下的点喷强度。

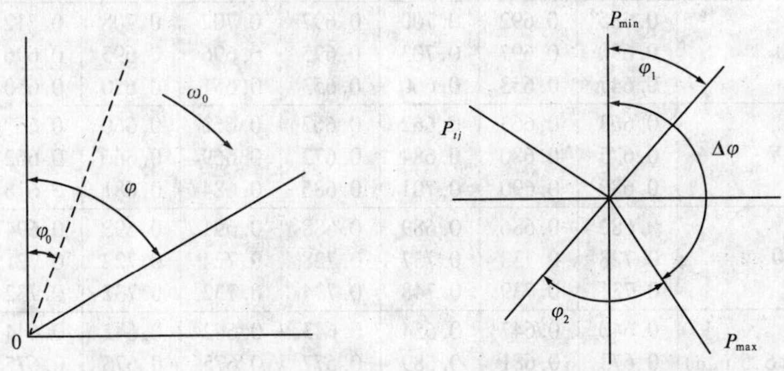

图 2-14 喷头转动示意

设由最小压力至最大压力喷头转动角度为 $\Delta\varphi$,时间为 T_1,则有

$$T_1 = \frac{\Delta\varphi}{\omega_0} \tag{2-80}$$

式中:$\Delta\varphi$ 为弧度。

同样,由最小压力至 φ_1 射线,喷头转动时间为

$$t_1 = \frac{\varphi_1}{\omega_0} \quad (\varphi_1 \text{ 为弧度}) \tag{2-81}$$

则相对时间

$$\tau_1 = \frac{t_1}{T_1} = \frac{\varphi_1}{\Delta\varphi} \tag{2-82}$$

系统首部压力变化与田间压力变化间存在着对应关系,可表示为

$$f(t_1) = a_1\left(\frac{\varphi_1}{\Delta\varphi}\right)^2 + (2 - a_1)\frac{\varphi_1}{\Delta\varphi} - 1 \tag{2-83}$$

喷头转至 φ_1 射线时相应压力为

$$P_{t1} = P_{m0} + \frac{\Delta P_{ik}}{2}\left[a_1\left(\frac{\varphi_1}{\Delta\varphi}\right)^2 + (2 - a_1)\frac{\varphi_1}{\Delta\varphi} - 1\right] = P_{m0}\left\{1 + \frac{\varepsilon_H}{2}\left[a_1\left(\frac{\varphi_1}{\Delta\varphi}\right)^2 + (2 - a_1)\frac{\varphi_1}{\Delta\varphi} - 1\right]\right\} \tag{2-84}$$

同理,压力下降过程,喷头旋转 φ_2 角度相应的压力为

$$P_{t2} = P_{m0}\left\{1 + \frac{\varepsilon_H}{2}\left[a_2\left(\frac{\varphi_2}{2\pi - \Delta\varphi}\right)^2 + (a_2 + 2)\left(\frac{\varphi_2}{2\pi - \Delta\varphi}\right) + 1\right]\right\} \tag{2-85}$$

由此即可采用式(2-84)~式(2-85)计算任意 φ_1 射线及 φ_2 射线上的各点喷灌强度,进而可计算出单喷头压力周期变化情况下水量分布的均匀系数。表 2-7 及表 2-8 列出了几种喷头在不同 $\Delta\varphi$、P_{m0}、a_1、a_2 及 ε_H 下的均匀系数变化值。

表 2-7　单喷头均匀系数随 $\Delta\varphi$、ε_H、P_{m0} 的变化

ε_H(%)	20	20	20	16.6	12.5	8.3	0	P_{m0}(MPa)
$\Delta\varphi$(°)	90	180	270	180	180	180	180	
ZY-1	0.659 0.697 0.714	0.661 0.703 0.726	0.665 0.709 0.738	0.660 0.698 0.717	0.659 0.695 0.713	0.659 0.694 0.710	0.658 0.697 0.709	0.2 0.3 0.4
PY-20	0.685 0.690 0.647	0.692 0.697 0.653	0.700 0.703 0.660	0.697 0.695 0.653	0.702 0.696 0.651	0.708 0.695 0.650	0.712 0.696 0.650	0.30 0.35 0.40
中原 12Y	0.663 0.675 0.680	0.663 0.680 0.690	0.662 0.684 0.701	0.663 0.673 0.686	0.662 0.669 0.684	0.660 0.666 0.681	0.657 0.662 0.678	0.25 0.30 0.35
PY_2-40	0.682 0.728 0.731	0.686 0.733 0.739	0.689 0.737 0.748	0.688 0.728 0.734	0.691 0.724 0.732	0.693 0.722 0.732	0.694 0.721 0.732	0.35 0.40 0.45
ZY-3(11 mm×6.5 mm)	0.640 0.673 0.689	0.647 0.681 0.697	0.654 0.689 0.705	0.643 0.677 0.693	0.642 0.675 0.692	0.642 0.675 0.690	0.644 0.675 0.690	0.30 0.40 0.50

表 2-8　单喷头均匀系数随 a_1 值变化

a_1	-1.752	-0.797	-0.487	-0.249	极差(%)	P_{m0}(MPa)
ZY-1	0.703	0.698	0.696	0.695	1.146	0.30
PY-20	0.697	0.692	0.689	0.688	1.301	0.35
中原 12Y	0.680	0.676	0.675	0.674	0.887	0.30
PY_2-40	0.733	0.729	0.728	0.727	0.823	0.40
ZY-3(11 mm×6.5 mm)	0.681	0.674	0.672	0.670	1.631	0.40

由表中数据可看出：

(1)随着 $\Delta\varphi$ 的增加，均匀系数呈增加趋势，但增加值较小，极差分析结果见表 2-9(a)，几种喷头不同压力下的均匀系数随 $\Delta\varphi$ 变化的最大极差仅为 3.31%，说明 $\Delta\varphi$ 值对均匀系数影响较小。

(2)一定压力下不同压力变幅 ε_H 的单喷头均匀系数值变化较小，说明压力的周期变化对单喷头水量分布所产生的影响较小。几种喷头的均匀系数随 ε_H 变化的极差分析结果如表 2-9(a)所示。

(3)随着 a_1 绝对值的减小，不同喷头的均匀系数均呈下降趋势，但变化值甚小，极差结果如表 2-8 所示。

(4)不同喷头一定条件下的均匀系数随平均压力 P_{m0} 变化显著，其变幅值如表 2-9(b)所示。

综上所述，压力周期变化情况下，影响单喷头水量分布均匀性的主要因素是喷头工作的平均压力，其他因素对均匀系数影响程度较小。

表 2-9(a)　几种常用喷头均匀系数随 $\Delta\varphi$、ε_H 变化的极差分析

喷头型号	ZY-1			PY-20			中原 12Y			PY_2-40			ZY-3(11 mm×6.5 mm)		
平均压力(MPa)	0.20	0.30	0.40	0.30	0.35	0.40	0.25	0.30	0.35	0.35	0.40	0.45	0.30	0.40	0.50
随 $\Delta\varphi$ 变化极差(%)	0.907	1.707	3.306	2.166	1.866	1.990	0.151	1.324	3.043	1.020	1.228	2.300	2.164	2.349	2.295
随 ε_H 变化极差(%)	0.456	1.291	2.398	2.809	0.287	0.462	0.913	2.719	1.770	1.153	1.664	0.956	0.776	0.889	1.014

表 2-9(b)　几种常用喷头均匀系数随 P_{m0} 变幅分析结果

ε_H(%)	20	20	20	16.6	12.5	8.3	0	P_{m0}(MPa)
$\Delta\varphi$(°)	90	180	270	180	180	180	180	
ZY-1	8.346	9.833	10.977	8.636	8.194	7.739	7.751	0.2~0.4
PY-20	6.646	5.636	6.060	6.738	7.834	8.923	9.538	0.3~0.4
中原 12Y	2.564	4.072	5.891	3.469	3.323	3.182	3.196	0.25~0.35
PY_2-40	7.185	7.726	8.563	6.686	5.933	5.628	5.476	0.35~0.45
ZY-3(11 mm×6.5 mm)	7.656	7.728	7.798	7.776	7.788	7.477	7.143	0.3~0.5

二、压力周期变化对喷灌质量的影响

(一)稳定工况下的平均喷灌强度

研究表明，田间压力随时间变化规律如图 2-15 所示，设其符合下式

$$H_{ik} = H_{m0} + \frac{\Delta H_{ik}}{2} \cdot f(t) \tag{2-86}$$

式中：H_{m0}为田间压力变化平均值；ΔH_{ik}为田间压力变幅值，$\Delta H_{ik} = H_D - H_s$；$f(t)$为相对压力变化关系，$f(t)$值在$-1 \sim 1$之间变化；$H_D$、$H_s$为田间压力最大值、最小值。

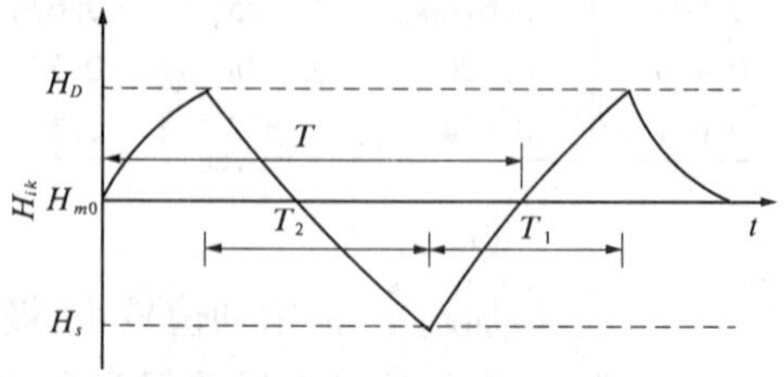

图 2-15　田间压力变化过程示意图

喷头的工作流量为

$$q = \varphi\sqrt{2gH_{ik}} = \varphi\sqrt{2g\left[H_{m0} + \frac{\Delta H_{ik}}{2}f(t)\right]} \tag{2-87}$$

式中：φ为喷头流量系数。

一个周期T内喷头的喷水量为

$$V = \int_0^T q\mathrm{d}t = \int_0^T \varphi\sqrt{2g\left[H_{m0} + \frac{\Delta H_{ik}}{2}f(t)\right]}\mathrm{d}t \tag{2-88}$$

因此，平均喷灌强度$\overline{\rho_j}$为

$$\overline{\rho_j} = \frac{V}{TS} = \frac{1}{TS}\int_0^T \varphi\sqrt{2g\left[H_{m0} + \frac{\Delta H_m}{2}f(t)\right]}\mathrm{d}t \tag{2-89}$$

式中：S为喷头典型布置的控制面积，若为长方形布置，则$S = a \cdot b$，a、b分别为支管间距及喷头间距。

平均压力H_{m0}下的喷头流量及其计算喷灌强度为

$$q_0 = \varphi\sqrt{2gH_{m0}} \tag{2-90}$$

$$\rho_{j0} = \frac{q_0}{S} = \frac{\varphi}{S}\sqrt{2gH_{m0}} \tag{2-91}$$

式中：q_0、ρ_{j0}分别为平均压力H_{m0}下的喷头流量及喷灌强度。

压力周期变化时，平均喷灌强度的变化率为

$$\delta_\rho = \frac{|\rho_{j0} - \overline{\rho_j}|}{\rho_{j0}} \times 100\% = \left|1 - \frac{1}{T}\int_0^T \sqrt{1 + \frac{\varepsilon_H}{2}f(t)}\,\mathrm{d}t\right| \times 100\% \tag{2-92}$$

式中：ε_H为田间压力变化相对值，$\varepsilon_H = \Delta H_{ik}/H_{m0}$。

由式(2-92)可看出，影响喷灌强度变化率的主要因素为田间相对压力变化值ε_H及田间压力相对时间的变化关系$f(t)$，而与喷头形式、布置方式等无关。由于压力上升过程及压力下降过程中$f(t)$变化关系不同，为便于分析，将式(2-92)写成以上升或下降过程开始点为零点的方程，即

$$\delta_\rho = \left|1 - \frac{1}{T}\left[\int_0^{T_1}\sqrt{1 + \frac{\varepsilon_H}{2}f(t_1)}\,\mathrm{d}t_1 + \int_0^{T_2}\sqrt{1 + \frac{\varepsilon_H}{2}f(t_2)}\,\mathrm{d}t_2\right]\right| \times 100\% \tag{2-93}$$

式中：T_1、T_2 为压力上升过程和压力下降过程的时间，见图 2-15；$f(t_1)$ 为以压力开始上升的瞬间为零点的相对压力变化关系，$f(t_1) = -1 \sim 1$；$f(t_2)$ 为以压力开始下降的瞬间为零点的相对压力变化关系，$f(t_2) = 1 \sim -1$。

若以时间相对值表示，设 $\tau_1 = \dfrac{t_1}{T_1}$、$\tau_2 = \dfrac{t_2}{T_2}$，则式(2-93)可进一步改写为

$$\delta_\rho = \left| 1 - \frac{1}{T}\left[T_1\int_0^1 \sqrt{1 + \frac{\varepsilon_H}{2} f(T_1\tau_1)\,\mathrm{d}\tau_1} + T_2\int_0^1 \sqrt{1 + \frac{\varepsilon_H}{2} f(T_2\tau_2)\,\mathrm{d}\tau_2}\right] \right| \times 100\% \tag{2-94}$$

(二)不同稳定运行工况下田间喷灌强度及均匀系数变化

通过前述分析压力周期变化情况下田间喷灌强度及均匀系数的变化关系，可以看出，田间压力的调节范围对其值影响较小。但在实际运行中存在另一种不利运行状况，即系统在一段时间内稳定在某一压力下工作，而在另一段时间内稳定在另一压力下工作，造成不同轮灌区田间喷灌强度及均匀系数的差异，影响整个系统的灌水质量。最不利情况为某段时间在最高压力限附近工作，而另一段时间在最低压力限附近工作。

1. 平均喷灌强度的变化

设最大压力及最小压力所对应的平均计算喷灌强度分别为 $\bar{\rho}_{\max}$、$\bar{\rho}_{\min}$

$$\bar{\rho}_{\max} = \frac{\varphi}{S}\sqrt{2g\left(H_{m0} + \frac{\Delta H_m}{2}\right)}$$

$$\bar{\rho}_{\min} = \frac{\varphi}{S}\sqrt{2g\left(H_{m0} - \frac{\Delta H_m}{2}\right)} \tag{2-95}$$

则

$$\Delta\rho_m = \bar{\rho}_{\max} - \bar{\rho}_{\min} = \frac{\varphi}{S}\sqrt{2g}\left(\sqrt{H_{m0} + \frac{\Delta H_m}{2}} - \sqrt{H_{m0} - \frac{\Delta H_m}{2}}\right) \tag{2-96}$$

相对变化率

$$\varepsilon_{\rho m} = \frac{\Delta\rho_m}{\rho_0} = \frac{\varphi}{S}\sqrt{2g}\left(\sqrt{H_{m0} + \frac{\Delta H_m}{2}} - \sqrt{H_{m0} - \frac{\Delta H_m}{2}}\right) \Big/ \left(\frac{\varphi}{S}\sqrt{2gH_{m0}}\right) = \sqrt{1 + \frac{\varepsilon_H}{2}} - \sqrt{1 - \frac{\varepsilon_H}{2}} \tag{2-97}$$

通常压力的相对变化范围 ε_H 较小，对式(2-97)右端采用一次近似，可得

$$\varepsilon_H \approx 2\varepsilon_{\rho m} \tag{2-98}$$

若喷灌强度的相对变化率不超过某一范围 $\varepsilon_{\rho允}$，则相对压力变幅须满足下式

$$\varepsilon_H \leqslant 2\varepsilon_{\rho允} \tag{2-99}$$

2. 组合均匀系数的变化

根据各种喷头不同压力下喷灌强度的实测值，计算正方形布置，布置间距等于设计射程下的组合均匀系数，计算结果如表 2-10(a)所示。为简化分析，假定喷灌的组合均匀系数随着压力的降低而降低，且组合均匀系数 C_u 与喷头工作压力 P 成直线关系，即

$$C_u = aP + b \tag{2-100}$$

采用最小二乘法拟合各喷头的 a、b 值并计算相关系数 R，如表 2-10(a)所示，可以看出，C_u 与 P 具有较好的直线相关性。同时，由表 2-10(a)可以看出，ZY－3 型喷头随着喷嘴直径的增大，a 值愈来愈小，说明 C_u 随 P 的变化关系愈来愈平缓，即单位压力的变化所引起的 C_u 值的变化愈小。

表 2-10(a)　喷头组合均匀系数的变化

喷头工作压力(MPa)	0.20	0.25	0.30	0.35	0.40	0.45	0.50	0.55	直线拟合系数		相关系数 R
									a	b	
PY－30 Sh		0.708	0.752	0.771	0.809	0.825			0.586 8	0.567 6	0.988
PY_2－40			0.707	0.712	0.746	0.758	0.818		0.534 0	0.534 6	0.949
ZY－1	0.615	0.651	0.666	0.704	0.740				0.599 9	0.495 2	0.992
中原 12Y		0.721	0.738	0.786	0.795				0.539 6	0.584 6	0.966
PY－20			0.734	0.759	0.786				0.520 0	0.577 7	0.999
ZY－3(10 mm×6.5 mm)			0.641	0.677	0.693	0.713	0.720		0.388 0	0.533 6	0.970
ZY－3(11 mm×6.5 mm)			0.623	0.669	0.696	0.716	0.722		0.490	0.489 2	0.957
ZY－3(12 mm×6.5 mm)			0.650	0.689	0.717	0.726	0.729		0.390	0.526 7	0.929
ZY－3(13 mm×6.5 mm)				0.657	0.705	0.717	0.734	0.745	0.410	0.527 1	0.949
ZY－3(14 mm×6.5 mm)				0.683	0.686	0.720	0.742	0.760	0.420	0.529 2	0.980
ZY－3(15 mm×6.5 mm)				0.634	0.702	0.711	0.700	0.729	0.376	0.526 0	0.823
ZY－3(16 mm×6.5 mm)				0.690	0.691	0.694	0.709	0.728	0.188	0.618	0.916

由式(2-100)差分得

$$\Delta C_u = a \cdot \Delta P \tag{2-101}$$

式中：ΔC_u 为喷头组合均匀系数变化值；ΔP 为相应的压力变化值。

若设系统所允许的组合均匀系数变化值为 $\Delta C_{u允}$，则相应的 ΔP 要求为

$$\Delta P \leqslant \frac{1}{a}\Delta C_{u允} \tag{2-102}$$

设田间允许喷灌强度的相对变化率 $\varepsilon_{\rho允}=10\%$，均匀系数变化值 $\Delta C_{u允}=5\%$，则由式(2-99)及式(2-102)可得压力变化的允许值

$$\Delta P_{允} = \min\left[2\varepsilon_{\rho允}\cdot P_{m0}, \frac{1}{a}\Delta C_{u允}\right] = \min\left[0.2P_{m0}, \frac{0.05}{a}\right] \tag{2-103}$$

式中：$\Delta C_{u允}$为田间允许压力变化值，MPa；P_{m0}为喷头设计工作压力，MPa。

将表 2-10(a)中的 a 值及喷头的设计工作压力代入式(2-103)，即可得田间喷灌所允许的压力变化值。

另外，由式(2-103)可看出，右边括号内两项前者与喷头工作压力有关，而后者只与喷头形式有关，与喷头工作压力无关，因此二者间必定存在一个临界压力。当系统田间工作压力小于此压力时，$\Delta P_{允}$ 由前者决定，田间工作压力大于此压力后 $\Delta P_{允}$ 由后者决定，设该临界压力值为 P_{mL}，则 P_{mL}满足下式

$$0.2P_{mL} = \frac{0.05}{a}$$

解得

$$P_{mL} = \frac{0.25}{a} \tag{2-104}$$

当 $P_{m0} \leqslant P_{mL}$时，$\Delta P_{允}=0.2P_{m0}$；当 $P_{m0} > P_{mL}$时，$\Delta P_{允}=0.05/a$。

将表 2-10(a)中的各喷头 a 值代入式(2-104)得不同喷头的 P_{mL}值如表 2-10(b)所示。

表 2-10(b)　不同喷头的 P_{mL} 值

喷头型号	PY－30Sh	PY_2－40	ZY－1	中原12Y	PY－20	ZY－3						
喷嘴直径(mm×mm)		14.0	7.0	6.5×2.0	6.4×2.0	10×6.5	11×6.5	12×6.5	13×6.5	14×6.5	15×6.5	16×6.5
P_{mL}(MPa)	0.426	0.468	0.417	0.463	0.481	0.644	0.510	0.641	0.610	0.595	0.665	1.330

目前我国常用的中、低压喷头，工作压力一般不超过0.4 MPa，高压喷灌系统也很少超过0.5 MPa，因此根据表中数据，$\Delta P_{允}=0.2\ P_{m0}$。

三、周期性压力变化与调压技术

以压力罐调节技术为例，分析调压技术对周期性变化压力的调节作用。龚时宏等研究了调压技术对平均喷灌强度的影响，表明调压罐压力水位与田间压力变化具有相同的 $f(t)$ 关系，即

$$\int_{H_{m0}}^{H_{ik}} \mathrm{d}H_{ik}=\int_{H_{G0}+Z_{t0}}^{H_G+Z_t}\frac{K_{vik}}{K_{vik}+S_{ik}}\prod_{j=1}^{i}\overline{KK}(j)(\mathrm{d}H_G+\mathrm{d}Z_t)$$

可得

$$H_{ik}-H_{m0}=\frac{K_{vik}}{K_{vik}+S_{ik}}\prod_{j=1}^{i}\overline{KK}(j)[(H_G+Z_t)-(H_{G0}-Z_{t0})] \tag{2-105}$$

式中：$H_{G0}+Z_{t0}$ 为调压罐压力水位变化平均值。

由式(2-86)得

$$f(t)=\frac{2(H_{ik}-H_{m0})}{\Delta H_{ik}} \tag{2-106}$$

整理得

$$f(t)=\frac{2[(H_G+Z_t)-(H_{G0}+Z_{t0})]}{\Delta H_G+\Delta Z_t} \tag{2-107}$$

式(2-107)右端即为调压罐压力水位变化的 $f(t)$ 关系，由此得调压罐压力水位变化的 $f(t)$ 值与田间压力变化的 $f(t)$ 值等同。

由图 2-16 可看出，不同的水泵工作状态及田间用水状态的 $f(t)$ 关系不同，但曲线有共同特点，即压力上升过程的 $f(t)\sim\tau$ 关系为上凸曲线，压力下降过程的 $f(t)\sim\tau$ 关系为上凹曲线。此外，$f(t)\sim\tau$ 曲线还具有如下规律：

(1)对于压力上升过程曲线，在压力调节范围内若供水量同用水量相比较大时，曲线具有较小的曲率，并接近直线，如图 2-16(c)中曲线 a；当供水量与用水量接近时，具有较大的曲率如图 2-16(a)中曲线 b。作为极限情况，随着压力的上升、水泵供水流量愈来愈小，田间用水流量愈来愈大，在压力最大点，即 $\tau=1$ 时供用水量相等，此时 $f(T_1\tau)$ 不再随 τ 而变，恒等于1，即在 $\tau=1$ 时，有 $\mathrm{d}f(T_1\tau)/\mathrm{d}\tau=0$。

(2)对于压力下降过程，当用水流量同供水流量相比较大时，则 $f(t)\sim\tau$ 关系具有较小的曲率并接近直线；同样当压力下降时，由于水泵供水量愈来愈大，而田间用水量愈来愈小，作为极限情况，在 $\tau=1$ 时供用水平衡，此时同样有 $\mathrm{d}f(T_2\tau)/\mathrm{d}\tau=0$。依照上述特征，分析

$f(t)\sim\tau$关系对喷灌强度变化率 δ_ρ 的影响程度。

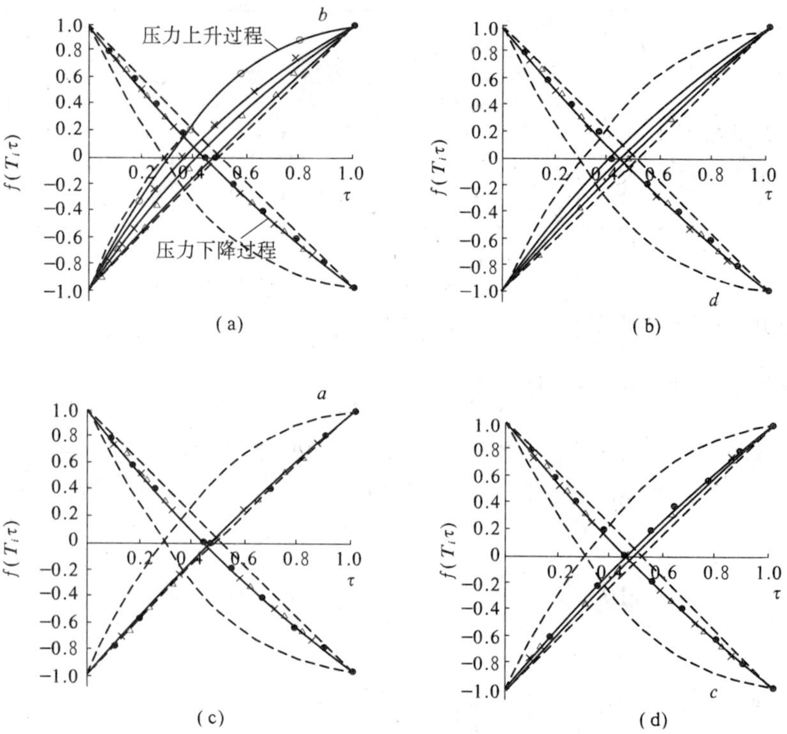

图 2-16　$f(t)\sim\tau$ 关系包络线(虚线)

设$f(t)\sim\tau$ 关系符合抛物线变化,则有

$$f(T_i\tau)=a_i\tau^2+b_i\tau+c_i \tag{2-108}$$

式中:a_i、b_i、c_i 为系数,压力上升过程 $i=1$,压力下降过程 $i=2$。

对压力上升过程,将 $\tau=0$ 及 $\tau=1$ 的$f(T_1\tau)$代入式(2-108),反求系数并整理得

$$f(T_1\tau)=a_1\tau^2+(2-a_1)\tau-1 \tag{2-109}$$

式中:a_1 为待定系数,可由$f(T_1\tau)=0$ 时的 τ 值确定。

作为极限情况,对图 2-16 所示直线 a,有 $a_1=0$,则

$$f_1(T_1\tau)=2\tau-1 \tag{2-110}$$

对曲线 b,由 $\mathrm{d}f_1(T_1\tau)/\mathrm{d}\tau|_{\tau=1}=0$,得 $a_1=-2$,则

$$f_2(T_1\tau)=-2\tau^2+4\tau-1 \tag{2-111}$$

同理,对压力下降过程有

$$f(T_2\tau)=a_2\tau^2-(a_2+2)\tau+1 \tag{2-112}$$

式中:a_2 为待定系数,可由$f(T_2\tau)=0$ 时的 τ 值确定。

同样对直线 c 有 $a_2=0$,则

$$f_1(T_2\tau)=-2\tau+1 \tag{2-113}$$

对曲线 b 有

$$f_2(T_2\tau)=2\tau^2-4\tau+1 \tag{2-114}$$

设

$$F_1 = \int_0^1 \sqrt{1 + \frac{\varepsilon_H}{2} f(T_1 \tau)}\, d\tau$$
$$F_2 = \int_0^1 \sqrt{1 + \frac{\varepsilon_H}{2} f(T_2 \tau)}\, d\tau \tag{2-115}$$

为分析极限情况下 F_1、F_2 的变化率，将式(2-110)、式(2-111)、式(2-113)、式(2-114)分别代入式(2-115)得压力上升过程有

$$F_{11} = \int_0^1 \sqrt{1 + \frac{\varepsilon_H}{2}(2\tau - 1)}\, d\tau = \frac{2}{3\varepsilon_H}\left[\left(1 + \frac{\varepsilon_H}{2}\right)^{3/2} - \left(1 - \frac{\varepsilon_H}{2}\right)^{3/2}\right] \tag{2-116}$$

$$F_{12} = \int_0^1 \sqrt{1 + \frac{\varepsilon_H}{2}(-2\tau^2 + 4\tau - 1)}\, d\tau = \frac{1}{2}\sqrt{1 + \frac{\varepsilon_H}{2}} - \frac{2 + \varepsilon_H}{4\sqrt{\varepsilon_H}} \arcsin \frac{-2\sqrt{\varepsilon_H}}{\sqrt{4 + 2\varepsilon_H}} \tag{2-117}$$

对压力下降过程有

$$F_{21} = \int_0^1 \sqrt{1 + \frac{\varepsilon_H}{2}(-2\tau + 1)}\, d\tau = \frac{2}{3\varepsilon_H}\left[\left(1 + \frac{\varepsilon_H}{2}\right)^{3/2} - \left(1 - \frac{\varepsilon_H}{2}\right)^{3/2}\right] = F_{11} \tag{2-118}$$

$$F_{22} = \int_0^1 \sqrt{1 + \frac{\varepsilon_H}{2}(2\tau^2 - 4\tau + 1)}\, d\tau = \frac{1}{2}\sqrt{1 + \frac{\varepsilon_H}{2}} + \frac{2 - \varepsilon_H}{4\sqrt{\varepsilon_H}} \ln \frac{\sqrt{1 - \frac{\varepsilon_H}{2}}}{\sqrt{1 + \frac{\varepsilon_H}{2}} - \sqrt{\varepsilon_H}} \tag{2-119}$$

依此计算不同压力变化率 ε_H 下的 F_1、F_2 的变化率见表 2-11。

表 2-11　$F_i(i=1,2)$ 值的极限变化率

ε_H	0	0.05	0.10	0.15	0.20	0.25
F_{11}、F_{12}	0	0.999 97	0.999 90	0.999 77	0.999 58	0.999 35
F_{21}	0	1.004 13	1.008 19	1.012 18	1.016 10	1.019 95
F_{22}	0	0.995 80	0.991 52	0.987 16	0.982 73	0.978 22
$\lvert F_{11} - F_{12}\rvert / F_{11} \times 100\%$	0	0.416	0.829	1.242	1.652	2.062
$\lvert F_{21} - F_{22}\rvert / F_{21} \times 100\%$	0	0.418	0.838	1.261	1.686	2.114

由表 2-11 中数据可以看出，无论压力上升过程，还是压力下降过程，其极限变化率均较小，说明 $f(t) \sim \tau$ 之间关系对 F_1、F_2 值影响较小。同时，由表中数据可得，不同压力变化率及不同 $f(t) \sim \tau$ 关系下的 F_1、F_2 值均接近 1。将式(2-115)代入式(2-94)得：

$$\delta_\rho = \left| 1 - \frac{1}{T}(T_1 F_1 + T_2 F_2) \right| \times 100\% \tag{2-120}$$

式(2-120)表明，一定压力变幅内压力的周期变化对喷灌强度的影响较小。尽管如此，对压力周期性变化的喷灌系统，控制系统的压力变化幅度是保证喷洒质量和效率的一个重要因素，应作为调压系统的主要控制指标之一。

第三章　泵站与灌溉管网特征

第一节　压力和供水量

对于一个喷灌工程所控制的喷灌区，无论面积大小，通常都会有几种作物构成，难以做到种植结构统一。由于不同作物的生育期、需水规律等各不相同，因此各作物要求的灌水时间、灌水量、周期等也各不相同。在这种情况下，灌区的灌溉用水量可能是变化的，不可能都在设计状态（即灌溉用流量、工作压力等于设计流量和设计工作压力）下工作，会出现偏高于（加大流量情况）或低于设计状态工作的情况。但无论出现哪种工作状态，其供水流量和供水压力均应满足喷灌的技术要求。

一、恒压喷灌对压力的要求

（一）加压喷灌管网的类型

需要加压进行喷灌的管网，以所处的地形可大致分为4类：①加压泵站低于全部灌溉管网的山丘区；②加压泵站与全部灌溉管网基本上处于同一高程的平原地区；③部分灌溉管网高于加压泵站，另部分管网低于加压泵站的缓坡地区；④加压泵站高于全部灌溉管网，如地形坡度在1/100～3/100的地区。

无论处于哪种类型区，灌溉管网都是封闭的。管网规模越大，管路越长，则管路的水头损失越大，它占泵站总扬程的比例也越大。灌溉用水流量的随机性大，管网的水头损失随灌溉用水流量的变化而变化等，是恒压喷灌管网的重要特征。

（二）调压泵站的总扬程

对于上述任何一种管网类型，其调压泵站的总扬程均可用下式表达

$$H = Z_0 + \sum h_f + \sum h_j + P \tag{3-1}$$

式中：H 为泵站总扬程，m；Z_0 为设计喷点与泵站前池水面的高差或设计喷灌地形高差，m；$\sum h_f$ 为管网中具有代表性的各管段沿程水头损失之和，m；$\sum h_j$ 为相应管段局部水头损失之和，m；P 为喷头的设计工作压力，m。

对于上述4种类型，第1种、第3种类型，Z_0 为正值，第4种类型 Z_0 为负值，第2种类型 Z_0 可能为零。

当灌区用水流量 Q_i 与调压泵站的设计流量 Q_0 不一致时，其总扬程 H 也与设计的总扬程不相等。假设调压泵站由扬程相同（或基本相同）而流量不同的主、副泵构成。通常主泵有多台，流量较大，副泵为1台，流量较小。设副泵流量为 Q_1，主泵流量为 Q_2，当有 n 台主泵时，则调压泵站的设计流量 Q_0 为

$$Q_0 = Q_1 + nQ_2 \tag{3-2}$$

式（3-2）中各项随灌区用水流量的增减而变化。

1. 设计喷点与泵站前池水面的高差或设计喷灌地形高差

设计喷点与泵站前池水面的高差或设计喷灌地形高差(Z_0)不受流量变化的影响。在一个特定的灌区中,Z_0 始终是一个常数,除 Z_0 外,其余各项数值的大小均受流量变化的影响。

2. 总扬程

总扬程 H 的变化可由水泵的性能曲线上查得,如图3-1所示。当水泵流量为 Q_A 时,总扬程为 H_A;当水泵流量增加到 Q_B 时,总扬程为 H_B。从水泵的性能曲线看出,流量增加,扬程减小;流量减小,则扬程增加。它们之间的关系可用下式表示

$$H = AQ^2 + BQ + C \tag{3-3}$$

式中:H 为水泵扬程;Q 为水泵流量;A、B、C 为水泵常数。

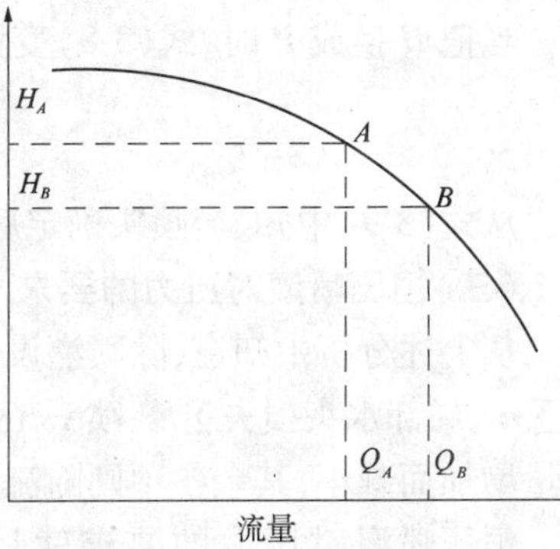

图3-1 水泵的性能曲线

3. 沿程水头损失

对于各种材质的管道,其沿程水头损失可用下式表达:

$$h_f = \lambda \frac{l}{d}\frac{v^2}{2g} \tag{3-4}$$

式中:h_f 为沿程水头损失,m;λ 为沿程阻力系数;l 为管道长度,m;d 为管道内径,m;v 为平均流速,m/s;g 为重力加速度,$g = 9.81\ m/s^2$。

当用流量表示时,式(3-4)可写成

$$h_f = \lambda \frac{\delta}{\pi^2 g}\frac{Q^2}{d^5}l = f\frac{Q^2}{d^5}l \tag{3-5}$$

式中:f 为用流量表示的管道沿程水头损失系数,$f = \lambda \frac{\delta}{\pi^2 g}$。

在一个比较复杂的喷灌管网中,沿程水头损失 $\sum h_f$ 是由干管段、分干管段、支管段及灌溉支管等的沿程水头损失累加而得。在各管段中,管径、长度、流量都是不同的,甚至管道的材质都不一定相同。对一个特定管网,即管网结构、管道内径、长度、管道材质一定时,沿程水头损失的变化,只与流量的增减有关。

4. 局部水头损失

局部水头损失包括沿程各管段的闸阀、变径、弯头等的水头损失。局部水头损失可用下式表示

$$h_j = \xi \frac{v^2}{2g} \tag{3-6}$$

式中:h_j 为局部水头损失,m;ξ 为阻力系数;v 为平均流速,m/s;g 为重力加速度,$g = 9.81\ m/s^2$。

当用流量表示时,式(3-6)可写成

$$h_j = kQ^2 \tag{3-7}$$

式中:k 为用流量表示的管道局部损失系数,$k = \frac{\delta\xi}{\pi^2 d^4}$,$d$ 为管道内径,通常为闸阀等下游管段的内径,m。

从式(3-7)知,局部水头损失与流量的平方成正比。

5. 喷头设计工作压力 P

喷头出流属于孔口出流的一种形式,其流量与压力的关系式为

$$q = A\varphi \sqrt{2gH} \tag{3-8}$$

式中:q 为喷头流量,m^3/s;A 为喷嘴断面面积,m^2;φ 为流速系数;H 为喷头工作压力,m。

当把 H 换成 P 时,式(3-8)变为

$$P = \frac{q^2}{2gA^2\varphi^2} \tag{3-9}$$

从式(3-9)中知,当喷头确定后,喷头的工作压力 P 与喷头流量的平方成正比。

(三)恒压喷灌对压力的要求

从上述分析中知道,除喷灌设计地形高差(Z_0)外,式(3-1)中的总扬程 H、沿程水头损失 $\sum h_f$、局部水头损失 $\sum h_j$、喷头工作压力 P 都随流量的增减而变化。总扬程(水泵扬程)随流量增加而减小,其余各项则随流量增加而增加。

恒压喷灌对压力的要求就是让所有工作喷头都工作在设计允许工作压力下。把式(3-1)改写成喷头工作压力的显式,即

$$P = H - Z_0 - \sum h_f - \sum h_j \tag{3-1'}$$

为了确保喷洒质量,满足喷灌均匀性要求,《喷灌工程技术规范》(GB/T 50085—2007)规定,任何一条喷灌支管首末端的压差 ΔP 必须小于或等于 $0.2P$。也就是说,在喷灌的全过程中,无论灌溉用水流量如何变化,泵站提供的总扬程在减去典型设计点与泵站前池水面的高差、沿程水头损失和局部水头损失后,都必须满足式(3-10),即

$$0.9P \leqslant H - Z_0 - \sum h_f - \sum h_j \leqslant 1.1P \tag{3-10}$$

式(3-10)是喷灌也是恒压喷灌对系统工作压力的要求。

二、恒压喷灌对供水流量的要求

如前所述,喷灌区在喷灌运作的全过程中,由于灌溉用水流量因灌区作物需水规律的不同而变化,泵站工况也要随用水流量的变化而相应变化,达到“需供平衡”。

(一)改变泵站供水流量

恒压喷灌的调压泵站,通常由扬程相同(或基本相同),流量不同的主、副泵组成。副泵通常为1台,最多为2台,若为2台,每台副泵的扬程、流量宜保持一致;主泵通常有2台或多台,各主泵的扬程、流量也是相同的。调压泵站的设计流量参见式(3-2)。

改变调压泵站的供水流量有两种方式。

1. 增减泵站水泵工作的台数

采用这种方式改变泵站供水流量,其流量是呈阶梯形变化的,如图3-2所示。这种情况通常是在灌区同时工作的喷灌支管数量发生较大改变时才会出现。

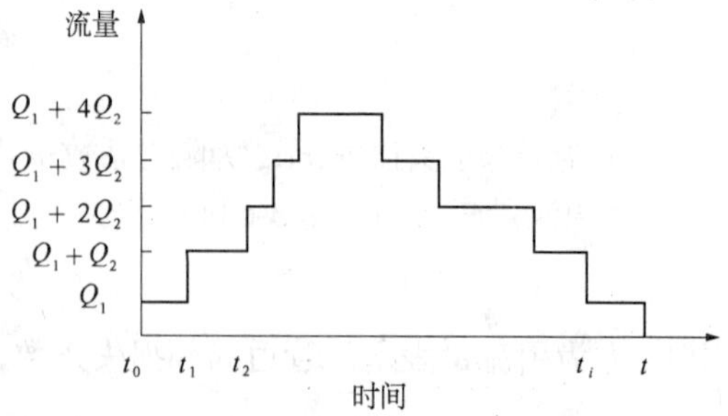

图3-2 水泵运行台数与泵站供水流量

2. 水泵工作台数不变的流量变化

当灌区用水流量发生较小变化时,依水泵性能曲线,水泵可随灌区用水流量的变化自动

调整,连续调节泵站的供水流量,以满足灌溉用水要求,如图 3-3 所示。此时应保证水泵仍在其高效区内运行。

设灌区用水流量为 Q,泵站的设计流量为 Q_A,水泵的高效运行区间为 $B-C$。

当 $Q=Q_A$ 时,水泵的工况在 A 点运行;

当 $Q>Q_A$ 时,水泵的工况将从 A 点向 C 点移动;

当 $Q<Q_A$ 时,水泵的工况将从 A 点向 B 点移动。

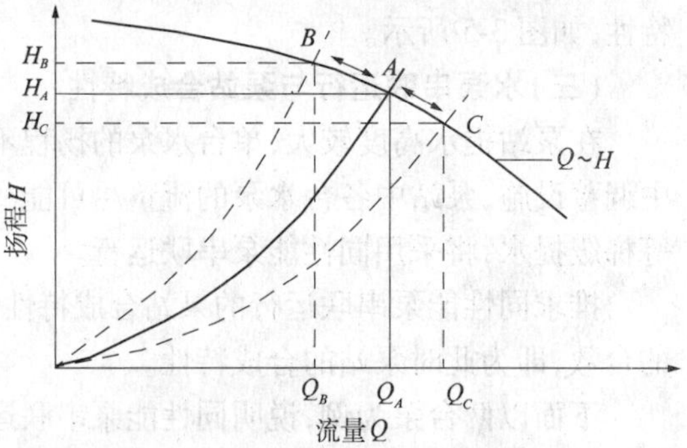

图 3-3　水泵性能的自动调整特性

(二)恒压喷灌对供水流量的要求

通过前面的讨论,改变泵站供水流量主要有增减水泵的工作台数和通过水泵自身的性能调整来实现。另外,若调压泵站设置有调压罐时,调压罐也可依据用水压力的变化,起到调节流量的作用。但由于调压罐的容积小,调节流量的作用十分有限。

无论以哪种方式改变供水流量,其目的在于在喷灌的全过程中,使供水流量始终与用水流量相一致,达到"需供平衡"。这是恒压喷灌对供水流量的要求。

在设置有调压罐的调压泵站中,使供水流量与灌溉用水流量相一致的过程,往往上述几种改变供水流量方式同时进行,或交替进行,且都是自动完成的。

第二节　泵站合成特性

一、水泵运行方式与水泵合成特性

(一)同性能泵并联运行与泵站合成特性

泵站设计中,一般选用同性能泵并联运行,这时泵站的水泵特性比较简单,只要把同性能泵的流量进行叠加,扬程保持不变,即为泵站的特性。具体做法是:在同一坐标系中,绘出一台水泵的性能曲线,泵站对应的额定流量 Q_0 和扬程 H_0;若是两台泵并联运行,过 H_1 做流量轴的平行线,流量放大一倍,即为两台同性能泵并联运行时的泵站特性。依次类推,即可求得多台同性能泵并联运行时的泵站特性,如图 3-4 所示。

(二)不同性能泵并联运行与泵站合成特性

生产实践中,由于受设计流量、泵型等因素的制约,如泵站采用同性能泵并联运行不能满足设计要求,必须选用不同性能泵并联运行方能满足设计要求时,可采用不同性能泵并联运行。通常选用扬程相近的水泵,以保证泵站中各台水泵均处于高效区运行。

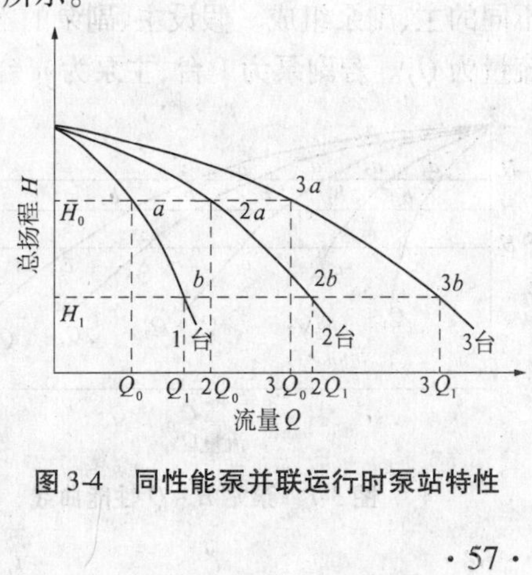

图 3-4　同性能泵并联运行时泵站特性

不同性能泵并联运行时,泵站的合成特性求解方法同前,即沿流量方向以相同扬程将各台水泵的流量相加,即为不同性能泵并联运行时泵站的合成特性，如图 3-5 所示。

（三）水泵串联运行与泵站合成特性

在泵站提水高度较大，单台水泵的扬程不可能满足泵站扬水高度时，为减少提水各环节中调蓄设施，泵站中各台水泵的流量尽可能一致，扬程按设计所需，进行水泵的选配。若为等梯级提水，将采用同性能泵串联运行。

推求同性能泵串联运行的泵站合成特性时，将同一流量的各台水泵对应扬程乘以水泵的台数，即为此时泵站的合成特性。

下面以两台泵为例，说明同性能泵串联运行与泵站合成特性的推求。具体做法是：首先将流量为零时对应的水泵关死点的扬程 H_1（如图 3-6 中 a 点）移到总扬程为扬程 $2H_1$（如图 3-6中 $2a$ 点）；然后再将流量为 Q_0、扬程 H_0（如图 3-6 中 b 点）移到总扬程为扬程 $2H_0$（如图 3-6 中 $2b$ 点）；依次绘出流量为 Q_i、扬程 H_i（如图 3-6 中 c 点、d 点）移到总扬程为 $2H_i$（如图 3-6 中 $2c$ 点、$2d$ 点），并将以上各点连接成光滑的曲线，即为同性能泵串联运行时泵站合成特性曲线，如图 3-6 所示。

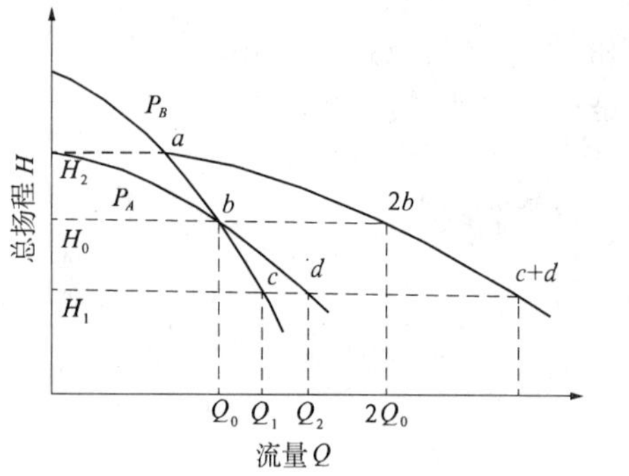

图 3-5　不同性能泵并联运行时泵站合成特性

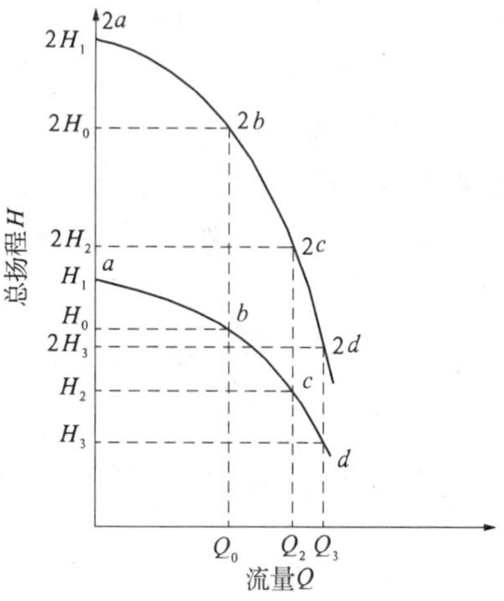

图 3-6　水泵串联运行泵站合成特性

二、调压泵站的合成特性

如本章第一节所述，对于调压泵站的水泵配置，通常是由扬程相同（或基本相同），流量不同的主、副泵组成。假设主、副泵的额定扬程都是 H，副泵的额定流量为 Q_1，主泵的额定流量为 Q_2。若副泵为 1 台，主泵为 n 台，则并联水泵的合成特性可用下述方法求得：

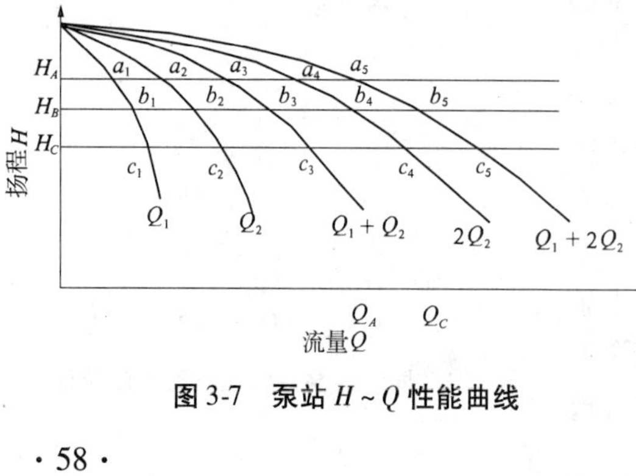

图 3-7　泵站 $H \sim Q$ 性能曲线

第一步，用直角坐标，以纵坐标代表水泵扬程，横坐标代表水泵流量，流量可用 m^3/h 或 m^3/s 表示。

第二步，根据所选定的主、副泵性能表的三个扬程、流量参数，分别将副泵和主泵的扬程—流量（$H \sim Q$）点绘在同一张坐标图上。这就得到了副泵和主泵的 $H \sim Q$ 性能曲线，见图 3-7。

第三步，依据主、副泵的性能参数表，选择 3 ~ 5 个扬程，求出各扬程点的主、副泵流量值，见表 3-1。这里需要说明的是，取 3 ~ 5 个扬程点，主要是所做出的曲线有较好精度，所取的点数越多，做出的曲线精度越高。

表 3-1　并联水泵合成性能关系表

扬程	流量						
	副泵	主泵	副泵 + 主泵	2 台主泵	副泵 +2 台主泵	3 台主泵	副泵 +3 台主泵
H_A	Q_{a1}	Q_{a2}	$Q_{a1}+Q_{a2}$	$2Q_{a2}$	$Q_{a1}+2Q_{a2}$	$3Q_{a2}$	$Q_{a1}+3Q_{a2}$
H_B	Q_{b1}	Q_{b2}	$Q_{b1}+Q_{b2}$	$2Q_{b2}$	$Q_{b1}+2Q_{b2}$	$3Q_{b2}$	$Q_{b1}+3Q_{b2}$
H_C	Q_{c1}	Q_{c2}	$Q_{c1}+Q_{c2}$	$2Q_{c2}$	$Q_{c1}+2Q_{c2}$	$3Q_{c2}$	$Q_{c1}+3Q_{c2}$
H_D	Q_{d1}	Q_{d2}	$Q_{d1}+Q_{d2}$	$2Q_{d2}$	$Q_{d1}+2Q_{d2}$	$3Q_{d2}$	$Q_{d1}+3Q_{d2}$
H_E	Q_{e1}	Q_{e2}	$Q_{e1}+Q_{e2}$	$2Q_{e2}$	$Q_{e1}+2Q_{e2}$	$3Q_{e2}$	$Q_{e1}+3Q_{e2}$

第四步，在图 3-7 的纵坐标上，分别标注 H_A 至 H_E，然后根据表 3-1 中各扬程相对应组合水泵的流量，可分别点绘出副泵 + 主泵、2 台主泵、副泵 +2 台主泵、3 台主泵、副泵 +3 台主泵等不同组合下并联水泵的扬程—流量合成特性曲线，见图 3-7。

有了主副泵各种组合的 $H \sim Q$ 特性曲线，在泵站的运行过程中，无论出现哪种组合，只需知道泵站的出口压力（可将压力表安装在泵站出口总干管上），即可从相应的合成曲线上找出泵站的供水流量。

以上讨论了调压泵站并联水泵的合成特性，其水泵组成是由主、副泵（两种水泵）组成。若泵站为同一种多台水泵组成，其并联水泵的合成特性只是一种特例，它被包含在由主、副泵组成的情况中。

第三节　管网合成特性

讨论并联水泵与管网的合成特性时，除知道并联水泵的特性外，还需知道管网的特性。一个管网由多种不同管径、长度、材质的管段组成。管网分树状管网、环形管网和环形与树状相结合的混合形管网三类。以树状管网为例，讨论管网的合成特性。

一、单一管段的特性

一条管段的走向、长度，是根据一个实际灌区的地形、地物、地块分布、作物种植结构等因素，由总体布置确定的。就管段的走向而言，主要有垂直等高线和平行等高线两种走向，在个别情况下，也有与等高线斜交走向的情况。

（一）管段流量

一条管段的流量，是依据它担负的灌溉面积、作物的灌溉制度（灌水定额、灌水时间、灌水周期等）确定的。即

$$Q_i = \frac{Am}{Tt\eta} \tag{3-11}$$

式中：Q_i 为管段的流量，m^3/s；A 为管段的控制灌溉面积，hm^2；m 为灌水定额，m^3/hm^2；T 为灌水周期，d；t 为每天的灌溉时间，h/d；η 为灌溉水利用系数。

例如一条管段的控制灌溉面积 $A=33.3\ \text{hm}^2$,灌溉方式为喷灌,灌溉水利用系数 $\eta=0.85$,灌水定额 $m=390\ \text{m}^3/\text{hm}^2$,每天的灌溉时间 $t=16$ h,灌水周期 $T=9$ d。如果该管段为连续输水,则该管段的流量为

$$Q_i=\frac{Am}{Tt\eta}=\frac{33.3\times390}{9\times16\times0.85}=106.1(\text{m}^3/\text{h})=0.0295(\text{m}^3/\text{s})$$

(二)管段内径

管段内径确定主要考虑两个因素,即工程投资和运行费用,管径的选定尽可能使工程投资与运行费用之和最小。初选时可通过管道的经济流速来确定:

$$d=\sqrt{\frac{4Q}{\pi v}} \tag{3-12}$$

式中:d 为管道内径,m;Q 为管道设计流量,m^3/s;v 为经济流速,m/s;π 为圆周率。

另外,如果管道是下坡垂直等高线,为了使管道的压力分布均匀和灌水压力比较稳定,最合理的情况是使管道的水头曲线与管道经过的地面相平行,如图 3-8 所示。也就是说选择的管道管径,在设计流量情况下所产生的沿程水头损失,与管道所经过的地形高差基本相等,以抵消地形高差对压力的影响。

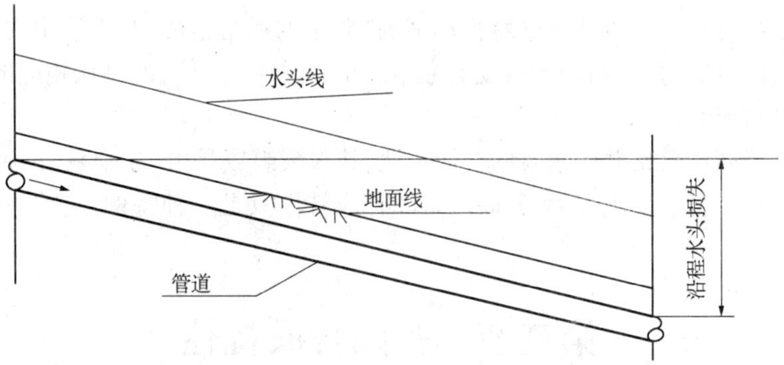

图 3-8　理想管道铺设与管道的水头曲线

(三)管道材质

管道材质的不同,其摩阻系数也不同,在管道内径、长度和流量相同的情况下,所产生的沿程水头损失将有很大的差异。在管道内径、长度相同的条件下,当沿程水头损失一定时,管道摩阻系数小的,比管道摩阻系数大的所通过的流量要大。因此,实际工程中,在条件允许(存在有选择各种材质管道条件)的情况下,尽可能选择摩阻系数小的管道。

(四)管道的沿程水头损失

计算圆形管道的沿程水头损失的公式很多,最常用的两种是达西公式和哈－威公式。

1. 达西公式

$$h_f=\lambda\frac{l}{d}\frac{v^2}{2g} \tag{3-13}$$

式中:h_f 为沿程水头损失,m;λ 为沿程阻力系数;l 为管道长度,m;d 为管道内径,m;v 为平均流速,m/s;g 为重力加速度,$g=9.81\ \text{m/s}^2$。

当用流量表示时,式(3-13)可写成:

$$h_f=f\frac{Q^2}{d^5}l \tag{3-14}$$

式中：$f=\dfrac{8\lambda}{\pi^2 g}$，π 为圆周率，其余符号意义与式(3-13)同。

2. 哈－威公式

$$h_f = 10.667\left(\frac{Q}{C}\right)^{1.852} d^{-4.87} l \tag{3-15}$$

式中：Q 为流量，m^3/s；d 为管道内径，m；l 为管道长度，m；C 为与管道材质有关的摩阻系数，可参考表 3-2。

表 3-2　不同管材的摩阻系数

管材	规格	C
塑料管	100 mm 以上	150
	100 mm 以下	140
钢管	新	130
	旧	100
镀锌钢管		130
焊接钢管	新	110
	旧	95
铸铁管	新	130
	旧	100
混凝土管		130
铝管		125 ~ 130

(五)单一管道(段)的特性

对于中间不分流的输水干管、泵站出水管等，当管道的内径、长度确定后，这条管道的沿程水头损失与通过该条管道流量的 n 次方成正比，如图 3-9所示。

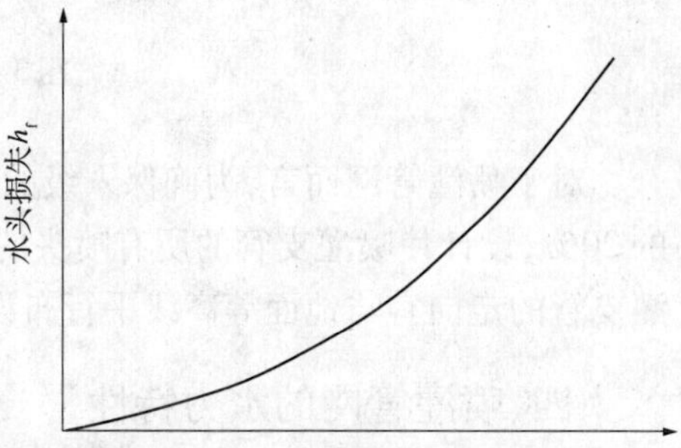

图 3-9　单一管道的 $h_f \sim Q$ 特性曲线

二、串联管道

在采用管道输水灌溉的实践中，常常会用到串联管道的情况，这种串联管道，通常是一边输水，一边分水，如图 3-10 所示。

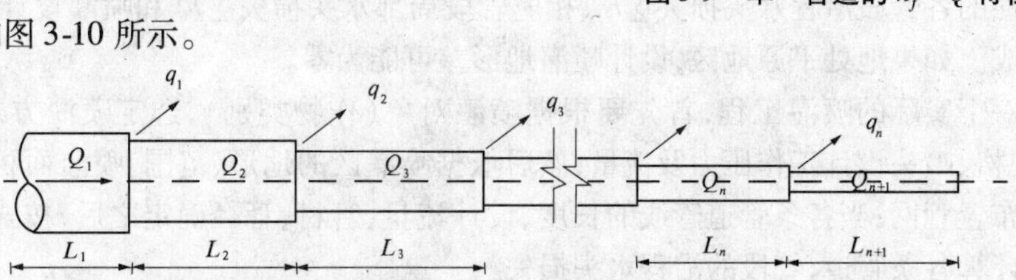

图 3-10　串联管道

灌溉工程的这种串联管道，由于担负着输水和分水的任务，各段的管径一般不同。通常越往后管径越小，而每段串联管道的长度大致相等。

串联管道的沿程水头损失是由各管段的沿程水头损失累加而得：

$$h_f = h_{f1} + h_{f2} + h_{f3} + \cdots + h_{fn} + h_{f(n+1)} = \sum h_{fi} = \sum f_i \frac{Q_i^n}{d_i^b} L_i \tag{3-16}$$

式中：h_f 为串联管道总的沿程水头损失，m；h_{fi} 为各管段的沿程水头损失，m；f_i 为各管段的摩阻系数；Q_i 为各管段的流量，m^3/s；d_i 为各管段的管道内径，m；L_i 为各管段的长度，m；n 为流量指数；b 为管径指数。当采用达西公式时，$n=2$，$b=5$；当采用哈－威公式时，$n=1.852$，$b=4.87$。

三、树状管网

树状管网一般由 1 条主干管、若干条分干管和更多条灌水支管组成。分干管的走向有两种情况：一种是与干管相互垂直，如图 3-11（a）所示；另一种情况是与干管斜交，如图 3-11（b）所示。

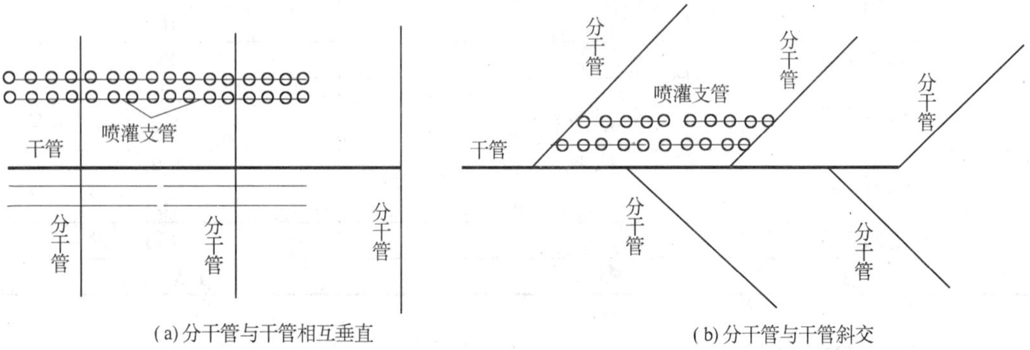

图 3-11　树状管网示意图

对于喷灌管网而言，为确保末级的喷灌支管首、末端的压力差不大于喷头设计工作压力的 20%，设计使喷灌支管的所有喷头的工作压力相差不大，以达到喷洒相对均匀之目的，喷灌支管的走向宜与地面等高线平行布设。

四、喷灌管网的水力特性

以加压为条件的喷灌，由式（3-1）知道，泵站的设计扬程由喷头设计工作压力 P，管网中具有代表性的各管段沿程水头损失 $\sum h_f$、相应管段局部水头损失 $\sum h_j$ 和喷灌设计地形差 Z_0 三部分组成。如果地处平原地区，设计喷灌地形差可能为零。

对于一个实际的喷灌工程，首先要根据喷灌对象（作物类别），选定喷灌方式、喷头类型、喷头规格、喷头设计工作压力及流量；然后依据喷灌区的地形、范围、喷灌面积及田块分布形状等布置管网；当各条管道管线的长度、设计流量、管材、管径确定之后，按式（3-14）或式（3-15）计算各条管道、管段的沿程水头损失。

喷灌支管的水头损失，是由多口系数乘以该支管的沿程水头损失而得：

$$h_F = F h_f \tag{3-17}$$

式中：h_F 为喷灌支管的水头损失，m；F 为多口系数，可以从有关手册中查到；h_f 为喷灌支管的沿程水头损失，m，可按式（3-14）或式（3-15）计算。

所谓喷灌管网的水力特性，就是管网在运行的过程中，各处的流量、压力的分布情况，只有知道管网水力特性,才能采用相应的措施进行压力调节,以保证灌水的均匀度。

以图 3-12 为例,喷灌管网各管道、管段、管径、流量等都标注在图中。通过水力计算,可作出管网中具有代表性的各管段的水力特性曲线 R_1,如图 3-13 所示。

需要指出的是,管网的水力特性曲线不只是一条,通过不同位置管段水头损失的组合,可以得到若干条曲线 R_2、R_3 等。

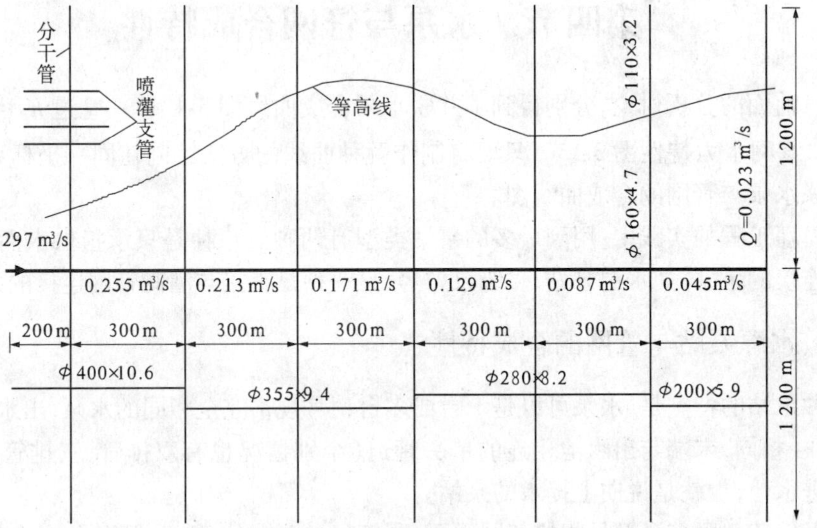

图 3-12 喷灌管网示意

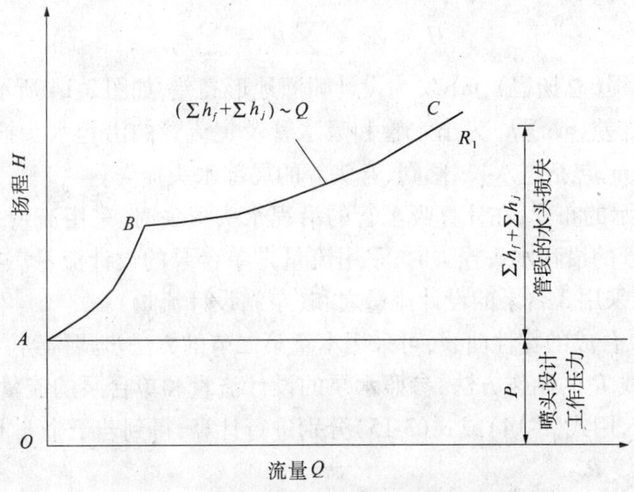

图 3-13 典型管段的水力特性曲线示意图

特性曲线 R_1(O—A—B—C)是一条折线,而不是一条光滑的曲线。这是因为:OA 段代表喷头的设计工作压力。在整个喷灌区,无论是喷灌支管同时工作的数量处于设计状态(用水流量=设计流量,设计同时工作的喷灌支管数全部开启),还是只有部分喷灌支管在工作,喷头的工作压力 P 变化是不大的,故 OA 为直线。AB 段代表只有小部分喷灌支管在同时工作的情况,在这种情况下,只有担负喷灌的末级支管才工作,其余的末级支管的流量为零。担负喷灌的末级支管的流量与它的设计流量相比,变化不会很大,其水头损失与设计情况相比,数值相差也不会很大。另外,工作的喷灌支管所产生的水头损失也不会有大的变化。然而，当只有少数喷灌支管在同时工作时，由于灌溉用水流量小，通过各输水管道所产生的水头损失也小，所以，AB 段曲线比较陡。在 BC 段，随着用水流量的逐渐增大，同时工作的喷灌支管数逐渐增加，直至用水流量达到设计流量，同时工作的喷灌支管数达到设计数量，各条管道的管段水头损失也逐渐增加，故 BC 段为一条光滑曲线。

第四节　水泵与管网合成特性

通过前面的分析讨论，分别得到了并联水泵合成曲线图 3-4，单一管道 $h_f \sim Q$ 特性曲线图 3-9 和管网水力特性图 3-13。只要将制作两种曲线的方法绘制在同一坐标系下，就可以得到并联水泵与管网的合成曲线图。

在喷灌工程的实践中，用到最多的泵站类型有两种。一种是只承担供水而不直接与灌溉管网连接的泵站，如水源泵站、多级泵站等；另一种是直接与灌溉管网连接的泵站。

一、水源泵站与管网的合成特性

这种泵站的特点是，水泵可以是 1 台或多台型号规格完全相同的水泵，出水管为中间不分水、管径相同，末端与出水池相连的单一管道（个别情况也有双排管、三排管），泵站出水池高于进水池，也就是说向上提水的泵站。

这里仅就并联多台型号规格相同水泵，同管径单一出水管，向上提水的情况进行讨论。泵站的设计扬程 H 可用下式表示：

$$H = Z_0 + \sum h_f + \sum h_j \tag{3-18}$$

式中：H 为设计扬程（总扬程），m；Z_0 为设计喷灌地形高差，如图 3-14 所示，它等于出水池水位与进水池水位之差，m；$\sum h_f$ 为出水管和吸水管及集流管的沿程水头损失之和，m；$\sum h_j$ 为局部水头损失和，m，包括进水口、闸阀、弯头等的局部水头损失。

如图 3-14 所示的布置，在计算吸水管的沿程水头损失时，采用流量是单台泵的设计流量。在计算集流管的沿程水头损失时，采用流量是单台泵的设计流量。在计算出水管的沿程水头损失时，则采用 3 台泵的设计流量之和（泵站设计流量）。

3 台并联水泵合成的特性曲线，可采用本章第二节的方法步骤得到。

管路特性曲线 R 的制作方法，参照水泵的设计流量和单台泵的流量、2 台泵的流量，再假设 3 ~ 5 个流量，用式（3-14）或式（3-15）分别进行计算，得到若干个 h_f 值，点绘出 R 曲线，如图 3-14 中的曲线 R。

图 3-14 中，当泵站的 3 台泵全部开启时，其工况点为 C，也就是说，每台水泵的工况点是在同一扬程点（A、B、C）运行；当开启 2 台泵时，其工况点降至 B' 点，相对应的流量是 $Q_{B'}$。这个流量比 B 点所对应的流量 $2Q$ 要大，即 $Q_{B'} > 2Q$；同样，当泵站只有 1 台泵运行时，其工况点由 A 点降至 A' 点，$Q_{A'} > Q$。

二、调压泵站并联水泵与管网的合成特性

向管网直接供水的加压喷灌系统，如图 3-15（a）所示。加压泵站由 1 台副泵和 2 台主泵组成。管网分 5 级：总干、分干、支管、分支管和喷灌支管。前 4 级都是固定的，喷灌支管

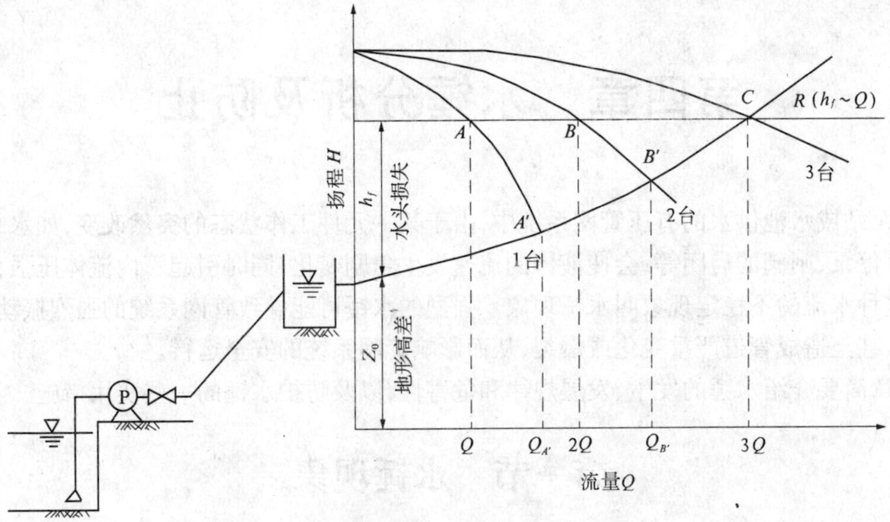

图 3-14　3 台并联水泵的合成特性曲线

可能是固定的,也可能是移动的。若为固定式喷灌,喷灌支管是固定的,若为半固定式喷灌,则是移动的。喷灌支管无论是固定的,或是移动的,它都是属于轮灌管道。而前 4 级通常都是续灌管道,其主要作用是起输水作用。

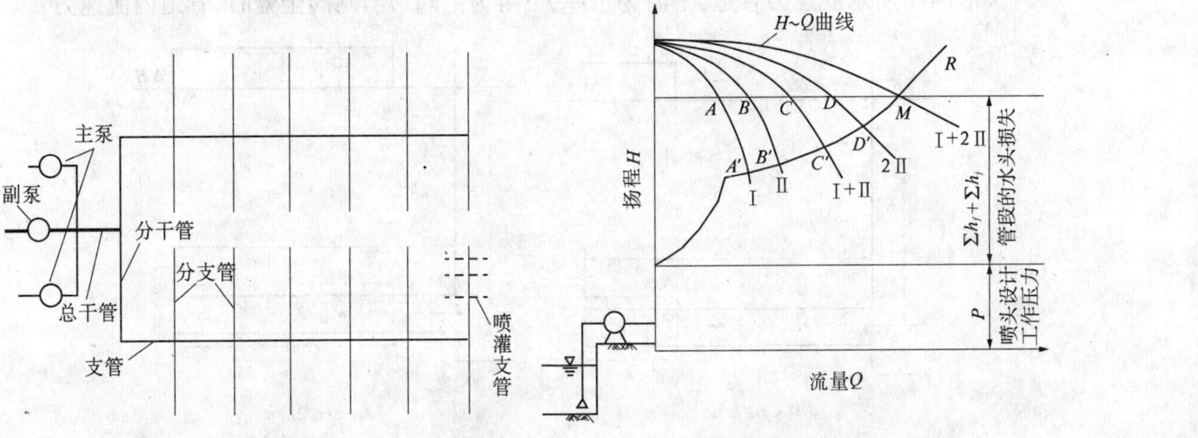

(a)加压喷灌系统　　(b)系统水力性能

图 3-15　调压泵站并联水泵与管网的合成特性图

在图 3-15(b)中,绘出了图 3-15(a)加压喷灌管网的并联水泵与管网的合成特性图。Ⅰ代表副泵的 $H \sim Q_1$ 曲线;Ⅱ代表主泵的 $H \sim Q_2$ 曲线;Ⅰ+Ⅱ代表副泵加 1 台主泵的 $H \sim (Q_1+Q_2)$曲线;2Ⅱ代表 2 台主泵的 $H \sim 2Q_2$ 曲线;Ⅰ+2Ⅱ代表副泵加 2 台主泵的 $H \sim (Q_1+2Q_2)$曲线。

由于管网比较大,各条管道、管段所处的地理位置、地形差异的不同,管网特性会有多种组合,在图 3-15(b)中,只绘出了一种具有代表性的管网特性曲线 R。

当泵站和管网的运行处于设计状态(灌溉用水流量等于设计流量)时,其工况点也在设计工况点 M,这时各泵的工况点分别为 A、B、C、D。当灌溉用水流量小于设计流量时,如依次减小,工况点将依次沿管网特性曲线 R 降至 D'、C'、B'直至 A'。

第四章　水锤分析及防止

在泵站或水池供水的有压管网系统中，由于某一元件工作状态的突然改变，如水泵的启停、失电停泵、闸阀的启闭等，会使液体的流速发生急剧变化，同时引起管内流体压强大幅度波动，这种水流的不稳定现象叫水锤现象。强烈的水锤可能导致管网系统的强烈振动、噪声和气穴，甚至造成管道严重变化或爆裂，从而影响管网系统的安全运行。

本章简要介绍水锤的发生、发展规律和危害性，以及防护水锤的一些实用措施。

第一节　水锤现象

一、水锤的基本现象

水具有惯性和压缩性是发生水锤现象的主要物理原因。现以忽略摩擦情况下突然关闭闸阀所引起的水锤现象为例，说明水锤波的传播、反射及叠加的发展过程。

如图 4-1 所示的压力管道，上游为水库，下游为闸阀。当闸阀全开时，管道内流速为 v_0。

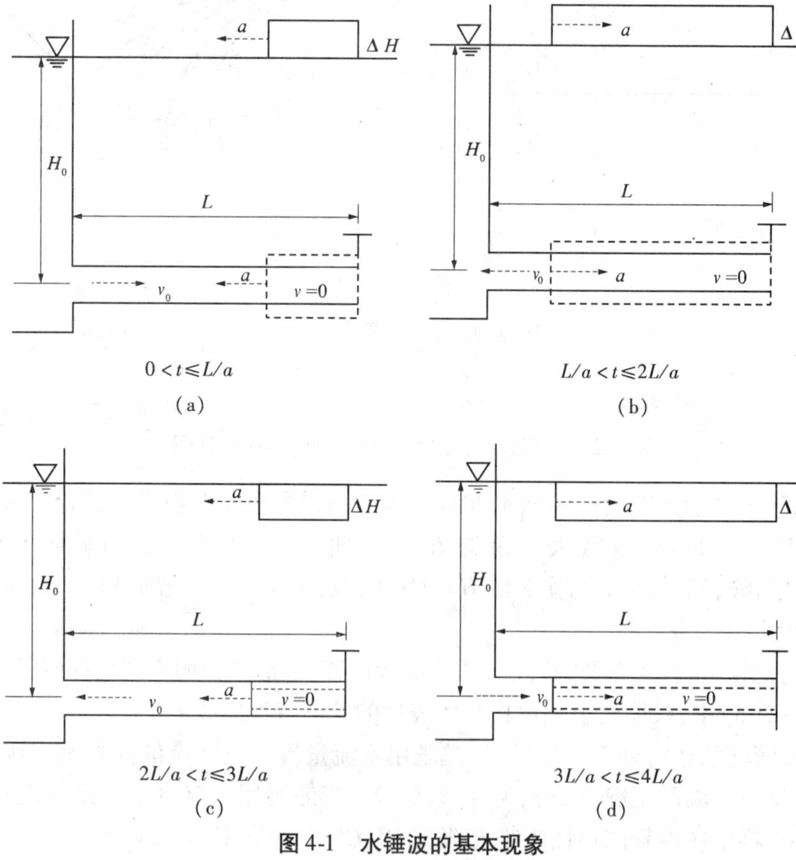

图 4-1　水锤波的基本现象

若闸阀在 $t=0$ 瞬时关闭，在紧靠阀门 dx 微段内的流体立即静止。由于惯性作用使 dx 微段内的流体受到压缩，并产生水锤增压 $\Delta H=\frac{a}{g}v_0$，管道膨胀。但在 dx 以上的水流尚未受到阀门关闭的影响而仍以 v_0 的速度向下游流动，一旦第一层受到压缩，第二层、第三层重复这个过程，这样一段接一段地将闸阀关闭的影响以水锤波速 a 的增压波形式向上游传播。因管长为 L，故管道末端闸阀处到管道首端水库处的传播时间为 $t=\frac{L}{a}$，这就是水锤发展的第一阶段，其发展过程如图 4-1(a)所示。

当 $t=\frac{L}{a}$时，全管流动停止，压强普遍升高一个 ΔH、密度增大，管道膨胀。但因水库压力不变，故在上游水锤增压波到达 $t=\frac{L}{a}$的瞬间，处于一种不平衡状态。从上游端水库开始，管内流体向水库倒流，如图 4-1(b)所示。该流动使管道压力恢复原始状态，被压缩的水体和膨胀了的管道都恢复原状，而流体具有与原来反向的流速 v_0。这个逆过程以水锤波速 a 的减压波形式向下游闸阀处传播。在 $t=\frac{2L}{a}$的瞬间，水锤波到达闸阀处。这即为水锤波的反射现象，它是于 $t=\frac{L}{a}$瞬间从上游端开始，到 $t=\frac{2L}{a}$时水锤波到达闸阀处结束，从而结束了水锤波发展的第二阶段。

在 $t=\frac{2L}{a}$时，全管压强、密度和管壁都恢复正常，但管内有一个速度为 $-v_0$ 的反向流速，这与闸阀关闭处要求 $v=0$ 的条件相矛盾，因此在闸阀端又开始了水锤波的第三个发展阶段。为了满足在下游端闸阀处 $v=0$ 的条件，必然在下游端产生一个等于 $-\Delta H$ 的增速减压波。这个减压波和其伴随的密度减少与管道收缩，以波速 a 向上游端传播，当 $t=\frac{3L}{a}$时，到达上游水库端，如图 4-1(c)所示。

在负压波到达上游端瞬间，即关阀后 $t=\frac{3L}{a}$时，管内流体处于静止状态，而水头比正常状态低一个 ΔH，这样又产生新的不平衡条件，因此将在上游端产生一个增压波，使水流向下游流动，其流速为 v_0，并使管道压强恢复正常。当 $t=\frac{4L}{a}$时，该增压波到达下游端的瞬间，管内流速、压强、密度和管壁等恰好与 $t=\frac{4L}{a}$前关闭时完全一样，如图 4-1(d)所示。

上述过程每 $t=\frac{4L}{a}$重复一次。工程实际中，由于摩擦和流体与管壁的非完全弹性等因素的影响，使波动在一种阻尼状态下发展，即波动逐渐减弱，并最终消失。

二、直接水锤和间接水锤

设水锤波从关闭闸阀处传至上游端并从上游反射回闸阀关闭处的时间为 t_r，则：

$$t_r=\frac{2L}{a} \tag{4-1}$$

再设闸阀关闭时间为 T_s，当 $T_s < t_r$ 时，所产生的水锤即为直接水锤。

发生直接水锤时，会在闸阀关闭处产生最大的水锤升压值。直接水锤会产生最大水锤压力是因为在闸阀全关闭时，从上游反射回来的减压波尚未到达闸阀处，因此不能抵消水锤增压。

当 $T_s > t_r$ 时，所产生的水锤即为间接水锤。由于关阀时间 $T_s > t_r$，则在水锤波已从上游反射回来的减压波到达了下游闸阀处，并可能又在下游端产生了正反射，从而会部分抵消水锤增压。因此，由间接水锤产生的系统增压要比直接水锤小一些。

从上面的分析看到，当管材确定后，由于关阀所产生的水锤压力的大小与管道长度及关阀时间有关，因此在工程实践中，尽量缩短管道长度和延长关阀时间，可以有效地防止水锤产生的危害。

三、水锤波及其传播速度

如图 4-2 所示，当突然关闭闸阀 A，则紧挨其上游处的流体的速度由 v_0 变为 $v(v=0)$。由于惯性的作用，同时在闸阀上游端水锤压力升高 ΔP，且使压力升高段内的流体密度增大，管道膨胀。

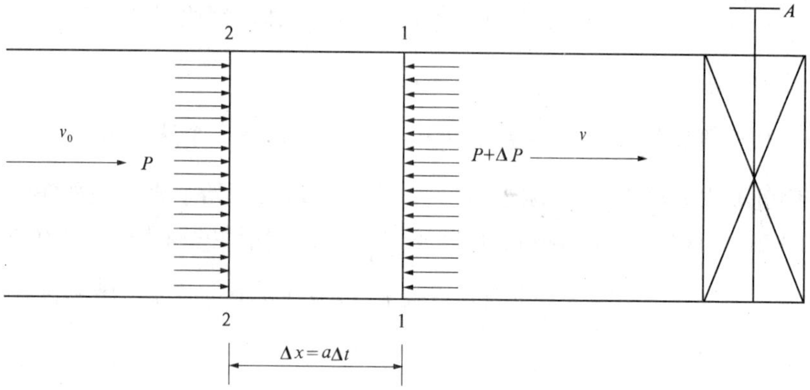

图 4-2　水锤波的传播

在微小时段 Δt 内，水锤波 a 从 1—1 断面传至 2—2 断面。设两断面间的长度为 Δx，则 $\Delta x = a\Delta t$。设原有的水流速度为 v_0，水锤波通过后的流速为 v，流速的增量为 $\Delta v = v - v_0$，压强也从原来的 P 增加到 $P+\Delta P$，同时水体密度增加 $\Delta\rho$，管道断面积增加 ΔA。

在 Δx 段内水体的质量为 $\rho A\Delta x$，则水锤波通过前后的动量增值为 $\rho A\Delta x(v - v_0)$，微段 Δx 两端的总压力差为 $PA-(P+\Delta P)(A+\Delta A)$。

根据冲量变化应等于动量变化的原理，则有

$$PA\Delta t - (P + \Delta P)(A + \Delta A)\Delta t = \rho A\Delta x(v - v_0)$$

$$[PA - (P + \Delta P)(A + \Delta A)]\Delta t = \rho A\Delta x(v - v_0) \tag{4-2}$$

展开式(4-2)，略去二阶微量，并考虑到 $P\Delta A \ll \Delta PA$，则略去 $P\Delta A$，整理后得

$$-\Delta P\Delta t = \rho\Delta x(v - v_0) \tag{4-3}$$

将 $\dfrac{\Delta x}{\Delta t} = a, \rho = \dfrac{\gamma}{g}$ 代入式(4-3)，得

$$-\Delta P = \frac{\gamma}{g}a(v - v_0) \tag{4-4}$$

又因 $\Delta h = \frac{\Delta P}{\gamma}$，将式(4-4)两端同除以 γ 得到水锤压力增值水头 Δh 为：

$$\Delta h = \frac{a}{g}(v_0 - v) \tag{4-5}$$

式中：Δh 为水锤压力增值水头，m；a 为水锤波速，m/s；v_0 为起始流速，m/s；v 为终了流速，m/s；

当闸阀全部关闭，则 $v=0$，式(4-5)变为：

$$\Delta h = \frac{a}{g}v_0 \tag{4-6}$$

根据《喷灌工程设计手册》，水锤波速 a 由下式计算：

$$a = \frac{\sqrt{\frac{k}{\rho}}}{\sqrt{1 + \frac{kD}{\delta E}}} \tag{4-7}$$

水在常温下的 $\sqrt{\frac{k}{\rho}} = 1\ 435$ m/s，则式(4-7)可写成

$$a = \frac{1\ 435}{\sqrt{1 + \frac{kD}{\delta E}}} \tag{4-8}$$

式中：a 为水锤波速，m/s；D 为管径，m；δ 为管壁厚度，m；k 为水的体积弹性系数，$k = 19.6 \times 10^8$ N/m^2；E 为管材的弹性系数，常用的管材弹性系数见表 4-1。

表 4-1　常用的管材弹性系数

管材	E(N·m^2)	k/E	备注
钢管	19.6×10^{10}	0.01	水的体积弹性系数
铸铁管	9.8×10^{10}	0.02	$k = 19.6 \times 10^8$
钢筋混凝土管	19.6×10^9	0.1	(N/m^2)
木管	9.8×10^9	0.2	
铝管	69.6×10^9	0.028	
石棉水泥管	32.3×10^9	0.061	
聚氯乙烯管	$2.8 \times 10^9 \sim 3 \times 10^9$	0.7 ~ 0.65	
聚乙烯管	$1.4 \times 10^9 \sim 2.0 \times 10^9$	1.4 ~ 0.98	
有机玻璃管	$4.9 \times 10^9 \sim 9.8 \times 10^9$	0.4 ~ 0.2	
聚丙烯管	7.8×10^3	2.5×10^5	
橡胶管	$2 \times 10^2 \sim 6 \times 10^2$	$9.8 \times 10^6 \sim 3.2 \times 10^6$	

值得说明的是：当管道内掺气后，水锤波速不能按式(4-8)计算，相关计算可参考《瞬变流》一书。

第二节　泵站水锤

一旦突然停泵，泵站的提水能力突然消失，这时将在泵站出口处产生一个下降的负压波。该负压波沿着水力坡降在出水管内传播，直到到达出水池处。在出水池处该负压波被反射，变成正压波沿出水管内返回泵站出口。如此在水泵的出水管内往返。这种往返的压力波的大小与管线的特性有关，在管内可能相互抵消，或又叠加而成为更大的压力波，这就是泵站水锤。

图 4-3 为一泵站水锤波传播状况。在正常供水条件下，水沿水力坡降线 a 流动。当水泵突然停机时，如 t_1，t_2，t_3 和 t_4 时刻，在压力下降的同时，负压波沿水力坡降线向出水池行进。各时刻压力波的大小和行进位置如图 4-3 中 b_1，b_2，b_3 和 b_4 的位置表示。

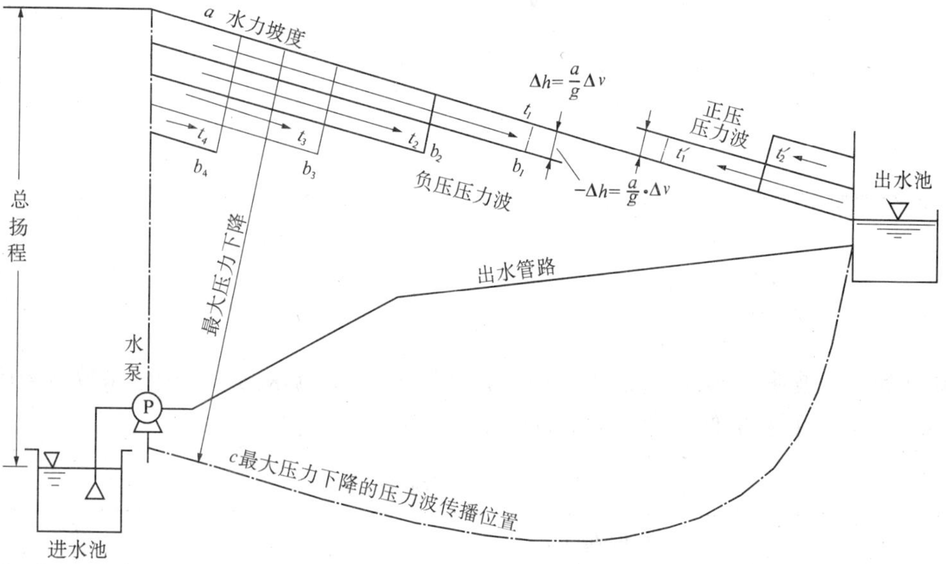

图 4-3　水泵水锤压力波的传播状况

水泵的水锤解析可用图解法来进行。如图 4-4 所示，取流量 Q 为横坐标，扬程 H 为纵坐标，用水泵性能曲线（$Q \sim H$）和管路性能曲线（$\pm R$）之间的交互关系来分析水泵水锤。为简便起见，管路摩阻水头损失集中表示在位于出水管末端的出水池处。

（1）水泵性能曲线 $Q \sim H_0$ 和管路性能曲线 $+R$ 的交点 A_0 表示正常供水状态下的水泵运行工作点。

（2）$Q \sim H_1$、$Q \sim H_2$、…表示出水管中压力波经历一个往复时段后的水泵性能曲线。

（3）水泵突然停机后的压力变化，是突然停机后而变化的水泵性能曲线和管路性能曲线（$\pm R$）交互影响的结果，以管路常数（$a/(gA)$）为斜率进行变化。

图 4-4 中，Y 轴以右的第一象限表示突然停机后出水管内的流体边减速边向前流动的运行状况。Y 轴以左第二象限表示逆向流动的运行状况。

（4）在泵出口位置后的压力是按照 A_0 点变为 A_1 点、A_2 点、…这样来变化的。其流量以 $-\Delta Q$ 变化且压力以 $-\Delta H$ 下降。

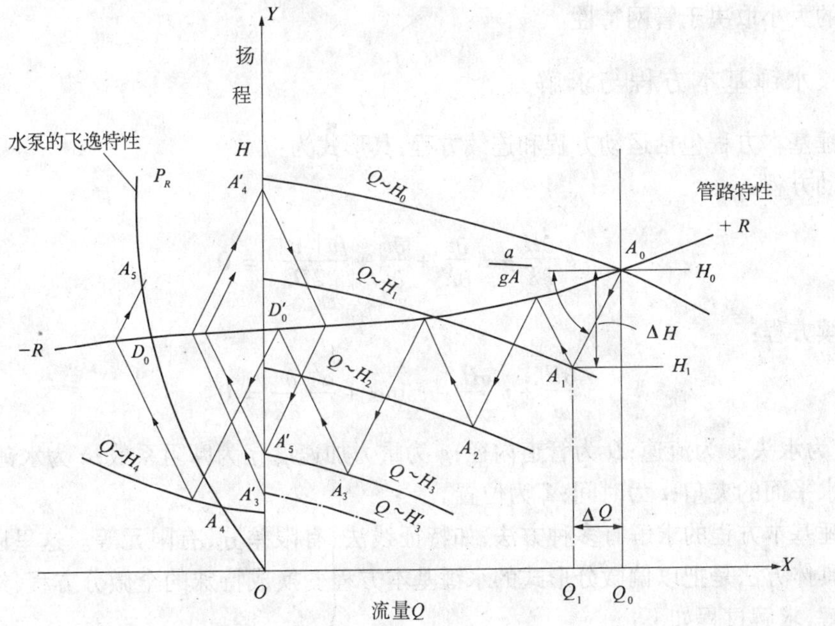

图 4-4　水锤解析示例

一、水泵出口无逆止阀

当水泵出口不安装逆止阀时,出水管中的液体变为逆向流动的过程中,虽然压力变动在出水管中往复传播,水泵出水中的压力变成 A_0、A_1、A_2、A_3、A_4、A_5,如图 4-4 所示,并最终收敛于水泵飞逸性能线(P_R)与管路逆向流动性能曲线($-R$)的交点 D_0。这种场合的最大压力上升值可由 A_5 点求得。从图 4-4 也可看出,为了使逆向流动场合的压力变化收敛点落在与出水管路逆向流动特性曲线的交点上,随着出水管路摩阻水头损失比例的增加,D_0 点位置要降低,压力变动的绝对值减小。也就是说,对管路损失的比例超过扬程的 30% ~40% 的出水管路,因水锤引起压力上升而出问题的机会比较少,相反地,当管路的摩阻水头损失低时,有必要对压力上升的问题进行充分的分析。

二、水泵出口设有逆止阀

当水泵出口设有逆止阀时,有必要对出水管路内流速下降至 0 m/s 的区域内的压力变动进行解析。

在图 4-4 中,当设有逆止阀时,水泵出口的压力变化为 A_0、A_1、A_2、A_3、A'_3、A'_4、A'_5,并以出水管路性能曲线上的 D'_0 点为中心,在上下压力变动反复波动的同时,最终朝 D'_0 点收敛。图 4-4 是针对出水管路中流速为 0 m/s 时逆止阀全闭的场合进行推求的,该图是以急闭型逆止阀的特性曲线为基础绘制的。压力上升的最大值可用 A'_4 点推求。因为一般逆止阀的阀板是在出现一定程度倒流后才关闭的,故实际产生的压力上升比 A_4'点还要大。

第三节　管网水锤

由于闸阀的启闭等原因,会使管网内液体的流速发生急剧变化,产生管网水锤现象。管网水锤的大小取决于管网特性。

一、水锤基本方程与求解

水锤基本方程包括运动方程和连续方程,其形式为:

运动方程:

$$g\frac{\partial H}{\partial X}+v\frac{\partial v}{\partial X}+\frac{\partial v}{\partial t}+\frac{fv|v|}{2D}=0 \tag{4-9}$$

连续方程:

$$\frac{\partial H}{\partial t}+v\frac{\partial H}{\partial X}-v\sin\alpha+\frac{a^2}{g}\frac{\partial v}{\partial X}=0 \tag{4-10}$$

式中:H 为水头;v 为流速;D 为管道内径;g 为重力加速度;f 为摩阻系数;a 为水锤波速;α 为管道与水平面的夹角;t 为时间;X 为位置。

水锤基本方程的求解有多种方法,如特征线法、有限差分、有限元等。这里以特征线法为例。具体方法是把以偏微分形式的水锤基本方程变换成特殊的全微分方程,然后用一阶差分求解,求解过程如下:

在水锤基本方程中,考虑到$\frac{\partial v}{\partial X}\ll\frac{\partial v}{\partial t},\frac{\partial H}{\partial X}\ll\frac{\partial H}{\partial t}$,假定管道的纵坡变化不大,式(4-9)和式(4-10)可以简化为

$$g\frac{\partial H}{\partial X}+\frac{\partial v}{\partial t}+\frac{fv|v|}{2D}=0 \tag{4-11}$$

$$\frac{\partial H}{\partial t}+\frac{a^2}{g}\frac{\partial v}{\partial X}=0 \tag{4-12}$$

将以上方程化为特征线方程,并分别以 C^+ 和 C^- 表示,即

$$C^+:\frac{g}{a}\frac{\mathrm{d}H}{\mathrm{d}t}+\frac{\mathrm{d}v}{\mathrm{d}t}+\frac{fv|v|}{2D}=0 \tag{4-13}$$

$$\frac{\mathrm{d}x}{\mathrm{d}t}=a \tag{4-14}$$

$$C^-:-\frac{g}{a}\frac{\mathrm{d}H}{\mathrm{d}t}+\frac{\mathrm{d}v}{\mathrm{d}t}+\frac{fv|v|}{2D}=0 \tag{4-15}$$

$$\frac{\mathrm{d}x}{\mathrm{d}t}=-a \tag{4-16}$$

以上两对组方程,只有当式(4-14)和式(4-16)成立时,式(4-13)和式(4-15)才成立。

为方便理解以上两对方程的物理意义,将式(4-14)和式(4-16)在 $x-t$ 平面上展开,如图4-5所示。对于某一给定的管道,a 为常数,于是式(4-14)和式(4-16)在 $x-t$ 平面上各代表一条直线 AP 和 BP。这些 $x-t$ 平面上的直线叫特征线,沿着各自的特征线,式(4-13)和式(4-15)成立。

在图4-5上,若 A 点和 B 点的 v 和 H 已知,即 P 点未知,则可分别用式(4-13)和式(4-15)在 A、P 间和 B、P 间积分,从而得到两个求解 P 点未知量 v 和 H 的方程。将两个方程联立求解,即可求出 $x-t$ 平面中 P 点某一时刻的流速 v 和水头 H。

因 $\mathrm{d}x=a\mathrm{d}t$,将等式两边同除以 g,得

$$\frac{dx}{g} = \frac{adt}{g}$$

代入式(4-13),得

$$dH + \frac{a}{g}dv + \frac{fv\,|\,v\,|}{2gD}dx = 0 \tag{4-17}$$

对式(4-17)沿 C^+ 特征线从 A 至 P 积分,即

$$\int_{H_A}^{H_P} dH + \frac{a}{g}\int_{v_A}^{v_P} dv + \frac{f}{2gD}\int_{x_A}^{x_P} V\,|\,V\,|\;dx = 0 \tag{4-18}$$

取一阶近似,积分得

$$H_P - H_A + \frac{a}{g}(v_P - v_A) + \frac{f\Delta x}{2gD}v_A\,|\,v\,| = 0 \tag{4-19}$$

同理,沿 C^- 特征线在 B 和 P 间积分,得

$$H_P - H_B - \frac{a}{g}(v_P - v_B) - \frac{f\Delta x}{2gD}v_B\,|\,v\,| = 0 \tag{4-20}$$

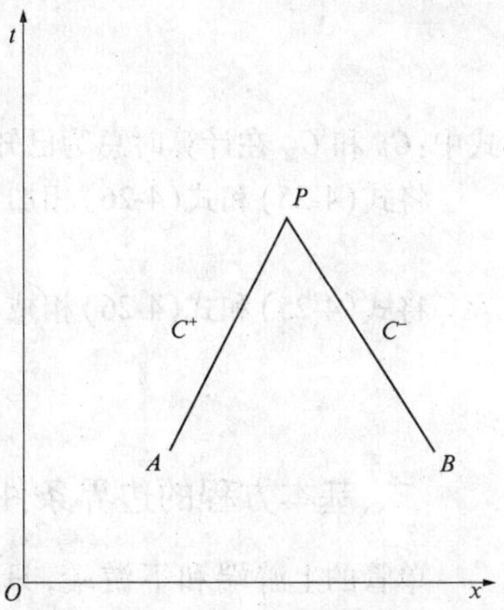

图 4-5　水锤分析 $x \sim t$ 平面的特征线

以上两个相容性方程式即为描述管内水头和流速瞬变传播的关系式。

令 $B = \frac{a}{g}$,$R = \frac{f\Delta x}{2gD}$,把上述方程写成 H_P 和显式,即

$$C^+: H_P = H_A - B(v_P - v_A) - Rv_A\,|\,v_A\,| = 0 \tag{4-21}$$

$$C^-: H_P = H_B + B(v_P - v_B) + Rv_B\,|\,v_B\,| = 0 \tag{4-22}$$

为便于计算机编程计算,在 $x - t$ 平面上建立特征网格。将管长 L 分成 n 等份,每段长度为 Δx,如图 4-6 所示,其时间步长 $\Delta t = \frac{\Delta x}{a}$。

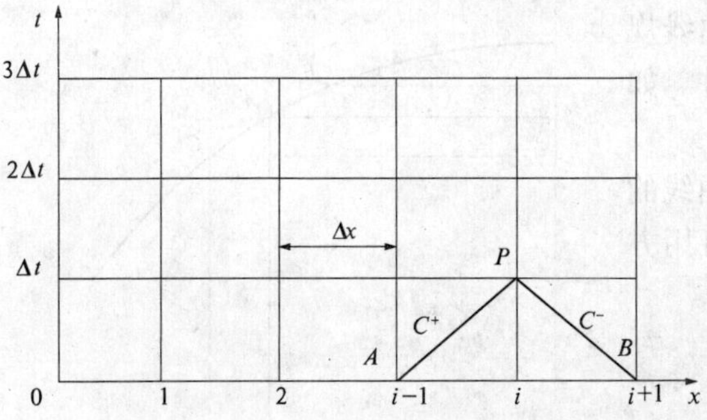

图 4-6　水锤计算的特征网格

计算水锤压力时,通常从 $t = 0$ 时的已知稳定状态开始,在 $t = 0$ 时,每一个计算截面的水头 H 和流速 v 均已知,则可求出 $t = \Delta t$ 时网格上所有结点的水头 H 和流速 v;然后以 $t = \Delta t$ 时网格各结点的水头 H 和流速 v,代入式(4-21)和式(4-22)即可求得 $t = 2\Delta t$ 时网格上所有结点的水头 H 和流速 v。依次类推,直到计算出时段末时网格各结点的水头和流速。

对于特征网格上截面上的任一点 i,式(4-21)和式(4-22)可写成下列通式

$$C^+: H_{Pi} = H_{i-1} - B(v_{Pi} - v_{i-1}) - Rv_{i-1}\,|\,v_{i-1}\,| = 0 \tag{4-23}$$

$$C^-: H_{Pi} = H_{i+1} + B(v_{Pi} - v_{i+1}) + Rv_{i+1}\,|\,v_{i+1}\,| = 0 \tag{4-24}$$

令 $C_P = H_{i-1} + Bv_{i-1} - Rv_{i-1}\,|\,v_{i-1}\,|$,$C_M = H_{i+1} - Bv_{i+1} + Rv_{i+1}\,|\,v_{i+1}\,|$,则式(4-23)和式(4-24)可写成

$$C^+ : H_{Pi} = C_P - Bv_{P_i} \tag{4-25}$$

$$C^- : H_{Pi} = C_M + Bv_{Pi} \tag{4-26}$$

式中：C_P 和 C_M 在计算时总为已知常数。

将式(4-25)和式(4-26)相加，得

$$H_{Pi} = (C_P + C_M)/2 \tag{4-27}$$

将式(4-25)和式(4-26)相减，得

$$v_{Pi} = \frac{C_P - C_M}{2B} \tag{4-28}$$

二、基本方程的边界条件

单管的上游端和下游端，只有一个相容方程适用。如图 4-7 所示，对于上游端，方程(4-24)沿 C^- 特征线成立；对于下游端，方程(4-23)沿 C^+ 特征线成立。

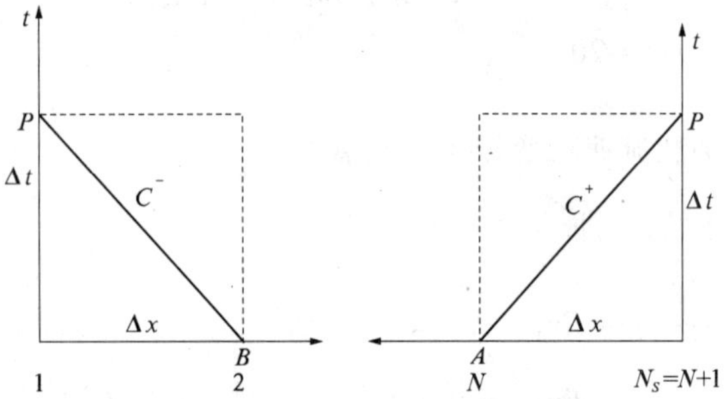

图 4-7　边界上的特征线

（一）上游端为水池

当水池容积足够大时，则水池水位不变，边界条件是一个常量，即

$$H_{P1} = H_0$$

将上式代入式(4-26)中，得

$$H_0 = C_M + Bv_{P1}$$

因而

$$v_{P1} = \frac{H_0 - C_M}{B} \tag{4-29}$$

（二）上游端为已知水头流量曲线的单种离心泵

若管道上游端为单种离心泵（可以是 1 台或多台），则可根据离心泵的 $H \sim Q$ 特性曲线规定的 H 和 Q 之间的关系来确定边界条件。如图 4-8所示。

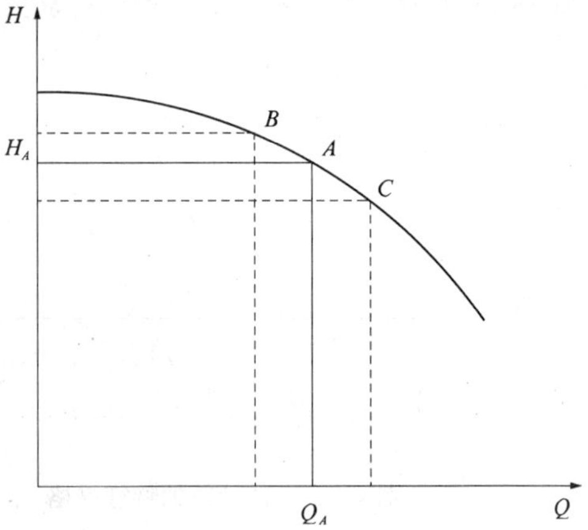

图 4-8　单台离心泵性能曲线示意图

在运算时，可用表格的形式将 $H \sim Q$ 曲线的 H 和 Q 的对应数据输入计算机保存，也可用方程的形式将 $H \sim Q$ 曲线表示出来：

$$H_{P1} = H_S + Q_{P1}(a_1 + a_2 Q_{P1})$$

或

$$H_{P1} = H_S + Av_{P1}(a_1 + a_2 Av_{P1}) \tag{4-30}$$

式中：H_S 为关闭水头，即水泵流量为零时的水头；a_1、a_2 为表征水泵 $H \sim Q$ 特性曲线的两个常数，可用曲线拟合的方法得到；A 为水泵出口的断面积。

将式(4-27)与式(4-26)联立，求得

$$v_{P1} = \frac{B - Aa_1 - \sqrt{(B - Aa_1)^2 + 4A^2 a_2 (C_M - H_S)}}{2A^2 a} \tag{4-31}$$

当求出 v_{P1} 后，将 v_{P1} 代入式(4-26)或式(4-30)即可求得 H_{P1}。

(三)上游端为大小泵并联泵站

设泵站由两种型号的水泵组成,两种型号的水泵流量可以各异,但扬程须基本相等。设大泵为 N 台,小泵为 M 台,如图 4-9 所示。

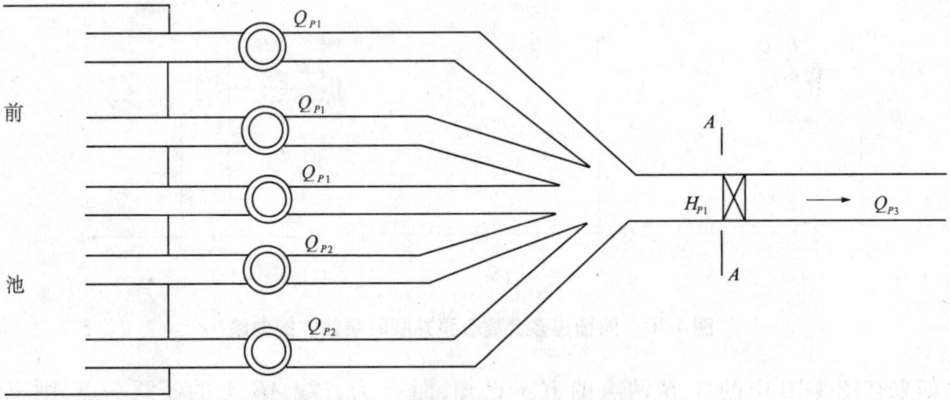

图 4-9　同扬程多台离心泵并联运行示意图

取泵站前池平均水位为基准面。当截面 $A—A$ 距水泵很近时,可略去水泵至断面 $A—A$ 的水头损失。则令断面 $A—A$ 的水头 H_{P1} 等于各水泵的水头。以各管道交汇处 $A—A$ 断面为研究对象来建立方程。

大泵:

$$H_{P1} = f_1(Q_{P1}) \tag{4-32}$$

小泵:

$$H_{P1} = f_2(Q_{P2}) \tag{4-33}$$

下游:

$$H_{P1} = C_M + BQ_{P3} \tag{4-34}$$

连续条件

$$NQ_{P1} + MQ_{P2} = Q_{P3} \tag{4-35}$$

若以流速 v 代替流量 Q,则式(4-32) ~式(4-35)变为

大泵:

$$H_{P1} = f_1(v_{P1}) \tag{4-36}$$

小泵:

$$H_{P1} = f_2(v_{P2}) \tag{4-37}$$

下游:

$$H_{P1} = C_M + Bv_{P3} \tag{4-38}$$

连续条件

$$NA_1v_{P1} + MA_2v_{P2} = A_3v_{P3} \tag{4-39}$$

式中:A_1、A_2 分别为大泵和小泵出水管道的断面面积;A_3 为干管的断面面积;H_{P1} 为各管道交汇处的水头;Q_{P1}、Q_{P2} 分别为大、小泵的流量;Q_{P3} 为干管的流量;v_{P3} 为干管的流速;v_{P1}、v_{P2} 分别为大、小泵出口断面的流速;$B = \dfrac{a}{g}$;$C_M = H_{i+1} - Bv_{i+1} + Rv_{i+1}|v_{i+1}|$。

通常,水泵的 $H \sim Q$ 曲线是抛物线,即是非线性的。故式(4-33) ~式(4-36)联立求解是

非常困难的。为了克服这一困难，将非线性方程线性化。具体方法是，在已知的 $H \sim Q$ 特性曲线上取若干个点，然后将相邻的两点用直线连接起来，得到一条折线，用这条折线来代替原来的 $H \sim Q$ 曲线，如图 4-10 所示。

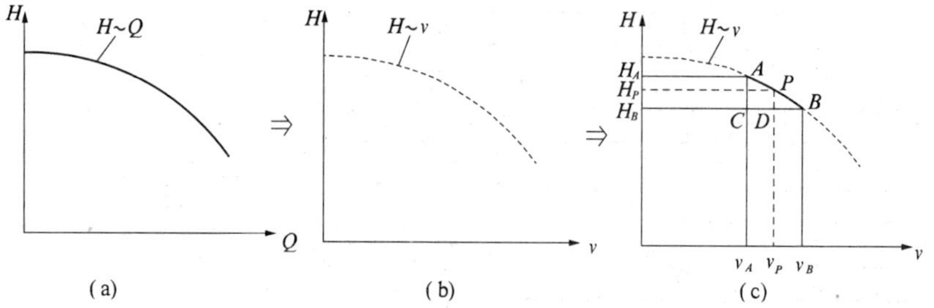

图 4-10　同扬程多台离心泵并联时泵站性能曲线

如果在图 4-10 中的 A、B 两点的 H、v 已知，而 P 为直线 AB 上的任意一点，则三角形 PDB 相似于三角形 ACB

$$\frac{AC}{CB} = \frac{PD}{DB}$$

$$AC = H_A - H_B \qquad CB = v_B - v_A$$

$$PD = H_P - H_B \qquad DB = v_B - v_P$$

则

$$\frac{H_A - H_B}{v_B - v_A} = \frac{H_P - H_B}{v_B - v_P}$$

$$H_P - H_B = \frac{(H_A - H_B)(v_B - v_P)}{v_B - v_A}$$

$$H_P = H_B + \frac{H_A - H_B}{v_B - v_A}v_B - \frac{H_A - H_B}{v_B - v_A}v_P$$

或

$$H_P = H_B - \frac{H_A - H_B}{v_A - v_B}v_B + \frac{H_A - H_B}{v_A - v_B}v_P \tag{4-40}$$

令

$$\left.\begin{aligned} C_5 &= H_B - \frac{H_A - H_B}{v_A - v_B}v_B \\ C_6 &= \frac{H_A - H_B}{v_A - v_B} \end{aligned}\right\} \tag{4-41}$$

则式(4-40)变为

$$H_P = C_5 + C_6 v_P \tag{4-42}$$

同理，可导出小泵的 C_7 和 C_8。这样式(4-30)、式(4-38)可写成：

$$H_{P1} = C_5 + C_6 v_{P1} \tag{4-43}$$

$$H_{P1} = C_7 + C_8 v_{P2} \tag{4-44}$$

将式(4-43)、式(4-44)、式(4-38)和式(4-39)联立，解得：

$$H_{P1} = \frac{NA_1BC_5C_8 + MA_2BC_6C_7 - A_3C_6C_8C_M}{NA_1BC_8 + MA_2BC_6 - A_3C_6C_8} \tag{4-45}$$

求得 H_{P1} 后，将 H_{P1} 分别代入式(4-43)、式(4-44)和式(4-38)即可分别求得 v_{P1}、v_{P2} 和 v_{P3}。

(四)上游端为大、小泵并联的加压泵站

如图 4-11 所示的大、小水泵并联的加压泵站，取调压罐底部短管与干管连接处为对象来建立方程。大、小水泵方程的建立与上游端为大小泵并联泵站的方法类同。

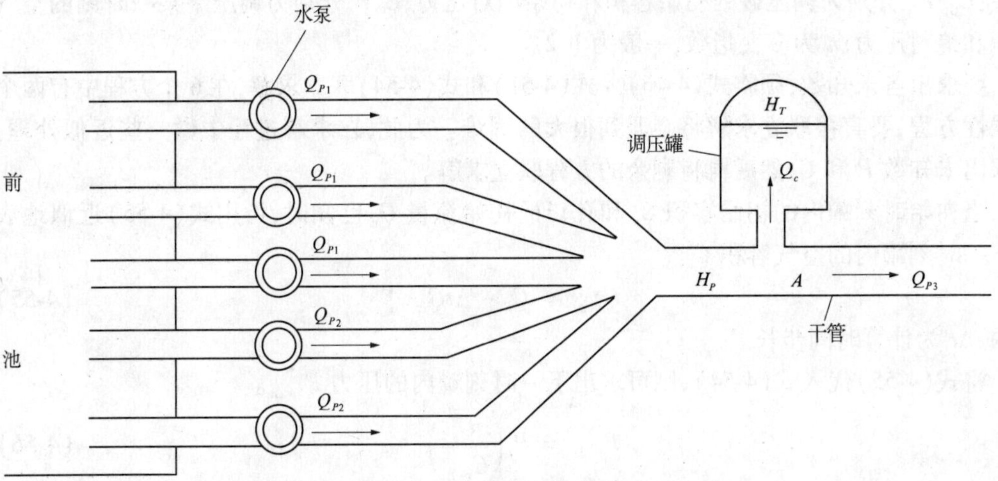

图 4-11　大、小水泵并联的加压泵站

大泵：

$$H_P = C_5 + C_6v_{P1} \tag{4-46}$$

小泵：

$$H_P = C_7 + C_8v_{P2} \tag{4-47}$$

下游：

$$H_P = C_M + Bv_{P3} \tag{4-48}$$

调压罐流量 Q_c 按孔口出流问题处理。

$$Q_c = K_cA_0U_0\sqrt{2g(H_P - H_T)} \tag{4-49}$$

或

$$v_c = K_cU_0\sqrt{2g(H_P - H_T)} \tag{4-50}$$

连续条件

$$NA_1v_{P1} + MA_2v_{P2} = A_3v_{P3} + A_0v_c \tag{4-51}$$

式(4-46)~式(4-51)中：H_P 为调压罐底部短管与干管连接处 A 处的压力，当水泵至 A 点距离很短，可以略去水泵至 A 点的水头损失时，H_P 就是水泵的出口压力；v_{P1}、v_{P2} 分别为大泵和小泵出口短管的流速；v_{P3} 为干管的流速；A_1、A_2 分别为大泵和小泵出口短管的断面面积；A_3 为干管的断面面积；C_5、C_6、C_7、C_8 的计算值见式(4-41)；N、M 分别为大泵和小泵的台数；Q_c 为进入调压罐的流量；A_0、U_0 分别为调压罐底部孔口的断面面积和流量系数；H_T 为调压罐内的水头。

当水体从罐流出时，H_T 可用下式表达

$$H_T = H_P - Z - H_{\mathrm{Lout}} \tag{4-52}$$

当水体流入调压罐时，H_T 为

$$H_T = H_P - Z + H_{\mathrm{Lin}} \tag{4-53}$$

式(4-52)、式(4-53)中：H_{Lout}、H_{Lin}分别为水体流出和流入调压罐的水头损失。

设调压罐内气体遵循可逆多变过程，则

$$P_0 C_0^n = PC^n \tag{4-54}$$

式中：C_0、P_0 分别为调压罐的初始容积和初始绝对压力；C、P 分别为调压罐某一时刻的空气容积和绝对压力；n 为多变指数，一般为 1.2。

要求出各未知数，须将式(4-46) ~ 式(4-51)和式(4-54)联立求解，在 6 个方程中有两个非线性方程，要直接联立求解将会遇到很大的困难。为此，在求解过程中做一些近似处理。先求出未知数 P 和 C，然后再将剩余的方程联立求解。

当初始时刻罐内的初始容积 C_t 和孔口的初始流量 Q_{ct} 已知时，可用式(4-55)近似地表示下一时刻罐内的空气容积 $C_{t+\Delta t}$

$$C_{t+\Delta t} = C_t - \Delta t Q_{ct} \tag{4-55}$$

式中：Δt 为计算时间步长。

将式(4-55)代入式(4-54)，则可求出下一时刻罐内的压力 $P_{t+\Delta t}$。

$$P_{t+\Delta t} = P_t \left(\frac{C_t}{C_{t+\Delta t}} \right)^n \tag{4-56}$$

经过这样处理后，剩下 5 个方程，5 个未知数：H_{P1}、v_{P1}、v_{P2}、v_{P3}、Q_c。

由式(4-50)得

$$v_c^2 = 2gK_c^2 U_0^2 (H_P - H_T)$$

$$H_P = \frac{v_c^2}{2gK_c^2 U_0^2} + H_T \tag{4-57}$$

由式(4-46)得

$$v_{P1} = \frac{H_P - C_5}{C_6} \tag{4-58}$$

由式(4-47)得

$$v_{P2} = \frac{H_P - C_7}{C_8} \tag{4-59}$$

由式(4-48)得

$$v_{P3} = \frac{H_P - C_M}{B} \tag{4-60}$$

将式(4-58)、式(4-59)、式(4-60)代入式(4-51)得

$$H_P = \frac{NA_1 C_5 C_8 B + MA_2 C_6 C_7 B - A_3 C_6 C_8 C_M}{NA_1 C_8 B + MA_2 C_6 B - C_6 C_8 A_3} + \frac{A_0 C_6 C_8 B V_c}{NA_1 C_8 B + MA_2 C_6 B - C_6 C_8 A_3} \tag{4-61}$$

将式(4-61)代入式(4-57)得

$$\frac{v_c^2}{2gK_c^2 U_0^2} - \frac{A_0 C_6 C_8 B V_c}{NA_1 C_8 B + MA_2 C_6 B - C_6 C_8 A_3} - \frac{NA_1 C_5 C_8 B + MA_2 C_6 C_7 B - A_3 C_6 C_8 C_M}{NA_1 C_8 B + MA_2 C_6 B - C_6 C_8 A_3} + H_T = 0 \tag{4-62}$$

令

$$
\left.\begin{aligned}
a_1 &= \frac{1}{2gK_c^2U_0^2} \\
a_2 &= \frac{A_0C_6C_8B}{NA_1C_8B + MA_2C_6B - C_6C_8A_3} \\
a_3 &= H_T - \frac{NA_1C_5C_8B + MA_2C_6C_7B - A_3C_6C_8C_M}{NA_1C_8B + MA_2C_6B - C_6C_8A_3}
\end{aligned}\right\} \tag{4-63}
$$

则式(4-62)变为

$$a_1v_c^2 - a_2v_c + a_3 = 0 \tag{4-64}$$

这是一个一元二次方程,它的解是

$$v_c = \frac{a_2 \pm \sqrt{a_2^2 - 4a_1a_3}}{2a_1} \tag{4-65}$$

将式(4-65)分别代回式(4-58)~式(4-61),即求得剩余的未知数。需要注意的是,若求得的罐内压力 H_T 大于或等于罐内规定的压力上限时,泵站某一台水泵将停止运行,这时式(4-46)~式(4-51)失效,必须重新建立方程。重新建立的方程与式(4-46)~式(4-51)相类似,这里不再重复。但须注意两点:一是罐内水体向外流出,二是水泵的工作台数减少一台。若再出现上述情况,依次类推。

(五)断电停泵水锤分析

如图 4-12 所示的同型号多台水泵并联泵站,并设有逆止阀。

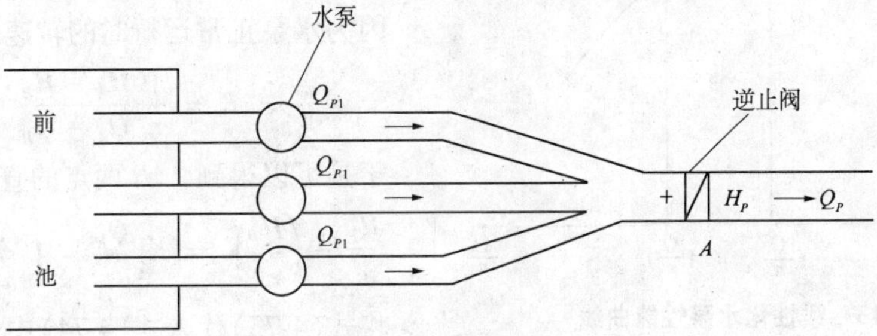

图 4-12　同型号多台水泵并联运行

以逆止阀下游断面 A 为研究对象来建立方程。

下游:

$$H_P = C_M + BQ_P \tag{4-66}$$

上游水泵:

$$H_P = f(Q) \tag{4-67}$$

连续条件

$$NQ_{P1} = Q_P \tag{4-68}$$

式中:N 为水泵台数;$B = \dfrac{a}{g}$;$C_M = H_{i+1} - Bv_{i+1} + Rv_{i+1}|v_{i+1}|$。

如前所述,离心泵的 $H \sim Q$ 特性曲线通常是抛物线,故水泵的 $H \sim Q$ 关系方程式(4-67)是一个非线性方程。

由水泵特性和相似关系知道，水泵总水头 H、流量 Q、转速 n 和轴转矩存在下列关系

$$\frac{T_1 n_1}{Q_1 H_1} = \frac{T_2 n_2}{Q_2 H_2} \tag{4-69}$$

$$\frac{H_1}{n_1^2} = \frac{H_2}{n_2^2} \tag{4-70}$$

$$\frac{Q_1}{n_1} = \frac{Q_2}{n_2} \tag{4-71}$$

$$\frac{T_1}{n_1^2} = \frac{T_2}{n_2^2} \tag{4-72}$$

式(4-69)～式(4-72)中的下标“1”和“2”，分别是指 t 时刻和 $t+\Delta t$ 时刻的水泵的 H、Q、n 和 T。

由于式(4-67)是一个非线性方程，故采用近似处理的方法将非线性方程线性化。具体做法是，将水头 H 和流量 Q 分别除以转速 n^2 和 n 以改换坐标。如果水泵的 $H \sim Q$ 曲线已知，则可查出额定水头 H 和额定流量 Q，以及其他各点的水头 H_i 和流量 Q_i，分别除以 n^2 和 n，并在新的坐标图上点出。之后用直线将相邻两点分别连接起来，这样就用折线近似代替曲线，如图 4-13 所示。

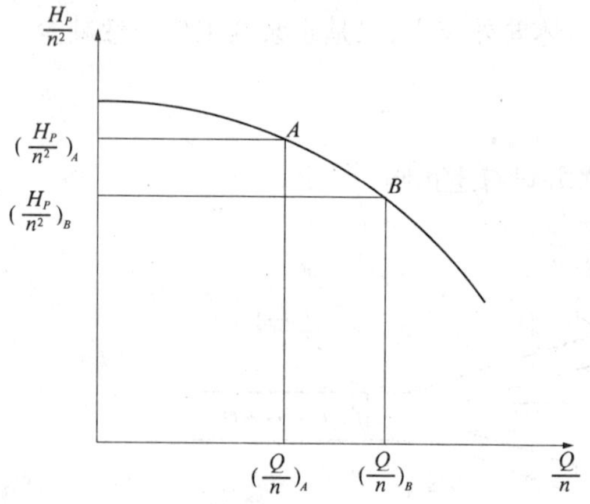

图 4-13　线性化水泵性能曲线

设直线 AB 两端点 A、B 间的斜率为 K，则

$$K = \frac{\left(\frac{H_P}{n^2}\right)_A - \left(\frac{H_P}{n^2}\right)_B}{\left(\frac{Q}{n}\right)_A - \left(\frac{Q}{n}\right)_B}$$

因为水泵正常运行时的转速 n 为常数，故

$$K = \frac{1}{n}\frac{H_A - H_B}{Q_A - Q_B} \tag{4-73}$$

于是可以得到 A、B 两点的直线方程：

$$\frac{H_P}{n^2} - \left(\frac{H_P}{n^2}\right)_A = K\left[\frac{Q_{P1}}{n} - \left(\frac{Q}{n}\right)_A\right] \tag{4-74}$$

将式(4-73)代入式(4-74)中，整理后得

$$\frac{H_P}{n^2} = \frac{1}{n}\frac{H_A - H_B}{Q_A - Q_B}\frac{Q_{P1}}{n} + \frac{1}{n^2}\left(H_A - \frac{H_A - H_B}{Q_A - Q_B}Q_A\right) \tag{4-75}$$

令

$$\left.\begin{aligned} C_7 &= \frac{1}{n}\frac{H_A - H_B}{Q_A - Q_B} \\ C_8 &= \frac{1}{n^2}\left(H_A - \frac{H_A - H_B}{Q_A - Q_B}Q_A\right) \end{aligned}\right\} \tag{4-76}$$

则式(4-75)变为

$$H_P = n^2\left(C_7 \frac{Q_{P1}}{n} + C_8\right) \tag{4-77}$$

式(4-77)为线性化的水泵 $H \sim Q$ 关系曲线方程。

水泵在停泵过程中，其转速 n 在不断地变化，处于非稳定工作状态。为了找出转速 n 随时间 t 的变化，须建立转速变化的有关方程。由理论力学知，水泵机组转速变化的转矩 T 的

方程是

$$T = \frac{2\pi}{60} I \frac{\mathrm{d}n}{\mathrm{d}t} \tag{4-78}$$

式中：I 为机组的转动惯量，I 由下式表示

$$I = \frac{k_G GD^2}{4g} \tag{4-79}$$

式中：GD^2 为电动机转子的飞轮惯量；k_G 为修正系数，一般为 $k_G = 1.1 \sim 1.3$；g 为重力加速度。

为了找出转速 n 随时间 t 的变化，对式(4-78)进行积分：

$$\int \frac{\mathrm{d}n}{T} = \frac{60}{2\pi I} \int \mathrm{d}t \tag{4-80}$$

由于不知道转矩 T 在这一点如何随时间 t 变化，须选一微小的时间增量 Δt，让转矩 T 在这一微小时段保持为常数。用这种方法进行近似处理之后，一个新的转速 n、转矩 T 关系方程可写成

$$n_{(t+\Delta t)} = n_{(t)} - \frac{60}{2\pi I} T_{(t)} \Delta t \tag{4-81}$$

式中：$n_{(t+\Delta t)}$ 为本时段的转速；$n_{(t)}$ 和 $T_{(t)}$ 分别为前一时段的转速和转矩；Δt 为时间增量。

如果时间增量 Δt 足够小，其精确度是很高的。

当知道前一时段的转速 $n_{(t)}$，则可用式(4-72)求得转矩 $T_{(t)}$。

$$\frac{T_1}{n_1^2} = \frac{T_2}{n_2^2}$$

或

$$T_2 = T_{(t)} = T_0 \left(\frac{n_{(t)}}{n_0} \right)^2 \tag{4-82}$$

式中：T_0、n_0 为停泵前水泵正常运行时的转矩和转速；$T_{(t)}$、$n_{(t)}$ 为断电后开始停泵 Δt 时刻的转矩和转速。

将式(4-66)、式(4-68)和式(4-77)联立，由式(4-66)和式(4-77)解得

$$C_M + BQ_P = n^2 \left(C_7 \frac{Q_{P1}}{n} + C_8 \right)$$

$$Q_P = \frac{n^2 \left(C_7 \frac{Q_{P1}}{n} + C_8 \right) - C_M}{B} \tag{4-83}$$

将式(4-68)代入式(4-83)解得

$$Q_{P1} = \frac{n^2 C_8 - C_M}{BN - nC_7} \tag{4-84}$$

将式(4-84)代入式(4-68)即可得 Q_P，再将 Q_P 代入式(4-66)可求出 H_P。

这里须注意，如果 $Q_P \leqslant 0$，说明逆止阀已完全关闭，这时须让 $Q_P = 0$，边界条件发生了变化，上述公式失效。然而有 $Q_P = 0$ 或 $Q_{P1} = 0$，只需用式(4-66)即可求出 H_P。另外还须注意，每次必须校核 Q_{P1}/n，看它的值是否在 A、B 区间之内，如果不在，须用前述方法重新确定 C_7

和 C_8。

(六)管道下游端为阀门

当管道下游端为阀门时,过闸流速 v_P 为:

$$v_P = \frac{v_0}{\sqrt{H_0}}\tau\sqrt{H_P} \tag{4-85}$$

式中:H_0 为闸门处的正常水头;τ 为闸门开启度,全开时,$\tau=1$,全闭时,$\tau=0$;v_0 为闸门处的正常流速。

将式(4-85)与式(4-25)联立求解,并将 v_P、H_P 改为表示下游截面的下标 v_{PNS} 和 H_{PNS},则

$$v_{PNS} = -BC_v + \sqrt{(BC_v)^2 + 2C_vC_P} \tag{4-86}$$

式中:$C_v = \frac{(v_0\tau)^2}{2H_0}$。

求得 v_{PNS} 后,将 v_{PNS} 代回式(4-25)或式(4-85),即可求得 H_{PNS}。

(七)复杂管道系统的边界条件

复杂管道系统的边界条件主要包括串联管道(见图 4-14(a)),三通管道(见图 4-14(b)),四通管道(见图 4-14(c))和带有闸阀的分岔管道(见图 4-14(d))等。这几种情况的共同点是,在各管的交汇处的水头 H_P 都相等。在建立方程时以交汇处为研究对象最方便。

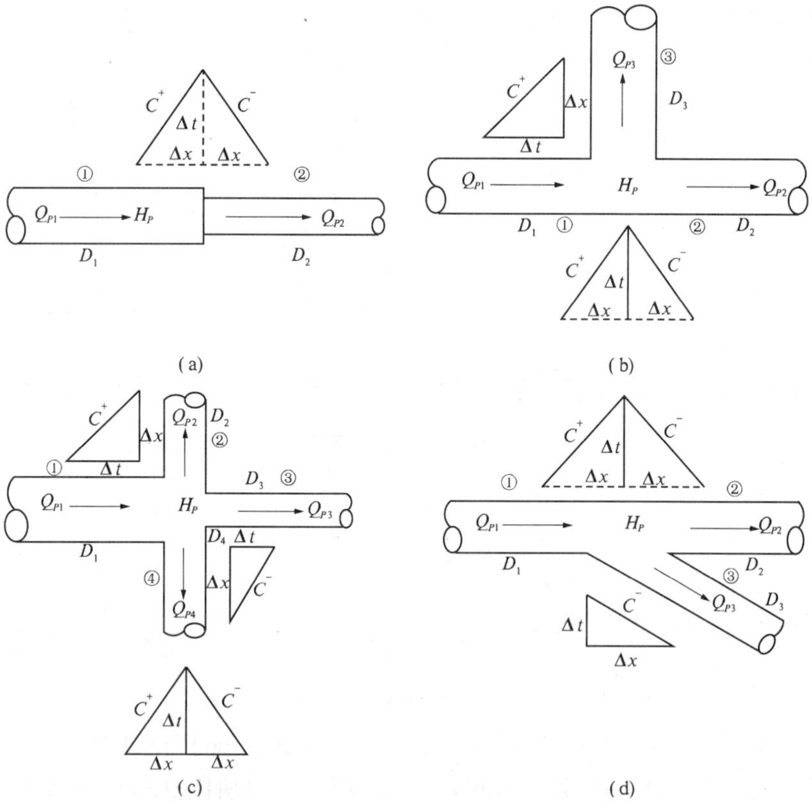

图 4-14　常见复杂管道系统

1. 串联管

如图 4-14(a)所示的串联管，管①式(4-25)适用，管②式(4-26)适用。即

管①：

$$H_P = C_P - B_1 v_{P1} \tag{4-87}$$

管②：

$$H_P = C_M + B_2 v_{P2} \tag{4-88}$$

连续条件

$$Q_{P1} = Q_{P2} \tag{4-89}$$

或

$$A_1 v_{P1} = A_2 v_{P2} \tag{4-90}$$

式中：H_P 为两管交汇处的水头；v_{P1}、v_{P2}分别为管①、管②的流速；C_P、C_M 分别为管①、管②的系数，$C_P = H_{i-1} - Bv_{i-1} - Rv_{i-1}|v_{i-1}|$，$C_M = H_{i+1} - Bv_{i+1} + Rv_{i+1}|v_{i+1}|$；$B_1$、$B_2$ 分别为管①、管②的常数，$B = \frac{a}{g}$；A_1、A_2 分别为管①、管②的断面积。

由式(4-87)、式(4-88)得

$$v_{P1} = \frac{C_P - H_P}{B_1}; v_{P2} = \frac{H_P - C_M}{B_2} \tag{4-91}$$

将式(4-91)代入式(4-90)解得

$$H_P = \frac{A_1 B_2 C_P + A_2 B_1 C_M}{A_1 B_2 + A_2 B_1} \tag{4-92}$$

将式(4-92)代入式(4-87)、式(4-88)或式(4-91)，即可求得 v_{P1}、v_{P2}。如果管①、管②的管径相等，则 $B_1 = B_2$，$A_1 = A_2$，$v_{P1} = v_{P2}$，这时，

$$H_P = (C_M + C_P)/2 \tag{4-93}$$

2. 三通管

如图 4-14(b)所示的三通管，式(4-25)适用于管①，式(4-26)适用于管②和管③，建立方程：

管①：

$$H_P = C_{P1} - B_1 v_{P1} \tag{4-94}$$

管②：

$$H_P = C_{M2} + B_2 v_{P2} \tag{4-95}$$

管③：

$$H_P = C_{M3} + B_3 v_{P3} \tag{4-96}$$

连续条件

$$Q_{P1} = Q_{P2} + Q_{P3} \tag{4-97}$$

或

$$A_1 v_{P1} = A_2 v_{P2} + A_3 v_{P3} \tag{4-98}$$

式中：H_P 为三管交汇处的水头，m；C_{P1}、C_{M2}、C_{M3}分别为管①、管②和管③的系数，$C_P = H_{i-1} - Bv_{i-1} - Rv_{i-1}|v_{i-1}|$，$C_M = H_{i+1} - Bv_{i+1} + Rv_{i+1}|v_{i+1}|$；$B_1$、$B_2$、$B_3$ 分别为管①、管②和管③的常数，$B = \frac{a}{g}$；v_{P1}、v_{P2}、v_{P3}分别为管①、管②和管③的流速，m/s；A_1、A_2、A_3 分别为管①、管②和管

③的断面面积，m^2。

将式(4-94)～式(4-98)联立求解，得

$$H_P = \frac{A_1B_2B_3C_{P1} + A_2B_1B_3C_{M2} + A_3B_1B_2C_{M3}}{A_1B_2B_3 + A_2B_1B_3 + A_3B_1B_2} \tag{4-99}$$

将 H_P 代回式(4-94)～式(4-96)中，可分别求得 v_{P1}、v_{P2}、v_{P3} 或 Q_{P1}、Q_{P2}、Q_{P3}。

3. 四通管

如图 4-14(c)所示的四通管，式(4-25)适用于管①，式(4-26)适用于管②、管③和管④，建立方程和求解方法与串联管、三通管类同，不再详述。四通管交汇处的水头 H_P 相应的解为

$$H_P = \frac{A_1B_2B_3B_4C_{P1} + A_2B_1B_3B_4C_{M2} + A_3B_1B_2B_4C_{M3} + A_4B_1B_2B_3C_{M4}}{A_1B_2B_3B_4 + A_2B_1B_3B_4 + A_3B_1B_2B_4 + A_4B_1B_2B_3} \tag{4-100}$$

4. 带有闸阀的分岔管

如图 4-14(d)所示带有闸阀的分岔管，管③首端设有闸阀，并为闸孔自由出流。式(4-25)适用于管①，式(4-26)适用于管②，式(4-85)适用于管③，即

管①：

$$H_P = C_P - B_1v_{P1} \tag{4-101}$$

管②：

$$H_P = C_M + B_2v_{P2} \tag{4-102}$$

管③：

$$v_{P3} = \frac{v_D}{\sqrt{H_0}}\tau\sqrt{H_P} \tag{4-103}$$

连续条件

$$A_1v_{P1} = A_2v_{P2} + A_3v_{P3} \tag{4-104}$$

式中：符号意义同三通管。

由式(4-104)得

$$v_{P1} = \frac{A_2v_{P2} + A_3v_{P3}}{A_1} \tag{4-105}$$

由式(4-101)和式(4-102)得

$$v_{P1} = \frac{C_P - C_M - B_2v_{P2}}{B_1} \tag{4-106}$$

由式(4-105)和式(4-106)得

$$v_{P2} = \frac{A_1(C_P - C_M)}{A_1B_2 + A_2B_1} - \frac{A_3B_1v_{P3}}{A_1B_2 + A_2B_1} \tag{4-107}$$

由式(4-102)和式(4-103)得

$$v_{P2} = \frac{v_{P3}^2H_0}{B_2(v_0\tau)^2} - \frac{C_M}{B_2} \tag{4-108}$$

由式(4-107)和式(4-108)得

$$\frac{v_{P3}^2H_0}{B_2(v_0\tau)^2} + \frac{A_3B_1v_{P3}}{A_1B_2 + A_2B_1} - \left[\frac{C_M}{B_2} + \frac{A_1(C_P - C_M)}{A_1B_2 + A_2B_1}\right] = 0 \tag{4-109}$$

令

$$C_0 = \frac{H_0}{B_2(v_0\tau)^2}$$

$$C_1 = \frac{A_3B_1}{A_1B_2 + A_2B_1}$$

$$C_2 = \frac{C_M}{B_2} + \frac{A_1(C_P - C_M)}{A_1B_2 + A_2B_1}$$

则式(4-109)变为

$$C_0v_{P3}^2 + C_1v_{P3} - C_2 = 0 \tag{4-110}$$

解得

$$v_{P3} = \frac{-C_1 + \sqrt{C_1^2 + 4C_0C_2}}{2C_0} \tag{4-111}$$

将求得的 v_{P3} 代入式(4-107),即可求得 v_{P2},再将求得的 v_{P2} 代入式(4-106),即可求得 v_{P1},最后将 v_{P1} 代入式(4-101),即可求得 H_P。

5. 管系的分段及时间步长

在一个复杂的管网系统中,通常由许多条长短不一、管径各异的管道、三通、四通、岔管、串联管、闸阀等组成。计算时,需要对各条管道进行分段,并采用同一时间步长 Δt 对整个管网进行计算。

对管网中的每一条管道都要满足

$$\Delta t = \frac{L_j}{a_jN_j} \tag{4-112}$$

式中:Δt 为计算时间步长,s;L_j 为管网中第 j 条管道的长度,m;a_j 为第 j 条管道的水锤波速,m/s;N_j 为将第 j 条管道分成 N_j 等份,N_j 为整数。

在一个复杂的管网系统中,式(4-112)在大多数情况下不会恰好满足,可以用波速调整法作近似处理。

影响水锤波速的因素较多,不可能精确地求解。可以稍作调整,即调整各条管道的波速 a_1、a_2、…、a_j 的值,使各条管道的分段数 N_1、N_2、…、N_j 都为整数,且同时满足式(4-112)。在调整过程中,将式(4-112)变为:

$$\Delta t = \frac{L_j}{a_j(\pm\Psi_j)N_j} \tag{4-113}$$

式中:Ψ_j 为各条管段水锤波的允许误差系数,通常 $\Psi_j \leq \pm 0.10$。

用这种方法从管网中的一根最短的管道开始,逐步调整,使每条管道都满足式(4-113)。一般来说,调整波速满足公共时间步长比改变分段长度的办法简便一些,也可以采用其他方法达到这一目的。

第四节　水锤防护及消除

前面分析了水锤现象的发生、发展和影响水锤大小的几个基本要素,即管道流速和水锤波速、管道长度及闸阀和水泵的启、闭时间等。有的因素可以从工程设计和操作运行中加以控制，如尽量减少管道长度和延长闸阀的启、闭时间；而有的因素却难以靠工程的运行管理对其控制，必须采用水锤防护装置，才能控制和消除水锤。

一、泵站水锤的防护

依泵站水锤的来源形式，可将其分为压力上升和下降两类。现以某泵站的水锤防护为例，说明泵站水锤的主要防治措施。

如图4-15所示，该泵站水锤防护的主要措施有：逆止阀、压力罐和进排气阀等。

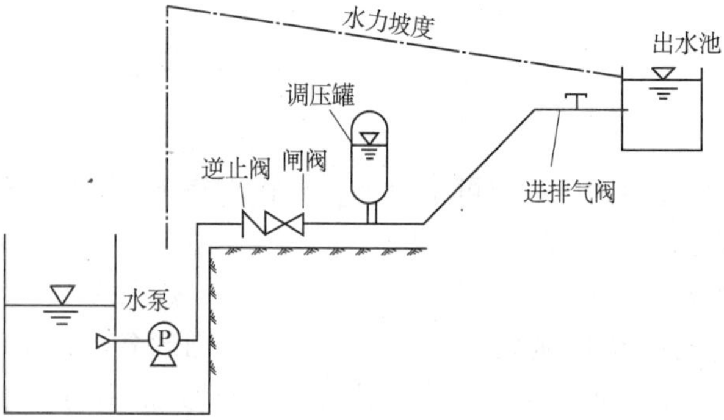

图4-15　泵站水锤主要防护措施示意图

（一）专用飞轮作为联轴器

由于水泵突然停机后随之下降的水泵转速取决于转子体的转动惯量及水泵的转矩，因而可以采用专用飞轮作为联轴器，增加水泵转子体的转动惯量，防止水泵突然停机后转速急剧下降，减小由出水池处反射引起的压力上升值，使压力波动幅度变小，达到防止和因水泵突然停机而引起的水锤破坏。它是一种可靠性较高、有效防止水锤的方法。

（二）压力罐或蓄能水箱

压力罐内部压力与水泵所产生的压力一致，水泵突然停机后，可以由压力罐向管网中短时继续充水，减小水泵突然停机引起的管网压力突降，从而起到防治水泵水锤的作用。压力罐多用于小流量、高扬程和在出水管末端附近需要防止压力下降的地方，在补水量很小时，用高位水池代替压力罐，也可起到同样的功效。

（三）压力吸收装置

压力吸收装置是由双层具有弹性的管道，在压力变化时发生相应形变，通过改变容积，减小压力波动幅度，可以有效地缓解水锤破坏。

（四）逆止阀或旁通管

设置逆止阀或旁通管也可以起到防止泵站水锤的作用。逆止阀有缓闭和急闭两类，采用缓闭逆止阀，在停泵时，水流倒流后，按倒流水量逐渐关闭，可以有效减小压力波动。

（五）其他措施

用调压池、调压塔、通气管、空气阀等设施，阻断水锤波的传播，也可以有效地防止水锤波对系统产生的危害。

二、管网水锤的防护

(一)合理布置管线

在管网设计中,合理选择和布置管线,使管线纵坡平顺,尽量避免管线走向呈波浪式起伏和大起大落,这样一是可以缩短管线长度,减小水锤,降低工程造价;二是根除了产生空气截面和水柱分离的条件。因为只有存在管线的波浪式起伏和大起大落时,才有可能产生空气截面或水柱分离,如图 4-16 所示。

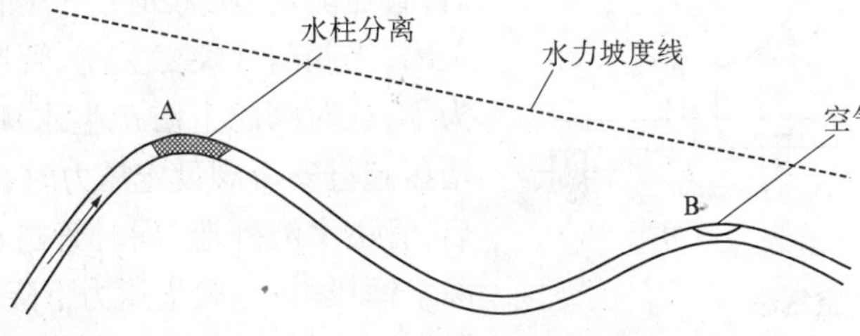

图 4-16　管道中空气截面或水柱分离

空气截面的后果有两种情况。一是气泡减少了过水断面,影响过流能力;二是由空气截面发展成水柱分离。一旦产生水柱分离,下一个过程将产生水柱再弥合,同时产生巨大的水锤压力。管线选择布置中根除产生空气截面和水柱分离的条件,可以有效防止管网水锤的发生。

如果在管线布置中因地形限制,无法避免管线走向大起大落,如管线需翻越高山或穿越鸿沟时,在管线最高处设一开敞式水池,将一条较长的输水管道分成若干段,也是防止产生水柱分离和减小管网水锤的一种有效措施。

在运行管理中,缓慢地启闭阀门,使启闭阀门的时间大于 $2L/a$,可避免产生直接水锤,也是减小水锤压力的一种行之有效的途径。

(二)选择适宜的管材

水锤波的大小与管材的弹性系数和管壁厚度的平方根成反比,不同管材的弹性系数差别很大。选择弹性系数较小和管壁较薄的管材,如 PVC 管,可大大降低水锤波的传播速度。

由于空气的压缩比比水大得多,因而降低水锤波速的另一个方法是在管内掺入少量的空气,这样也可以极大地减小水锤波的传播。试验证明,当掺气量为 1‰时,水锤波速可降低 35% 左右。

(三)空气罐

如图 4-17 所示的空气罐,当系统处于图 4-17(a)状态时,阀门全部开启,系统处于稳定状态运行;当系统处于图 4-17(b)状态时,阀门突然关闭,在闸阀上游侧的流速由 v_0 变为零,同时产生水锤增压波,并以波速 a 向上游传播,当增压波传至 B 点时,大部分增压波进入空气罐,余下部分继续向上游传播。当增压波进入空气罐时,罐内压力上升而压缩罐内空气,空气在受压缩过程中把能量吸收,从而达到消除水锤、保护管网的目的。反之,当阀门突然开启时,空气罐下游管道的流速增加,压力下降,这时由于罐内压力大于管道压力,罐内压缩空气膨胀,使罐内水体流出,补充管网,缓解管道内压力下降的幅度,避免产生负压,同样达到保护管网的目的。

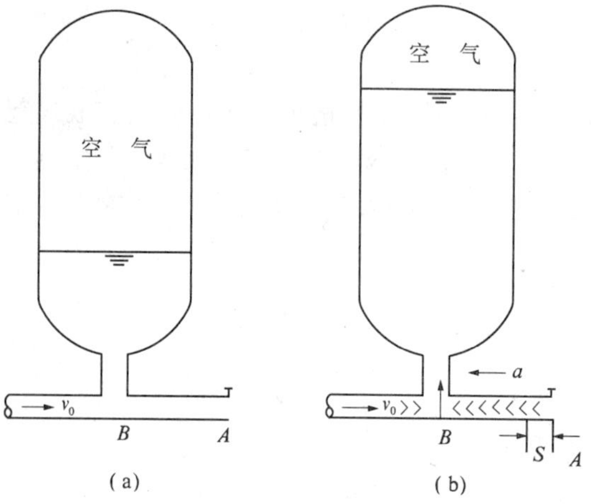

图 4-17　空气罐

从以上分析看，为更好地消除水锤，保护管网，空气罐宜置于阀门上游并紧靠阀门的地方，且空气罐应垂直安装。

（四）安全阀

安全阀是防止和消除水锤经济有效的方法之一。如图 4-18(a)所示，当阀门 A 开启，管道流速、压力处于正常情况时，安全阀关闭；当阀门 A 突然关闭，管道流速由 v_0 变为零，这时阀门上游产生水锤增压，当水锤增压超过安全阀设定压力时，安全阀自动开启，管道水流外泄，同时管道压力下降而消除水锤压力；当管道压力下降到低于安全阀设定压力时，安全阀自动关闭。需要注意的是，在选择安全阀时，宜选用具有较小惯性的安全阀，且启闭灵活，性能可靠。

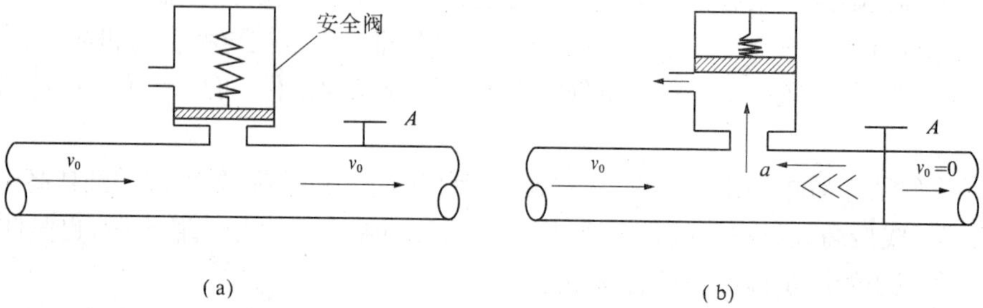

图 4-18　安全阀结构示意图

（五）进、排气阀

1. 进气阀

为了在管道中出现负压时保护管道，在有可能产生负压的地方（如闸阀的下游）安装进气阀，当有负压产生时，进气阀自动打开，空气进入管道而消除负压，当管内压力上升到正压时，进气阀自动关闭。

进气阀的进气孔大小由进气速度决定，通常进气速度不超过 30 m/s。如管道内径为 300 mm，管道流速 $v=2$ m/s，则进气孔的直径 $d=\sqrt{\frac{0.3^2\times2}{30}}=0.077(\text{m})$。

2. 排气阀

排气阀的结构及计算与进气阀相似。通常将二者做成一体，即进（排）气阀，兼具二者的功能。

第五章　压力罐调节技术

第一节　调压罐容积

一、调压罐容积计算

调压系统的技术参数是指调压系统设计时所需要的技术参数。技术参数选取恰当与否将直接影响到调压系统的功能和投资。

在讨论调压系统的技术参数之前,先讨论调压罐的容积计算式以便明了各参数的物理意义和相互之间的关系。

如图5-1所示的调压罐,假设在任何瞬间,调压罐各处的压力都相同。与空气的压缩性相比,调压罐中液体的压缩性可以忽略不计。忽略惯性和摩擦并假定气体服从可逆的多变关系。

设调压罐的总容积为 V_0,罐内无水时的初始绝对压力相应为 P_0,则:

$$P_0V_0^n = P_1V_1^n = P_2V_2^n = C \tag{5-1}$$

式中:C 为常数;n 为多变指数。

指数 n 取决于调压罐中气体的热力学过程。假定是完全气体,一个极端情况是等温过程 $n=1$;另一个极端情况是等熵(可逆、绝热)过程 $n=1.4$。具体的情况决定过程的形式,对于同样的容积变化,绝热过程的压力变化较大,所以这个过程更保守一些。对于响应时间很快的小气室,这个过程认为是等熵的。在含有大量的水并有少量空气的较大系统中,变化更接近等温过程。在设计中 n 常采用1.2。

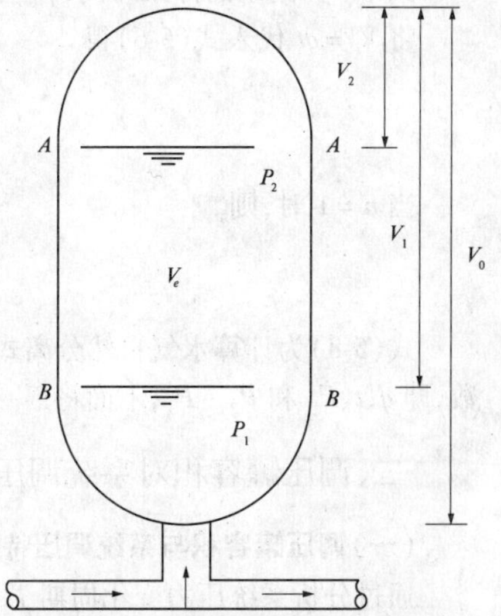

图5-1　调压罐容积计算参数示意图

当启动泵站水泵时,由于管道压力大于罐内压力 P_0,水体进入调压罐内。设调压罐的下限水位为 B—B,调压罐相应的下限绝对压力为 P_1,这时罐内的空气容积为 V_1;如果管道压力继续上升,水体也继续进入调压罐内,当罐内水位上升至上限水位 A—A 时,罐内相应的上限绝对压力为 P_2,这时罐内的空气容积为 V_2。

由式(5-1),可求得

$$\left.\begin{aligned} V_1 &= V_0\left(\frac{P_0}{P_1}\right)^{\frac{1}{n}} \\ V_2 &= V_0\left(\frac{P_0}{P_2}\right)^{\frac{1}{n}} \end{aligned}\right\} \tag{5-2}$$

由图 5-1 知道

$$V_1 - V_2 = V_e \tag{5-3}$$

将式(5-2)代入式(5-3),则

$$V_1 - V_2 = V_0\left(\frac{P_0}{P_1}\right)^{\frac{1}{n}} - V_0\left(\frac{P_0}{P_2}\right)^{\frac{1}{n}} = V_0 P_0{}^{\frac{1}{n}} \frac{(P_2^{\frac{1}{n}} - P_1^{\frac{1}{n}})}{(P_1 P_2)^{\frac{1}{n}}} \tag{5-4}$$

将式(5-4)代入式(5-3),则

$$V_0 P_0^{\frac{1}{n}} \frac{(P_2^{\frac{1}{n}} - P_1^{\frac{1}{n}})}{(P_1 P_2)^{\frac{1}{n}}} = V_e \tag{5-5}$$

整理后得

$$V_0 = \frac{V_e (P_1 P_2)^{\frac{1}{n}}}{P_0^{\frac{1}{n}} (P_2^{\frac{1}{n}} - P_1^{\frac{1}{n}})} \tag{5-6}$$

式中:V_e 为调压罐的有效调节容积,$V_e = qt$,

其中 t 为副泵的停泵时间,q 为停泵期间喷灌系统中所需的调节流量。

将 $V_e = qt$ 代入式(5-6)得

$$V_0 = \frac{qt (P_1 P_2)^{\frac{1}{n}}}{P_0^{\frac{1}{n}} (P_2^{\frac{1}{n}} - P_1^{\frac{1}{n}})} \tag{5-7}$$

当 $n = 1$ 时,则

$$V_0 = \frac{qt (P_1 P_2)}{P_0 (P_2 - P_1)} \tag{5-8}$$

式(5-8)为计算水气自然分离式调压罐容积的常用计算公式。式中涉及有 4 个未知参数,即 q、t、P_0 和 $P_2 - P_1$,下面将逐一讨论。

二、调压罐容积对系统调压特征值的影响

(一)调压罐容积与系统调压特征值的关系

通过分析系统压力变化周期 T、压力上升过程时间 T_1、压力下降过程时间 T_2 及田间用水系统压力变幅 ΔH_c(即给水阀上游端压力)的变化规律,不同调压罐容积所对应的 T、T_1、T_2、ΔH_c 的值如表 5-1 所示。

表 5-1　系统特征值随调压罐容积的变化

$V(m^3)$	10.0	7.0	4.0	2.0
ΔH_c(m)	9.935	9.893	9.786	9.628
T(s)	133.8	93.8	53.0	27.4
T_1(s)	75.0	52.6	29.4	15.2
T_2(s)	58.8	41.2	23.6	12.2

由表 5-1 可看出,在其他参数不变的情况下,随着调压罐容积的减小,末端压力变幅减小,但减小的幅度很小。调压罐容积对压力变动的时间过程影响越大。调压罐容积越小,其相应的 T、T_1、T_2 值均减小。若以 T/V 重新整理参数得表 5-2。

表 5-2　调压罐 V 与 T/V 的对应关系

$V(m^3)$	10.0	7.0	4.0	2.0
T/V	13.38	13.40	13.25	13.70

注:管道阻力系数 $S_c=6\ 196.8$;管道综合阻力系数 $K_v=221\ 220$;调压罐设计压力差 $H_{max}-H_{min}=10$ m;调压罐内水位变化值 $\Delta Z_t=0.301\ 7$ m

由表 5-2 可看出 T/V 近似为常数。这一特点对调压罐设计是非常有用的,在系统设计时,可先假定一个调压罐容积 V_{R1},根据系统的调节计算,可计算出一个与之相应的压力变化周期 T_{R1},若 T_{R1} 不满足要求,则可根据设计要求的 T_R 值,很方便地计算出调压罐的设计容积 V_R,而无需再进行复杂的调压计算,即

$$V_R=\frac{T_R}{T_{R1}}V_{R1} \tag{5-9}$$

(二)气体状态变化指数对调压特征值的影响

调压罐容积计算一般以下式为基础,即

$$PV^n=\text{常数} \tag{5-10}$$

式中:P 为调压罐内气体绝对压力;V 为气体体积;n 为气体状态变化指数。

不同的调压罐类型及其罐内充填气体的不同,在压缩及膨胀过程中的状态也不相同。当气体处于等温变化过程时,$n=1.0$;当气体处于绝热变化过程时,$n=1.4$,其他状态 n 在 1.0~1.4之间。表 5-3 为不同气体状态变化指数时的系统调压特征值。

表 5-3　气体状态变化指数与调压特征值

n	T(s)	T_1(s)	T_2(s)	ΔH_c(m)
1.0	149.941	86.799	63.162	9.935
1.2	132.240	73.615	58.625	9.912
1.4	118.697	64.415	54.282	9.877

注:调压罐容积 $V=10$ m³;管道阻力系数 $S_c=6\ 196.8$;管道综合阻力系数 $K_v=221\ 200$

由表 5-3 可看出,气体状态变化指数主要影响系统的压力流量变化过程即 T 值的大小,而对 ΔH_c 的影响较小。

(三)田间综合阻力系数对特征值的影响

恒压喷灌系统田间用水组合状态经常变化,其综合阻力系数也相应变化。分析表明,随着 K_v 的增大(田间用水的减小),压力上升过程时间 T_1 越来越小、压力下降过程时间 T_2 越来越大,周期 T 与 K_v 关系曲线为一上凹曲线,即随着 K_v 的变化 T 存在最小值。

(四)管道阻力系数 S_c 对压力变幅的影响

无论是在维持系统总损失不变,即(S_c+K_v)恒定的情况下,还是 K_v 值恒定的情况下,随着 S_c 的增加,H_c 均减小,并且减幅较大,说明输水管道的阻力系数对田间压力变幅的影响较大。调压罐压力与田间压力流量之间恒定流方程为:

$$H_{Gt}=(S_c+K_v)Q_c^{\ 2}-Z_t-S_GQ_{Gt}\mid Q_{Gt}\mid+10 \tag{5-11}$$

式中:H_{Gt}为调压罐内气体绝对压力水头,m;Q_c 为输水管流量,即田间总用水流量,m³/h;Q_{Gt} 为出、入调压罐流量,流入为“+”,流出为“-”;S_G 为水流出入调压罐损失系数;Z_t 为调压罐内水位,m;10 为绝对压力水头与相对压力水头换算值。

由于调压罐一般紧靠管道安装，连接管较短，其损失值 $S_G Q_{Gt}|Q_{Gt}|$ 与 $(H_{Gt}+Z_t)$ 相比较小，可忽略。故由此可得与调压罐气体压力 H_{Gt} 相应的出流量 Q_c 为

$$Q_c \approx \left(\frac{H_{Gt}+Z_t-10}{S_c+K_v}\right)^{\frac{1}{2}} \tag{5-12}$$

田间（即闸阀上游端）的水头 $H_c = K_v Q_c^2$，由此得，与调压罐设置压力相应的田间最大水头与最小水头差值为

$$\Delta H_c = \frac{K_v}{S_c+K_v}(\Delta H_G + \Delta Z_t) \tag{5-13}$$

式中：$\Delta H_G = H_{\max} - H_{\min}$；$\Delta Z_t = Z_{\max} - Z_{\min}$；$H_{\max}$、$Z_{\max}$ 为调压罐最高设置压力及相应的调压罐水位；$H_{\min}$、$Z_{\min}$ 为调压罐最低设置压力及相应的调压罐水位。

将式(5-13)的计算结果记为 ΔH_c，其值与动态过程计算结果的比较见表 5-4。

表 5-4　输水管阻力系数对 ΔH_c 的影响

压力变幅	$S_c+K_v=227\ 396.8$			$K_v=221\ 200$			$S_c=6\ 196.8$		
	$S_c=$ 6 196	$S_c=$ 77 396	$S_c=$ 127 396	$S_c=$ 6 197	$S_c=$ 200 000	$S_c=$ 1 000 000	$K_v=$ 221 200	$K_v=$ 421 200	$K_v=$ 1 684 800
ΔH_c(m)	9.935	6.664	4.450	9.935	5.411	1.867	9.935	10.106	10.242
$\Delta H_{c简}$(m)	10.02	6.596	4.398	10.021	5.410	1.866	10.021	10.152	10.264
δ(%)	0.865	1.021	1.166	0.865	0.018	0.054	0.865	0.455	0.214

注：$V=10\ m^3$；$\Delta H_G=10$ m；$\Delta Z_t=0.301\ 7$ m。

由表 5-4 可看出，式(5-13)可充分反映田间压力变幅与调压罐压力设置间的相互关系，若以 ε_H 表示田间压力变幅与调压罐压力、水位变幅的比值，即 $\varepsilon_H = \Delta H_c/(\Delta H_{Gt}+\Delta Z_t)$，以 ε_f 表示管道损失系数 S_c 与田间综合阻力系数 K_v 的比值，即 $\varepsilon_f = S_c/K_v$，则式(5-13)可简记为

$$\varepsilon_H = 1/(1+\varepsilon_f) \tag{5-14}$$

由此可更清楚看出，ε_H 与 ε_f 成反比。若田间用水允许压力变幅为 $\Delta H_{c允}$，且 $\Delta H_c \leqslant \Delta H_{c允}$，则调压罐设置压力须满足下式：

$$\Delta H_{Gt} \leqslant (1+S_c/K_v)\cdot\Delta H_{c允} - \Delta Z_t \tag{5-15}$$

三、恒压喷灌调压罐容积的计算

目前，有关调压罐容积的计算多采用日本的计算公式，主要适用于调压罐内气体处于等温变化过程的情况，但目前调压罐形式较多，除水气自然分离式外，还有气囊式、隔膜式、波纹管式等，充填的气体除空气外，还有氮气等，因此气体状态变化已不完全符合等温过程。同时，对于调压灌溉系统而言，一般设置多台泵，不同泵机组由于性能差异，其控制压力限设置有时也不同。

（一）调压罐容积的计算

根据调压罐内气体状态变化方程，对应于控制压力上限及下限的状态方程分别为

$$P_{\max}V_1^n = P_0V_0^n$$

$$P_{\min}V_2^n = P_0V_0^n \tag{5-16}$$

式中：$P_{\max}$、$P_{\min}$ 分别为调压罐控制压力上限和下限；V_1、V_2 分别为与 $P_{\max}$、$P_{\min}$ 相应的调压罐

内气体容积；V_0 为调压罐容积；P_0 为调压罐初始压力。

由此解得调压罐容积 V_0 为

$$V_0=\frac{P_{\max}^{\frac{1}{n}}\cdot P_{\min}^{\frac{1}{n}}}{P_0^{\frac{1}{n}}(P_{\max}^{\frac{1}{n}}-P_{\min}^{\frac{1}{n}})}\Delta V \tag{5-17}$$

式中：ΔV 为有效调节容积 $\Delta V=V_2-V_1$。

式(5-17)考虑了多变指数，但无法直接考虑多泵压力限设置问题。为此，设调压罐调节压力变化的平均值为 P_{G0}，相对变化率为 ε_H，则有

$$P_{\max}=P_{G0}\left(1+\frac{\varepsilon_H}{2}\right)$$

$$P_{\min}=P_{G0}\left(1-\frac{\varepsilon_H}{2}\right) \tag{5-18}$$

代入式(5-17)并整理可得

$$V_0=\frac{P_{G0}^{\frac{1}{n}}\left(1-\frac{\varepsilon_H^2}{4}\right)^{\frac{1}{n}}}{P_0^{\frac{1}{n}}\left[\left(1+\frac{\varepsilon_H}{2}\right)^{\frac{1}{n}}-\left(1-\frac{\varepsilon_H}{2}\right)^{\frac{1}{n}}\right]}\cdot\Delta V \tag{5-19}$$

考虑 ε_H 为较小量，对式(5-19)采用一阶微分近似并略去高阶微量，得调压罐容积与控制压力限相对变化率 ε_H 的近似关系为

$$V'_0=\left(\frac{P_{G0}}{P_0}\right)^{\frac{1}{n}}\frac{n\cdot\Delta V}{\varepsilon_H} \tag{5-20}$$

该近似式与精确计算式计算结果之相对差为

$$\delta(\%)=\frac{|V_0-V'_0|}{V_0}\times100\% \tag{5-21}$$

分析以上各式，可看出 δ 仅与 n 和 ε_H 有关，将不同的 n 值及 ε_H 值代入式(5-19)～式(5-21)，计算相对差值 δ，如表5-5所示。

表5-5　近似计算误差 δ

$\varepsilon_H(\%)$	5	10	15	20
$n=1.0$	0.062	0.251	0.566	1.010
$n=1.2$	0.054	0.217	0.490	0.874
$n=1.4$	0.048	0.194	0.438	0.782

由表5-5可看出，近似计算式(5-20)误差值相当小，同时建立起了 V_0 与 ε_H 的直接反比关系。

(二)系统安全运行对调压罐总容积影响

系统按断续运行和连续工作两种状态。在断续运行工况下，设小泵机组和大泵机组的控制压力限的相对变化率分别为 ε_{H_1}、ε_{H_2}，则可得两种工况下所需调压罐容积为：

$$V_{01}=\left(\frac{P_{G0}}{P_0}\right)^{\frac{1}{n}}\cdot\frac{n}{\varepsilon_{H_1}}\cdot\frac{T_{1允}}{4}\overline{Q}_s \tag{5-22}$$

$$V_{02} = \left(\frac{P_{G0}}{P_0}\right)^{\frac{1}{n}} \cdot \frac{n}{\varepsilon_{H_2}} \cdot \frac{T_{2允}}{4}(\overline{Q}_D - \overline{Q}_s) \tag{5-23}$$

式中：$T_{1允}$、$T_{2允}$分别为小泵和大泵允许的压力变化周期；其余符号意义同前。

调压罐总容积必须保证各种工况下水泵机组的安全运行，故

$$V_0 = \max(V_{01}, V_{02}) = \left(\frac{P_{G0}}{P_0}\right)^{\frac{1}{n}} \cdot \frac{n}{4} \cdot \max\left[\frac{T_{1允}}{\varepsilon_{H1}}\overline{Q}_s, \frac{T_{2允}}{\varepsilon_{H_2}}(\overline{Q}_D - \overline{Q}_s)\right] \tag{5-24}$$

由式(5-24)可看出，欲使 V_0 最小，即系统最经济，则方括号内两项必须相等，故可得大、小泵流量的分配关系为

$$\overline{Q}_s/\overline{Q}_D = \frac{T_{2允}/\varepsilon_{H_2}}{T_{1允}/\varepsilon_{H1} + T_{2允}/\varepsilon_{H_2}} \tag{5-25}$$

当水泵机组连续运行工作，即水泵组实现了性能曲线的搭接，水泵机组能够长时间连续运行，调压罐的作用就是保证切换过程中压力降幅不过大。设系统允许的最低压力为 $P_{min允}$，根据试验和生产实践 $P_{min允} \leqslant P_{min}$ 为宜，前面计算的连续运行工况下的有效调节容积就是当水泵延时启动过程中，压力由 P_{max}降到 $P_{min允}$时，调压罐向系统提供的水量(即有效调节容积所对应的最大与最小压力分别为 P_{max}、$P_{min允}$)。如图 5-2 所示。

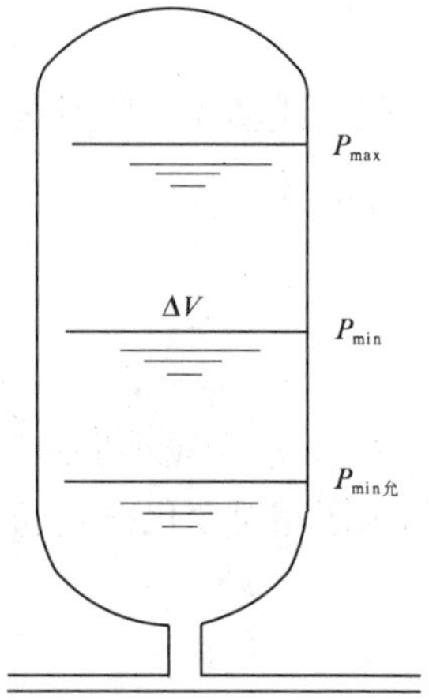

图 5-2　有效调节容积示意图

根据计算调压罐总容积时对 P_{G0}和 ε_H 的定义，设$P_{min允} = 0.7P_{min}$，则有

$$P_{G0} = \frac{P_{min} + P_{min允}}{2} = 0.85P_{min}$$

$$\varepsilon_H = \frac{P_{min} - P_{min允}}{P_{min} + P_{min允}} = \frac{3}{17} \tag{5-26}$$

将 P_{G0}、ε_H 代入式(5-19)可得到计算水泵机组连续运行工况下调压罐总容积计算式：

$$V_0 = 4.82\left(\frac{P_{min}}{P_0}\right)^{\frac{1}{n}} \cdot n \cdot \Delta V = 4.82\left(\frac{P_{min}}{P_0}\right)^{\frac{1}{n}} \cdot n \cdot Q_c(T_{启} + T_{延}) \tag{5-27}$$

四、调压罐防水锤容积校核

前面计算了正常运行状态下所需调压罐的容积，这种容积是否满足防护水锤的要求，还需要进行校核。由于调压罐的水位及压力波动与管网中的水锤压力瞬态变化密切相关，并且相互影响，因此要准确确定调压罐防水锤的容积及水锤过程中调压罐内的水位压力波动，最好采用特征曲线法由计算机求解。该部分详细内容见第四章管网水锤分析及防护。本节只叙述一些简单的近似计算方法。

(一)气水自然分离式调压罐

1. 近似估算式

在水锤过程中，系统的初始能量转变成为压能或势能及摩擦损失，在升压过程中，若忽略水流摩擦损失，假定系统最初所具有的动能全部转化成了压力罐的压力变化所做的功，则可以此近似计算调压罐防水锤的容积。系统的动能为

$$E_0 = m \cdot \frac{v_0^2}{2g} = LA_P\gamma \frac{v_0^2}{2g} \tag{5-28}$$

式中：L 为管道长度，m；A_P 为管道断面面积，m^2；v_0 为正常工作时流速，m/s；γ 为水容重，kg/m^3，$\gamma = 1\ 000\ kg/m^3$。

若调压罐正常工作时其罐内工作压力及气体容积为 P_0、V_0，水锤作用后其压力及气体容积分别为 P_m、V_m，则调压罐内压力变化所做的功为：

$$E_p = 10^4\int W(P - P_a)\,ds = 10^4\int (P - P_a)\,dV \tag{5-29}$$

式中：W 为调压罐断面积，m^2；P_a 为大气压力，kg/cm^2；P 为调压罐内气体压力，kg/cm^2；ds 为行程微增量，m；10^4 为单位换算系数，$1\ kg/m^2 = 10^{-4}\ kg/cm^2$。

对于气水自然分离式调压罐，其气体变化满足等温变化过程，故

$$P_0V_0 = PV \tag{5-30}$$

因此

$$P = \frac{P_0V_0}{V}$$

代入式(5-29)中得，

$$E_p = 10^4\int_{V_m}^{V_0}\left(\frac{P_0V_0}{V} - P_a\right)dV = 10^4\left[P_0V_0\ln\frac{V_0}{V_m} - P_a(V_0 - V_m)\right] \tag{5-31}$$

因为

$$P_0V_0 = P_mV_m$$

$$V_0/V_m = P_m/P_0 = h_{max}^*$$

$$V_m = V_0/h_{max}^*$$

式中：h_{max}^* 为最大允许上升压力比，$h_{max}^* = P_m/P_0$。

代入式(5-31)并整理得

$$E_p = 10^4V_0\left(P_0\ln h_{max}^* + \frac{P_a}{h_{max}^*} - P_a\right) \tag{5-32}$$

若忽略调压罐内水体势能的变化及摩擦损失，则由能量守恒原理得

$$E_p = E_0$$

故

$$LA_P\gamma\frac{v_0^2}{2g} = 10^4V_0\left(P_0\ln h_{max}^* + \frac{P_a}{h_{max}^*} - P_a\right)$$

$$V_0 = \frac{14^{-4}\gamma LA_Pv_0^2}{2g\left(P_0\ln h_{max}^* + \frac{P_a}{h_{max}^*} - P_a\right)} \tag{5-33}$$

$\gamma = 1\ 000$，$P_a \approx 1\ kg/cm^2$，将 P_0 以水柱表示时有

$$P_0 \approx 10H_0^*$$

式中：H_0^* 为正常运行时调压罐气体绝对压力，m 水柱。

代入上式得

$$V_0 = \frac{LA_Pv_0^2}{2g\left(H_0^*\ln h_{max}^* + \frac{1}{h_{max}^*} - 1\right)} \tag{5-34}$$

式(5-34)即为阿列维(Allievi)容积估算式。

式(5-34)是在忽略管道摩阻及调压罐进出口阻力损失条件下,由能量方程求得的近似式。在确定调压罐容积时,一般控制最大允许上升压力比 $h^*_{\max}$ 在一定范围内,通常 $h^*_{\max}=1.3$ 左右。

在事故停泵过程中,当管道压力降低时,调压罐内的水迅速流入管道,调压罐内气体体积膨胀。设调压罐压力下降最低允许值为 $H^*_{\min}$,则根据式(5-30)可得

$$H^*_{\min}V_1 = H^*_0 V_0 \tag{5-35}$$

故

$$V_1 = \frac{H^*_0}{H^*_{\min}}V_0 \tag{5-36}$$

式中:V_1 为与 $H^*_{\min}$ 相应的调压罐气体容积。

为了保证调压罐内空气不进入管道,实际调压罐容积应略大于 V_1,即在压力下降到最低压力时,罐内底部仍有一定的水层。根据国、内外经验,该水层容积约为 V_1 的 15% ~ 20%,因此,调压罐防护水锤所需的总容积为

$$V_{总} = V_1 + (15\% \sim 20\%)V_1 \tag{5-37}$$

例:某恒压喷灌泵站主干管长 $L=1\ 000$ m,设计流速 $v_0=1.17$ m/s,管道断面积 $A_P=0.196\ 3$ m²,正常工作时调压罐内气体绝对压力 $H^*_0=60$ m,设 $h^*_{\max}=1.3$,$H^*_{\min}=40$ m。

则由式(5-34)得

$$V_0 = \frac{1\ 000\times 0.196\ 3\times 1.17^2}{2g\left(60\ln 1.3+\dfrac{1}{1.3}-1\right)} = 0.883(\text{m}^3)$$

由式(5-36)得

$$V_1 = \frac{60}{40}\times 0.883 = 1.325(\text{m}^3)$$

$$V_{总} = V_1 + 20\%V_1 = 1.2\times 1.325 = 1.590(\text{m}^3)$$

2. 利用计算曲线求调压罐防水锤的近似容积

帕马金(J. Parmakian)根据理论分析指出,调压罐压力与空气容积的变化主要取决于管道常数 $2\rho^*$、调压罐的特性常数 σ 和管道系统的阻力损失系数 K。假定:

(1)调压罐置于水泵出口附近;

(2)水泵出口逆止阀在停泵后水流开始倒流时迅速关闭;

(3)调压罐内的气体变化状态符合等温绝热气体状态方程;

(4)相同流量下水由管道流入调压罐的阻力损失与流出调压罐的阻力损失比为2.5∶1;

(5)调压罐容积确保管道出现最低压力时不将空气吸入管道。

相应的不同管道阻力下,调压罐防水锤容积计算曲线如图 5-3 所示。

图 5-3 中各参数表达如下

$$2\rho^* = \frac{av_0}{gH^*_0}$$

$$\sigma = \frac{2V_0 a}{Q_0 L}$$

$$K = H^*_f/H^*_0 \tag{5-38}$$

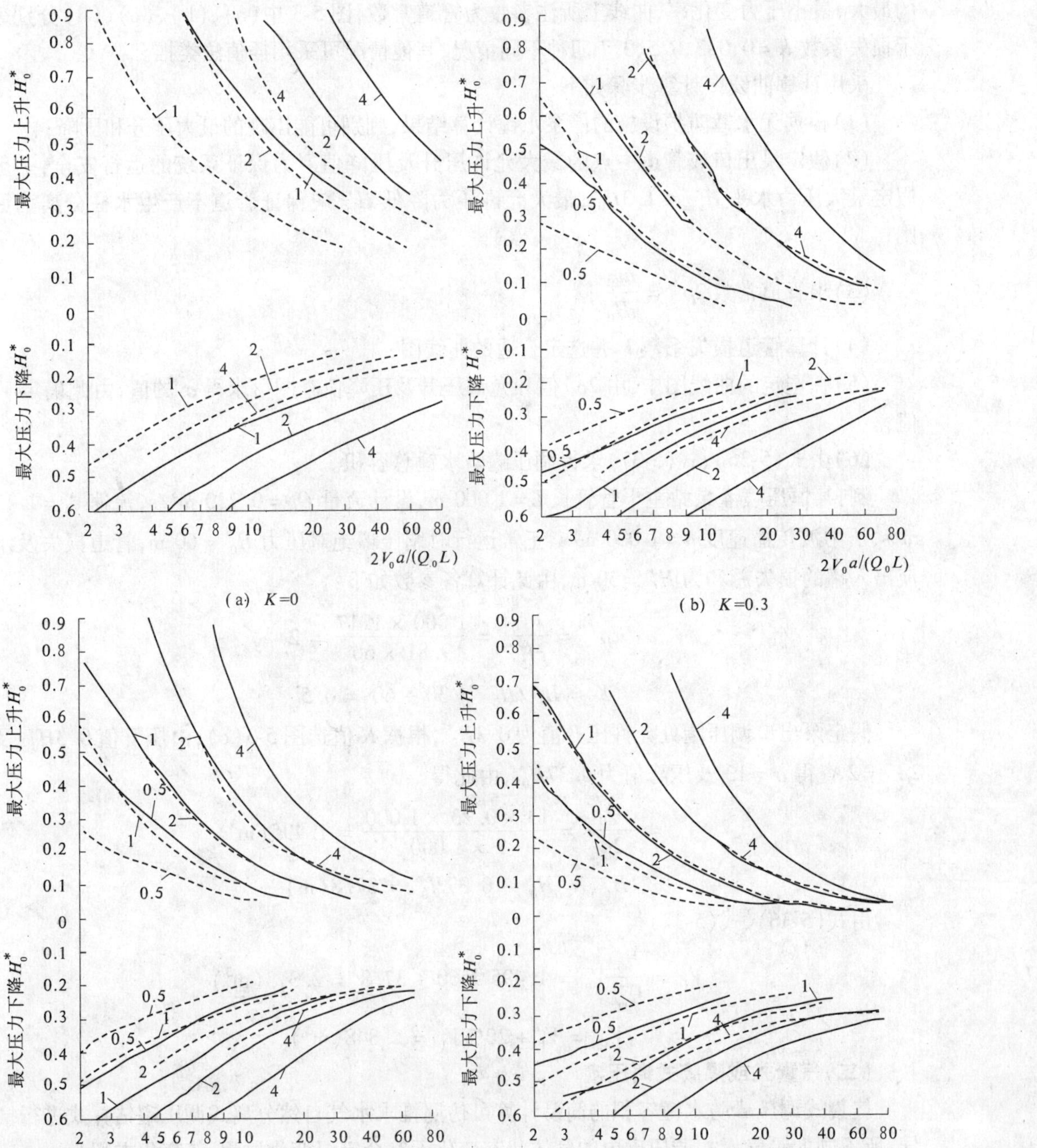

图 5-3　调压罐防水锤容积计算曲线图

式中：a 为压力波传播速度，m/s；Q_0 为管道正常流量，m^3/s；V_0 为调压罐正常运行时气体体积，m^3；v_0 为管道正常流速，m/s；H_0^* 为调压罐正常运行时气体的绝对压力，m；L 为主管道的长度，m；H_f^* 为阻力系数，包括管道水力损失及水流出入调压罐的水力损失，m。

计算图横坐标为调压罐特性常数，纵坐标为调压罐连接处（实线）及管道中点处（虚线）

的最大、最小压力变化率，曲线上所注参数为管道常数，图 5-3 中(a)、(b)、(c)、(d)分别表示损失系数 $K=0$、0.3、0.5、0.7 四种不同情况，其他情况可采用插值法类推。

采用计算曲线图计算步骤如下：

(1)根据无水锤防护设施的停泵水锤计算结果，判别可能出现的最大压升和压降；

(2)假定泵出口或管道中点的最大允许压升及压降值。为保证系统的运行安全，一般假定最大压力水头 $H_{max}^* \leqslant 1.3H_0^*$，最大允许压力降低 H_{min}^* 应保证管道不产生水柱分离为原则；

(3)求管道常数 $2\rho^* = \dfrac{av_0}{gH_0^*}$；

(4)计算管道损失系数 K 并选定合适的曲线图；

(5)在选定的曲线图中，由 $2\rho^*$ 值和允许压升及压降值查图可求得 σ 的值，由此确定 V_0 值；

(6)由式(5-36)、式(5-37)求得调压罐防水锤总容积。

例：某恒压喷灌泵站主干管管长 $L=1\ 000$ m，设计流量 $Q_0=0.230\ m^3/s$，流速 $v_0=1.17$ m/s，压力波传播速度 $a=1\ 000$ m/s，正常运行时调压罐绝对压力 $H_0^*=60$ m，管道损失及水流出入罐的损失总和为 $H_f^*=30$ m，由此计算各参数如下：

$$2\rho^* = \frac{av_0}{gH_0^*} = \frac{1\ 000 \times 1.17}{9.81 \times 60} = 2$$

$$K = H_f^*/H_0^* = 30 \div 60 = 0.5$$

假定泵出口调压罐处允许压升值为 $0.3H_0^*$，根据 K 值选图 5-3(c)，由压升值 $0.3H_0^*$ 及 $2\rho^*=2$ 查得 $\sigma=13$ 及压降值为 $0.37H_0^*$，由此得

$$V_0 = \frac{\sigma Q_0 L}{2a} = \frac{13 \times 0.23 \times 1\ 000}{2 \times 1\ 000} = 1.495(m^3)$$

$$H_{min}^* = H_0^* - 0.37H_0^* = 37.8(m)$$

由式(5-36)、式(5-37)得

$$V_1 = \frac{H_0^*}{H_{min}^*}V_0 = 1.495 \times 60 \div 37.8 = 2.373(m^3)$$

$$V_{总} = V_1 + 20\% V_1 = 2.848(m^3)$$

(二)气囊式或隔膜式调压罐

气囊式调压罐防水锤容积的简易计算可仿照推求水气自然分离式调压罐估算式进行推导，所不同的是气囊式调压罐内的气体状态变化不符合等温变化过程，其变化方程为

$$P_0V_0^n = PV^n \tag{5-39}$$

故

$$P = P_0V_0^n/V^n$$

代入式(5-29)得调压罐压力变化所做的功为

$$E_p = 10^4\int_{V_m}^{V_0}\left(\frac{P_0V_0^n}{V^n} - 1\right)dV = 10^4\frac{P_0V_0}{n-1}\left[\left(\frac{V_0}{V_m}\right)^{n-1} - 1\right] \tag{5-40}$$

因为

$$P_0V_0^n = P_mV_m^n$$

$$V_0/V_m = (P_m/P_0)^{1/n}$$

代入式(5-40),得

$$E_p = \frac{P_0 V_0}{n-1} \times 10^4 \left[\left(\frac{P_m}{P_0} \right)^{\frac{n-1}{n}} - 1 \right] \tag{5-41}$$

由能量守衡得

$$E_p = E_0$$

故

$$\frac{P_0 V_0}{n-1} \times 10^4 \left[\left(\frac{P_m}{P_0} \right)^{\frac{n-1}{n}} - 1 \right] = L A_P \gamma \frac{v_0^2}{2g}$$

$$V_0 = \frac{L A_P v_0^2 (n-1)}{2g H_0^* (h_{max}^{*\frac{n-1}{n}} - 1)} \tag{5-42}$$

式中:$H_0^* = 10P_0$;$h_{max}^* = P_m/P_0 = H_{max}^*/H_0^*$;其余符号同前。

例:同前例,设 $L = 1\ 000$ m,$v_0 = 1.17$ m/s,$A_P = 0.196\ 3\ m^2$,$H_0^* = 60$ m,设 $h_{max}^* = 1.3$,$H_{min}^* = 40$ m,并取 $n = 1.2$,则

$$V_0 = \frac{1\ 000 \times 0.196\ 3 \times 1.17^2 \times (1.2-1)}{2g \times 60 \left(1.3^{\frac{1.2-1}{1.2}} - 1\right)} = 1.021(m^3)$$

此外,因气囊式调压罐可不设保护水体,故 V_0 即为调压罐防水锤的总容积,同水气分离式调压罐相比,罐体防水锤容积可减少。

上面分别叙述了求调压罐防水锤容积的简易计算方法。根据计算结果与前述的调压罐容积进行比较,取二者中较大者。此时,既可满足调压的需要,又可满足水锤防护的需要。

第二节　调压系统技术参数

一、允许启动频率

从前面恒压喷灌的特点及调压系统的工作原理知道,因调压和调节泵站流量使用水量与供水量始终相平衡,要求泵站中部分机泵频繁启动做间歇运行。然而,目前与灌排水泵相匹配的电动机均为连续工作制电动机。这种电动机是否可以间歇工作和频繁启动,如果可以,启动的允许频度是多少,是这一节需要研究和解决的问题。

(一)机泵负载试验

经广泛的调查研究和参阅国内外资料后认为,机泵启动频度主要由电动机的温升来确定。通常与灌排水泵相匹配的电动机是 Y 系列电动机,过去是 JO_2 系列电动机。这两种电动机均是属于鼠笼型异步连续工作制电动机。这两种电动机的温升规定是:Y 系列电动机在环境温度不超过 +40 ℃,海拔不超过 1 000 m 时,定子绕组用电阻法测量温度不超过 80 ℃;JO_2 系列电动机在环境温度不超过 +40 ℃,海拔不超过 1 000 m 时,定子绕组用电阻法测量温升不超过 70 ℃,用温度计法测量温升不超过 65 ℃。

Y 系列电动机的定子组绕为 B 级绝缘,JO_2 系列电动机定子绕组为 E 级绝缘。即 Y 系列电动机的绝缘等级比 JO_2 系列电动机高一个等级。

电动机定子绕组的绝缘等级及最高允许工作温度如表 5-6 所示。

表 5-6　电动机绝缘等级与最高允许工作温度

绝缘等级	环境最高温度(℃)	最高允许工作温度(℃)
Y	40	90
A	40	105
E	40	115
B	40	120
F	40	155
H	40	180
C	40	180 以上

为了寻求机泵启动的允许频度及其有关问题，对 JO_2 系列电动机中的 JO_2-41-2 型电动机(5.5 kW)，JO_2-42-2 型电动机(7.5 kW)，JO_2-52-2 型电动机(13 kW)，JO_2-61-2 型电动机(17 kW)4 种电动机及其配套水泵 $DA_1-50\times6$ 型、$DA_1-50\times7$ 型、$DA_1-80\times7$ 型和 3BA－6 型，用温度计测温，在相同负载的条件下分别进行了启动允许频度、电动机温升和启动能耗试验。

试验方法是按温度计法测试规定，让机泵在满载状态下，首先连续运行 2 h，然后分别按启动 10、12、15、20、30、60 次/h，再持续间歇运行 2 h，每次运行与停机时间相等。由于电动机连续运行 1～1.5 h 后，持续温升已趋近于零，因而连续与间歇时间均规定为 2 h。

试验前，先分别记录电度表读数、环境温度、电动机温度。试验过程中，用秒表记时，每隔 5 min 分别记录一次环境温度、电动机温升、电度表读数、流量、压力表读数。在同一种机泵试验的全过程中，电动机的负载，即水泵的流量、压力完全相同，以便比较。测试结果见表 5-7。

表 5-7　电机温升测试

电机功率(kW)	工作制度		启动次数	工作时间	环境温度	电机温度(℃)			备注
	连续	间歇	(次/h)	(h)	(℃)	初始	结束	温升	
5.5	√		1	2	26	26	39	13	满负荷运行
		√	10	2	24	24	37	13	
		√	15	2	28	27	41	14	
		√	20	2	26	24.5	40	15.5	
		√	30	2	28	25.5	41.5	16	
		√	60	2	25	23	41.5	18.5	
7.5	√		1	2	10	10	22.5	12.5	满负荷运行
		√	10	2	15.5	15.5	28.5	13	
		√	15	2	13.5	13.5	28	14.5	
		√	20	2	13.0	13.0	29	16	
		√	30	2	13.0	13	28	15	
		√	60	2	11	11	27	16	
13	√		1	2	14.5	14.5	30.5	16	满负荷运行
		√	10	2	14.5	14.5	31.5	17	
		√	15	2	14	14	32	18	
		√	20	2	13	13	31	18	
		√	30	2	12	12	30	18	
		√	60	2	10	10	27	17	

续表 5-7

电机功率(kW)	工作制度		启动次数	工作时间	环境温度	电机温度(℃)			备注
	连续	间歇	(次/h)	(h)	(℃)	初始	结束	温升	
17	√		1	2	25	25	39	13	75%负荷运行
		√	10	2	22.5	22.5	38	13.5	
		√	12	2	22	22	36	14	
		√	15	2	22.5	22.5	36	14.5	
		√	20	2	21.5	21.5	37	15	
		√	30	2	22	22	36.5	16.5	
		√	60	2	21.5	21.5	38.5	18.5	

(二)机泵启动的允许频度

从表5-7中看到,4种电动机与各自相匹配的水泵,在满载情况下,机泵启动60次/h,间歇运行2 h的电动机温升,与电动机在同等负载条件下连续运行2 h的电动机温升相比,只高2~6 ℃;而机泵启动15次/h,间歇运行2 h的电动机温升,与电动机在相同负载情况下连续运行2 h的电动机温升比较,只高1.6~3.0 ℃。且电动机的最高温升均在42 ℃以下,比表5-6的最高允许工作温度115 ℃低很多。

1981~1984年,在河南郏县研制和建设的恒压喷灌试验工程,有效喷灌面积447 hm^2,恒压泵站由4台水泵组成,副泵所匹配的电动机为40 kW,主泵匹配的电动机为55 kW,最小停泵时间设计为5 min,允许启动次数为6次/h,经过7年多的运行和近5年的观测试验证明,机泵运行十分正常,且电动机温升不超过50 ℃。

根据上述试验和工程实践,得出如下结论:

(1)连续工作制电动机在满负载情况下,可以频繁启动和间歇运行;

(2)机泵每小时最多允许启动次数与电动机的容量有关,而与水泵的关系不大;

(3)考虑到能耗、安全系数和国内经验,建议各种容量的电动机在满载条件下,每小时允许的最多启动次数,或水泵从停泵到下次启动的最小间歇时间采用表5-8数值。

表5-8 电机动机容量与每小时最高启动次数或最小停泵时间

电机动机容量 N(kW)	每小时允许启动次数(次)	最小停泵时间(min)
$N \leqslant 10$	20	1.50
$10 < N \leqslant 20$	15	2.00
$20 < N \leqslant 30$	10	3.00
$30 < N \leqslant 40$	8	3.75
$N > 40$	6	5.00

二、调压罐上下压力限

在讨论调压罐最高和最低工作压力之前,先讨论调压罐工作时的水位和压力的变化情况。

如图5-4所示的调压罐,设泵站供水流量为 Q_1,田间喷灌用水流量为 Q_2,进入调压罐的

流量为 Q_3，流出调压罐的流量为 Q_4。这里的 Q_3 与 Q_4 不一定相等。

当 $Q_1=Q_2$ 时，$Q_3=Q_4=0$。这时罐内水位处于正常水位线上，泵站出口压力等于设计压力。

当 $Q_1>Q_2$ 时，$Q_3>0$。由于田间喷灌用水量小于泵站供水量，则管网压力上升，即总干管压力大于罐内压力，故 $Q_3>0$。由于 $Q_3>0$，则罐内水位上升，压缩罐内压缩空气，罐内压力升高。

当 $Q_1<Q_2$ 时，$Q_4>0$。因为田间用水量大于泵站供水量，则管网压力下降，即罐内压力大于罐外总干管压力，故罐内水体排出，补充管网流量。同时，罐内压缩空气膨胀，压力下降。

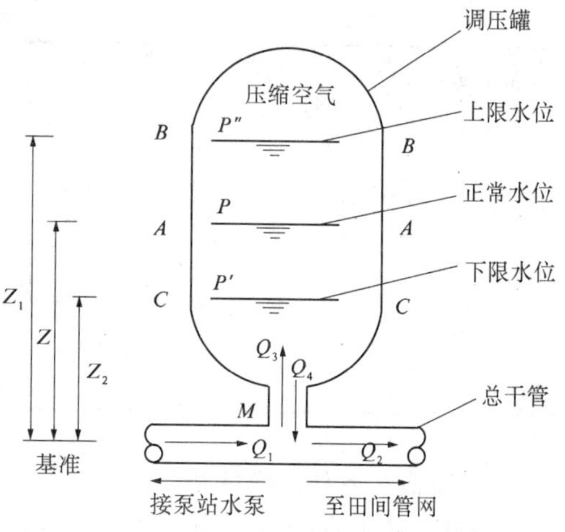

图 5-4　调压罐工作时的水位和压力关系

所谓调压罐最高工作压力，是指调压罐水位升至上限水位时所具有的罐内压力。而调压罐最低工作压力则是罐内水位下降至下限水位时的罐内压力。最高和最低工作压力与喷头工作压力、泵站的设计扬程、水泵的性能曲线，调压系统的投资和田间喷洒质量要求等因素有关。

（一）调压罐最高工作压力的确定

为了保证泵站水泵高效、节能和经济运行，必须使泵站所有水泵均在水泵的高效区工作。水泵高效区通常是指在水泵的扬程—流量（$H\sim Q$）特性曲线上，用两条波纹线标明效率较高的水泵工作范围，如图 5-5 所示的 BC 段。

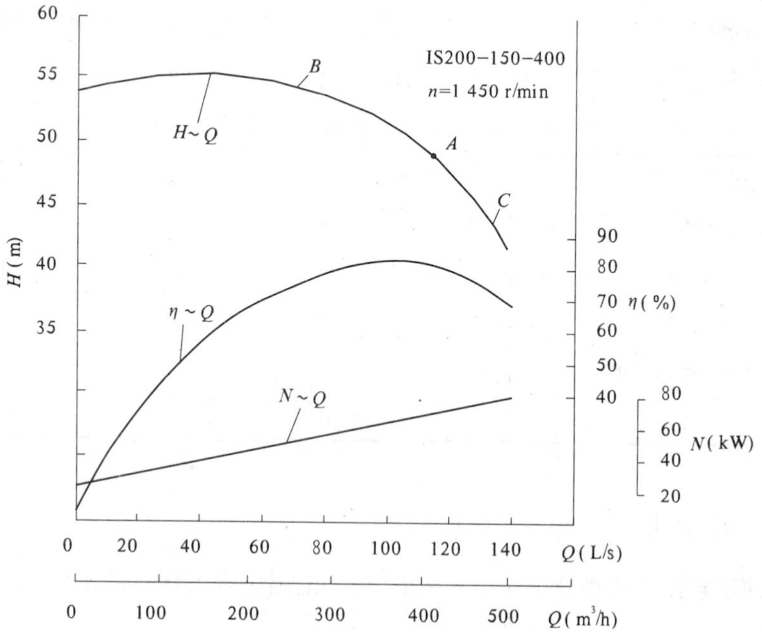

图 5-5　水泵特性曲线

在水泵样本上，除在水泵的 $H \sim Q$ 曲线上标明该水泵的工作范围 BC 段外，还在该泵的性能表中分别标有效率最高点 A 点，水泵工作范围上、下限点 B 点和 C 点，所对应的扬程 H，流量 Q，轴功率 N，效率 η 和气蚀余量 NPSH 等，见表 5-9。

表 5-9　水泵性能表

型号	转速（r/min）	流量（m^3/h）	扬程（m）	效率（%）	功率（kW）		气蚀余量（m）	泵口径（mm）	
					轴功率	电机功率		进	出
IS200－150－400	1 450	240	55	74	48.6	90	3.0	200	150
		400	50	81	67.2		3.8		
		460	45	76	74.2		4.5		

在性能表 5-9 的中间一行，即流量为 400 m^3/h 所对应的一行数据，就是该水泵的额定值。额定值是指该泵效率最高点 A 点所对应的流量、扬程、轴功率、效率、气蚀余量等。因此，水泵工况点在 A 点工作，将获得效率最高的最佳运行状态。为了便于选择水泵，泵的额定值通常标在水泵的铭牌上。与 $H \sim Q$ 曲线上 B 点和 C 点相对应的扬程、流量、效率、轴功率、气蚀余量等分别在性能表的第一行和第三行。水泵的工作范围若超过 BC 段以外，则水泵效率将大幅度下降，运行是很不经济的。所以，水泵的工作范围不能超过 BC 段，即调压罐的最高工作压力不能超过 $H \sim Q$ 曲线上的 B 点相对应的扬程。

如图 5-4 所示，设调压罐最高工作压力为 P''，与它相对应的调压罐上限水位为 $B—B$；调压罐正常压力为 P，与其对应的正常水位为 $A—A$；调压罐的最低工作压力为 P'，与之相对应的下限水位为 $C—C$。

以总干管中心线为基准面，假定泵站水泵出口高程与基准面相同。调压罐正常水位、上限水位和下限水位至基准面的高度分别为 Z、Z_1 和 Z_2，调压罐底部与总干管连接处压力为 H_m，则

$$H_m = H_P - h_f - h_j \tag{5-43}$$

式中：H_P 为泵站水泵出口扬程（压力），m；h_f 为泵站水泵出口到调压罐底部与总干管连接处 M 点的管道沿程水头损失，m；h_j 为上述区间的局部水头损失，m。

如果略去连接处 M 点至调压罐内之间的水头损失，则调压罐的最高工作压力 P'' 可由下式计算

$$P'' = H_m + Z_1 \tag{5-44}$$

将式（5-43）代入式（5-44），得

$$P'' = H_P - h_f - h_j + Z_1 \tag{5-45}$$

这时要特别注意的是，当调压罐达到最高工作压力 P'' 时，水泵实际扬程 H_P 将大于额定扬程 H_A，而水泵的实际扬程 H_P 将在 BA 区间，如图 5-6 所示。

为了保证泵站水泵始终在水泵的高效区工作，调压罐的最高工作压力 P'' 必须满足下式：

$$P'' \leqslant H_B - h_f - h_j + Z_1 \tag{5-46}$$

式中：H_B 为水泵工作扬程上限，如图 5-6 所示；其余符号意义同前。

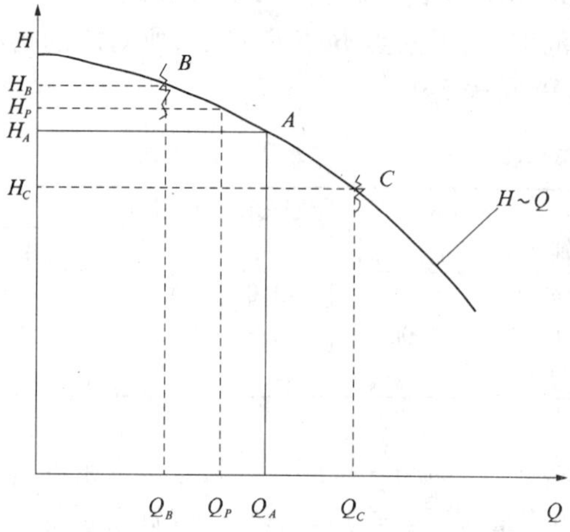

图 5-6　水泵实际工况示意图

当略去水泵出口至调压罐的水头损失时，则式(5-46)可写成

$$P'' \leqslant H_B + Z_1 \quad (5\text{-}47)$$

如果调压罐内压力用绝对压力表示，则调压罐的最高和最低工作压力均应加上一个大气压 P_a，即

$$P_2 = P'' + P_a$$
$$P_1 = P' + P_a \quad (5\text{-}48)$$

因此，式(5-46)和式(5-47)则变成

$$P_2 \leqslant H_B - h_f - h_j + Z_1 + P_a \quad (5\text{-}49)$$
$$P_2 \leqslant H_B + Z_1 + P_a \quad (5\text{-}50)$$

（二）调压罐最低工作压力

由前面知道，调压罐最高工作压力与最低工作压力之差($P_2 - P_1$)，就是调压罐的调压(恒压)范围，即泵站水泵扬程变化的工况范围。调压罐最高和最低工作压力之差($P_2 - P_1$)越小，则恒压性能就越高，水泵效率也就越高，喷洒质量就会越好。然而，由调压罐容积计算式知道，调压罐容积的大小与($P_2 - P_1$)成反比，($P_2 - P_1$)越小，则调压罐容积就越大，造价也越高，反之亦然。因此，在确定调压罐的最低工作压力或($P_2 - P_1$)时，应在保证恒压性能好，喷洒质量高、高效和节能的前提下，尽量做到造价最低。

1. 调压罐最低工作压力不能超越水泵的高效区

当水泵在高效区以外运行时，水泵效率将大大降低，能耗增加。如果水泵长期处在低效区运行，又是不经济的。为了保证水泵始终在高效区运行，当调压罐内压力达到调压罐的最低工作压力 P'(相对压力)时，水泵实际扬程 H 必须大于或等于 H_C(见图 5-6)，即

$$P' = H - h_f - h_j + Z_2 \quad (5\text{-}51)$$

$$H \geqslant H_C \quad (5\text{-}52)$$

式中：H 为当调压罐为最低工作压力时的泵站水泵实际扬程；h_f、h_j 分别为泵站水泵扬程为 H 时，水泵出口至调压罐间的沿程和局部水头损失；Z_2 为基准面至调压罐下限水位的高度(见图 5-4)；H_C 为泵站水泵高效区扬程下限点相对应的水泵扬程。

2. 选择具有高效区范围较宽的水泵

为了保证水泵始终在高效区运行，又尽量减少调压系统的造价，在保证恒压性能和喷洒质量的前提下，应选择性能曲线 $H=f(Q)$ 相对应的泵。如果按流量控制主泵的自动启动与停机，最好选用性能曲线较缓的泵；如果按压力控制主泵的启动与停机，最好选用性能曲线较陡的泵。当水泵的扬程、流量基本相同时，不同泵型运行的高效区范围也有较大的差别。绝大部分水泵的扬程从高效区上限(指扬程)H_B 至额定扬程 H_A 的差较小，而从额定扬程至高效区下限 H_C 的差较大，但从水泵的流量上看则相反，见表 5-10，表中 Q_A、H_A 为水泵的额定流量和额定扬程。

表5-10　流量、扬程基本相同的不同型号水泵高效区比较表

分组	水泵型号	流量 Q_B Q_A Q_C (m^3/h)	流量差(m^3/h)		扬程 H_B H_A H_C (m)	扬程差(m)		效率 η (%)	高效区范围 H_B-H_C (m)
			Q_A-Q_B	Q_C-Q_A		H_B-H_A	H_A-H_C		
1	$DA_1-80\times5$	25.2			64			65.5	
		32.5	7.3	7.1	56.7	7.3	12.7	75	20.0
		39.6			44			70.5	
	75TSWA	30			62.5			68	
		36	6	6	57.5	5.0	7.5	70	12.5
		42			50.0			68	
2	IS80-50-200	30			53			55	
		50	20	10	50	3.0	3.0	69	6
		60			47			71	
	$100D12\times5$	36			53			55	
		54	18	18	48	5.0	8.0	67	13
		72			40			71	
3	XA65-20	72			63			67.5	
		108	36	36	59	4	7.0	76.0	11
		144			52			75.0	
	$DA_1-125\times3$	90			69			75	
		108	18	18	60	9	15	76	24
		126			45			73	
4	IS125-100-200	120			57.5			67	
		200	80	40	50	7.5	5.5	81	13
		240			44.5			80	
	IS150-125-400	120			53			62	
		200	80	40	50	3	4	74	7
		240			46			72	

以上情况说明，绝大部分水泵的 $H\sim Q$ 性能曲线在额定点以上曲线变化比较平缓，以下则较陡。因此，选择性能曲线相对应的水泵，对于提高自动启、停泵的准确度，提高水泵效率、节约能耗和降低调压系统的造价是十分重要的。

（三）调压范围

调压范围必须满足喷洒质量要求。根据《喷灌工程技术规范》GB/T 50085—2007（以下简称《规范》）规定，喷灌系统中喷头的工作压力应符合下列要求：设计喷头工作压力均应在该喷头所规定的压力范围内；任何喷头的实际工作压力不得低于设计喷头工作压力的90%；同一条支管上任意两喷头之间的工作压力差应在设计喷头工作压力的20%之内。

按照《规范》要求，对于坡度均匀的地块，位于喷灌支管上中心位置的那个喷头的实际工作压力必须等于该喷头的额定工作压力 P_0，位于同一喷灌支管上的首、末喷头的工作压力需控制在 $(1\pm10\%)P_0$ 范围内，即首末喷头的压力差不大于 $20\%P_0$。如：某型号的喷头，规定的额定工作压力为350 kPa，则在喷灌工程设计中，必须保证喷灌支管中心位置的喷头工作压力为 350 kPa，首端喷头的工作压力应小于或等于 1.1 ×350 kPa，末端喷头的工作压力则应大于或等于 0.9 ×350 kPa。

如果喷头的实际工作压力超出上述规定范围，喷洒质量将受到影响而使喷灌均匀系数降低。恒压喷灌能很好地满足规范要求，是因为恒压喷灌的恒压系统能将泵站的供水压力限定在保证喷洒质量的范围内波动。这个压力波动范围就是调压罐的调压范围，也就是调压罐最高工作压力与最低工作压力之差。当确定了调压罐最高工作压力和最低工作压力取值原则之后，如何进一步确定调压罐的最高和最低工作压力或最高和最低工作压力之差，即调压范围，将在下面讨论。

有压管道沿程水头损失由下式计算

$$h_f = \lambda \frac{L}{d} \frac{v^2}{2g} \tag{5-53}$$

式中：h_f 为沿程水头损失，m；λ 为管道水流沿程阻力系数；L 为管道长度，m；d 为管道内径，m；v 为管道内平均水流速度，m/s；g 为重力加速度，$g = 9.81$ m/s^2。

在管道中，流速 v 可表示为

$$v = \frac{Q}{A} = \frac{Q}{\frac{\pi}{4}d^2} \tag{5-54}$$

式中：Q 为管道流量，m^3/s；其余符号意义同前。

将式(5-54)代入式(5-53)，整理后得

$$h_f = \frac{8\lambda L Q^2}{g\pi^2 d^5} \tag{5-55}$$

令

$$k_1 = \frac{8\lambda L}{g\pi^2 d^5}$$

则式(5-55)变为

$$h_f = k_1 Q^2 \tag{5-56}$$

各种闸阀、弯头、变径、三通、四通等水力元件的局部水头损失可用下式表示

$$h_j = \xi \frac{v^2}{2g} \tag{5-57}$$

式中：ξ 为局部水头损失系数，随不同的水力元件而变化；v 为管道流速，m/s；g 为重力加速度。

如果用流量 Q 代替流速 v，则式(5-57)变为

$$h_j = \xi \frac{8Q^2}{g\pi^2 d^4} \tag{5-58}$$

令

$$k_2 = \xi \frac{8}{g\pi^2 d^4}$$

则式(5-57)变为

$$h_j = k_2 Q^2 \tag{5-59}$$

对于单一管道，将式(5-56)和式(5-59)相加，即可得到管网的总水头损失计算式

$$h_k = h_f + h_j = k_1Q^2 + k_2Q^2$$
$$= (k_1 + k_2)Q^2$$
$$= kQ^2 \tag{5-60}$$

当一个喷灌工程的管网布置、管道长度 L、管径 d,各水力元件和管道材质等确定之后,系数 k 就为常数。总的水头损失 h_k 仅随流量变化而变化,而与系数 k 无关。严格地讲,系数 k 包括管道沿程阻力系数 λ,而 λ 仅与雷诺数 Re 有关,$Re = f(v)$,其中 v 为管道流速。

在喷灌工程中,泵站水泵实际需要的设计扬程为

$$H_A = P_A + h_{kA} + Z_0 \tag{5-61}$$

式中:H_A 为泵站的设计扬程,m;P_A 为喷头的设计工作压力或工作水头,m;h_{kA} 为达到设计情况时的管网总水头损失,包括沿程水头损失和局部水头损失,m;Z_0 为泵站前池平均水位至喷头的高差,m。

喷头流量可用下式计算

$$q_A = uA\sqrt{2gH_A} \tag{5-62}$$

式中:q_A 为喷头的设计流量,m^3/s;μ 为喷头喷嘴的流量系数;A 为喷嘴过水断面面积,m^2;H_A 为喷头的设计工作水头,m;g 为重力加速度。

式(5-62)中的 H_A 就是式(5-61)中的 P_A,即 $H_A = P_A$。将式(5-62)两边平方得

$$q_A^2 = u^2A^22gH_A$$

或

$$q_A^2 = u^2A^22gP_A \tag{5-63}$$

当喷头的型号选定后,其流量系数 μ、断面积 A 均为常数。

令

$$a = \frac{1}{2gu^2A^2} \tag{5-64}$$

则式(5-63)变为

$$P_A = aq_A^2 \tag{5-65}$$

在同一个喷灌系统中,当田间喷灌作业运行在设计工况时,同时有 n 条工况相同的喷灌支管在工作,每条喷灌支管上又有 j 个喷头在同时工作(假定每条喷灌支管上安装喷头的数量相同)。则式(5-65)可写成

$$P_A = a\left(\frac{Q_A}{nj}\right)^2 \tag{5-66}$$

式中:Q_A 为喷灌工程系统的设计流量,m^3/s;n 为喷灌工程系统设计的喷灌支管条数;j 为每条标准支管上设计安装的喷头个数。

喷灌支管数 n 和每条喷灌支管上的喷头数 j 是表示一个喷灌工程规模大小的两个重要参数。当 j 和喷头型号选定时,n 值越大,则喷灌区的规模就越大,反之亦然。

喷灌管道系统总的水头损失可参照式(5-60)表示为:

$$h_{kA} = kQ_A^2 \tag{5-67}$$

式中:h_{kA} 为设计情况时的管道系统的水头损失,包括沿程和局部水头损失,m;Q_A 为泵站的设计流量,m^3/s;k 为设计情况时的系数。

将式(5-66)和式(5-67)代入式(5-61)中,得

$$H_A = a\left(\frac{Q_A}{nj}\right)^2 + kQ_A^2 + Z_0 \tag{5-68}$$

对于各类离心泵,其扬程—流量特性曲线为二次曲线。扬程与流量的关系可用下式拟合:

$$H = a_1Q^2 + b_1Q + c_1 \tag{5-69}$$

式中:H 为水泵扬程,m;Q 为水泵流量,m^3/s;a_1,b_1,c_1 为表征水泵 $H \sim Q$ 曲线方程的系数。

当知道水泵型号和它的特性曲线及性能参数后,可以利用水泵的额定点和上下边界工作点所对应的3个扬程和3个流量,建立3个方程,联立解这3个方程,可求得 a_1、b_1、c_1 如下:

$$H_1 = a_1Q_1^2 + b_1Q_1 + c_1 \tag{5-70}$$

$$H_2 = a_1Q_2^2 + b_1Q_2 + c_1 \tag{5-71}$$

$$H_3 = a_1Q_3^2 + b_1Q_3 + c_1 \tag{5-72}$$

式(5-70)减去式(5-71)

$$H_1 - H_2 = a_1(Q_1^2 - Q_2^2) + b_1(Q_1 - Q_2)$$

所以

$$b_1 = \frac{H_1 - H_2}{Q_1 - Q_2} - a_1(Q_1 + Q_2) \tag{5-73}$$

同理,式(5-70)减去式(5-72)得

$$b_1 = \frac{H_1 - H_3}{Q_1 - Q_3} - a_1(Q_1 + Q_3) \tag{5-74}$$

由式(5-73)和式(5-74),可求得 a_1

$$a_1 = \frac{H_1 - H_2}{(Q_1 - Q_2)(Q_2 - Q_3)} - \frac{H_1 - H_3}{(Q_1 - Q_3)(Q_2 - Q_3)} \tag{5-75}$$

由式(5-70)得

$$c_1 = H_1 - a_1Q_1^2 - b_1Q_1 \tag{5-76}$$

如果表示任一点的泵站扬程和流量时,可将式(5-69)改写为一般通式

$$H_P = a_1Q_P^2 + b_1Q_P + c_1 \tag{5-77}$$

式中:H_P 为喷灌作业时的泵站扬程,m;Q_P 为喷灌作业时的泵站流量,当泵站由几台水泵组成时,该流量为泵站各运行水泵流量之和,m^3/s;a_1、b_1、c_1 为各运行水泵组合特性曲线常数。

在喷灌工程系统中,当投入运行的喷灌支管数与设计不相等时,泵站供水流量和扬程将会发生变化,其关系式可参照式(5-61)得到:

$$H_P = P_P + h_{kP} + Z_0 \tag{5-78}$$

式中:P_P 为喷头工作压力水头,m。

当投入运行的喷灌支管数少于设计数时,P_P 为

$$P_P = a\left[\frac{Q_P}{(n-i)j}\right]^2 \tag{5-79}$$

当投入运行的喷灌支管数多于设计数时,P_P 为

$$P_P = a\left[\frac{Q_P}{(n+i)j}\right]^2 \tag{5-80}$$

式中：i 为减少或增加喷灌支管的数目，$i=1,2,3,\cdots,n$；其余符号意义同前。

h_{kP} 为实际运行的喷灌支管数与设计数不相等时管道系统总的水头损失。包括沿程和局部水头损失，m。这时 h_{kP} 可表示为

$$h_{kP} = k_P Q_P^2 \tag{5-81}$$

式中：Q_P、k_P 分别为运行喷灌支管数不等于设计运行支管数时的流量和系数。

严格地讲，系数 k_P 是变化的，因为 k_P 中包括管道水流的沿程阻力系数 λ，而 λ 与雷诺数 Re 有关，即 $Re=f(v)$，其中 v 为管道流速。根据研究和试验，阻力系数 λ 随雷诺数 Re 增大而减少。对于光滑管的沿程阻力系数 λ 与雷诺数的关系见表 5-11。

表 5-11　雷诺数 Re 与阻力系数 λ

Re	4 000	12 000	60 000	240 000	2 500 000
λ	0.040	0.030	0.020	0.015	0.01

注：表中数据摘自“流体力学概论”［德］L·普朗特著。

将表 5-11 中的 Re 值取对数，并以 Re 的对数为横坐标，以 λ 值为纵坐标，即可得到图 5-7 的 $\lambda \sim Re$ 曲线。

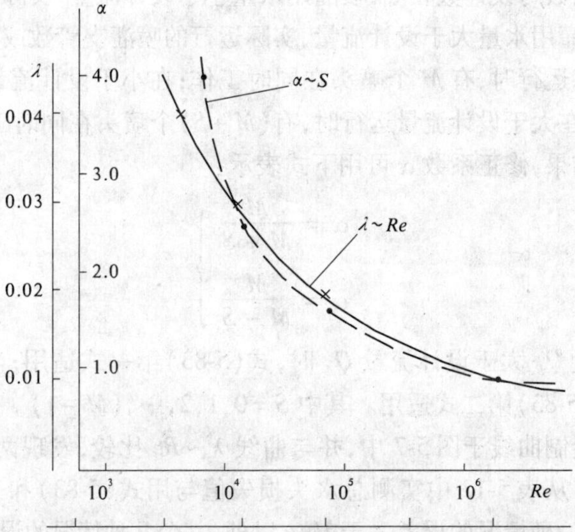

图 5-7　$\lambda \sim Re$ 曲线

1984～1988 年对郏县恒压喷灌工程管网水头损失的大规模实测表明，系数 k_P 值随管道流量减小而增大，见表 5-12。即阻力系数 λ 也随管道流量减小而增大。由于系数 k 与阻力系数成正比，故系数 k_P 值也随管道流量减小而增加，从表 5-12 的实测数据可得到证实。因此，当实际运行的喷灌支管数或喷头数与设计数不相等时，式(5-81)中的系数 k_P 与式(5-67)中的系数 k 并不相等。所以，需对系数 k_P 进行修正，才能比较正确地反映当喷灌实际流量小于和大于设计流量时的总的水头损失、喷头工作压力和泵站扬程的实际变化情况。

表 5-12　5 种喷灌运行状态管网水头损失实测表

运行状态	设计状态	减少 6 条喷灌支管	减少 11 条喷灌支管	减少 17 条喷灌支管	减少 21 条喷灌支管
调压罐下游端压力水头(m)	47.0	47.5	48.0	48.2	44.0
泵站流量(m^3/h)	931.0	752.4	583.7	358.0	232.1
运行喷灌支管数(条)	26	20	15	9	5
喷头工作数(个)	266	205	154	92	55
实测总水头损失(m)	20.5	17.5	14.6	10.2	6.8
系数 k_P 值	306.5	397.1	529.4	886.2	1 482.3
计算总水头损失(m)	20.5	17.3	13.9	8.8	6.2
计算与实测误差(%)	0	-1.1	-4.8	-13.7	-8.8

假定：

$$k_P = \alpha k \tag{5-82}$$

式中：α 为修正系数；k_P 和 k 的意义同前。

任何一个喷灌工程的实际运行状态只有 3 种，即：喷灌用水流量等于设计流量，实际运行喷灌支管数或喷头数与设计数相等；喷灌用水量小于设计流量，实际运行的喷灌支管或喷头数少于设计数；喷灌用水量大于设计流量，实际运行的喷灌支管数或喷头数多于设计数。

假设在设计状态运行时，有 M 个喷头在同时工作；在小于设计流量运行时，有 $(M-S)$ 个喷头在同时工作；在大于设计流量运行时，有 $(M+S)$ 个喷头在同时工作。根据表 5-11 的数据和大量的试验结果，修正系数 α 可用下式表示：

$$\left.\begin{aligned} \alpha &= \frac{M}{M+S} \\ \alpha &= \frac{M}{M-S} \end{aligned}\right\} \tag{5-83}$$

当喷灌用水流量 Q_P 大于设计流量 Q_A 时，式(5-83)第一式适用；当喷灌用水流量小于设计流量 Q_A 时，式(5-83)第二式适用。其中 $S=0,1,2,\cdots,(M-1)$。如果令 $M=1$，则 $0 \leqslant S<1$。将式(5-83)绘制曲线于图 5-7 中，并与曲线 $\lambda \sim Re$ 比较，发现两条曲线除首端外，其余部分吻合非常好。从表 5-12 中实测总水头损失值与用式(5-83)和式(5-82)及式(5-81)计算值比较发现，除一种情况的误差大于 10% 以外，其余几种情况的误差均小于 10%。特别是当实际喷头运行数大于设计运行数的 50% 时，其误差均在 5% 以下。因此，上述修正式是可用的。另外，在式(5-83)中，当 $S=0$ 时，修正系数 $\alpha=1$。这时 $k_P=k$，即为设计情况的运行状态。

将式(5-79)和式(5-81)代入式(5-78)中，得

$$H_P = a\left[\frac{Q_P}{(n-i)j}\right]^2 + k_P Q_P^2 + Z_0 \tag{5-84}$$

将式(5-84)代入式(5-77)，整理得

$$\left[\frac{a}{(n-i)^2 j^2} + k_P - a_1\right] Q_P^2 - b_1 Q_P + Z_0 - c_1 = 0 \tag{5-85}$$

令

$$\left.\begin{aligned}A &= \frac{a}{(n-i)^2 j^2} + k_P - a_1 \\ B &= -b_1 \\ C &= Z_0 - c_1\end{aligned}\right\} \tag{5-86}$$

则式(5-85)变为

$$AQ_P^2 + BQ_P + C = 0 \tag{5-87}$$

式(5-87)是一个一元二次方程,解之得

$$Q_P = \frac{-B + \sqrt{B^2 - 4AC}}{2A} \tag{5-88}$$

将式(5-85)分别代回式(5-77)、式(5-79)和式(5-81),即可分别求得喷灌用水量减少时的水泵扬程 H_P、喷头工作水头 P_P 和总水头损失 h_{kP}。

例1:某恒压喷灌工程的调压泵站由3台8Sh－9型大泵和1台IS80－50－250A型小泵组成。泵站设计扬程为62.5 m,设计流量为0.251 m^3/s,喷头选用 $20PY_2$ 型,喷头设计工作压力为35 m,单喷头流量 $q=3.23\ m^3/h$;喷灌支管设计数 $n=40$ 条,每条支管上有7个喷头($j=7$);泵站前池平均水位与喷头的平均高差 $Z_0=12.5$ m。分别求不同喷头开启率时的泵站扬程、流量、喷头工作压力和总的水头损失。

解:首先由水泵性能曲线和性能表查出各泵的额定工作点、上限和下限工作的扬程及相应的叠加流量

$H_1 = 69$ m, Q_1 = 3台大泵流量 + 小泵流量 = 0.185 m^3/s;

$H_2 = 62.5$ m, Q_2 = 3台大泵流量 + 小泵流量 = 0.251 m^3/s;

$H_3 = 50$ m, Q_3 = 3台大泵流量 + 小泵流量 = 0.310 m^3/s;

由式(5-75)、式(5-73)或式(5-74)、式(5-76)可分别求得各组的特征常数 a_1、b_1、c_1:

$$\begin{aligned}a_1 &= \frac{H_1 - H_2}{(Q_1 - Q_2)(Q_2 - Q_3)} - \frac{H_1 - H_3}{(Q_1 - Q_3)(Q_2 - Q_3)} \\ &= \frac{69 - 62.5}{(0.185 - 0.251)(0.251 - 0.310)} - \frac{69 - 50}{(0.185 - 0.310)(0.251 - 0.310)} \\ &= -907.04\end{aligned}$$

$$\begin{aligned}b_1 &= \frac{H_1 - H_2}{Q_1 - Q_2} - a_1(Q_1 + Q_2) \\ &= \frac{69 - 62.5}{0.185 - 0.251} + 907.04 \times (0.185 + 0.251) \\ &= 296.98\end{aligned}$$

$$\begin{aligned}c_1 &= H_1 - a_1 Q_1^2 - b_1 Q_1 \\ &= 69 + 907.04 \times 0.185^2 - 296.98 \times 0.185 \\ &= 45.1\end{aligned}$$

现在以减少5条喷灌支管为例,来说明上述公式的应用过程。

第一步,用式(5-61)求设计情况时总的水头损失 h_{kA}。因为 $H_A=62.5$ m, $Z_0=12.5$ m, $P_A=35$ m,则

$$h_{kA} = H_A - P_A - Z_0 = 62.5 - 35 - 12.5 = 15.0(\mathrm{m})$$

第二步，用式(5-65)求系数 a

$$a = \frac{P_A}{q_A^2} = \frac{35}{(3.23/3\,600)^2} \approx 43\,550\,000$$

第三步，用式(5-67)求系数 k

$$k = \frac{h_{kA}}{Q_A^2} = 15.0 \div 0.251^2 = 238.1$$

第四步，用式(5-86)分别求 A、B、C

$$A = \frac{a}{(n-i)^2 j^2} + k_P - a_1 = \frac{43\,550\,000}{(40-5)^2 \times 7^2} + 238.1 \times \left(\frac{280}{280 - 5 \times 7}\right) + 907.4 = 1\,904.7$$

$$B = -b_1 = -296.98$$

$$C = Z_0 - c_1 = 12.5 - 45.1 = -32.6$$

第五步，将 A、B、C 值代入式(5-88)可求得流量 Q_P。

$$Q_P = \frac{296.98 + \sqrt{296.98^2 + 4 \times 1\,904.7 \times 32.6}}{2 \times 1\,904.7} = 0.230(\mathrm{m^3/s})$$

第六步，将 Q_P 值代入式(5-77)中，求得 H_P。

$$H_P = a_1 Q_P^2 + b_1 Q_P + c_1 = -907.04 \times 0.230^2 + 296.98 \times 0.230 + 45.1 = 65.4\ (\mathrm{m})$$

第七步，将 Q_P 值代回式(5-79)和式(5-81)，可分别求得喷头工作压力水头 P_P 和总的水头损失 h_{kP}。

$$P_P = \left[\frac{Q_P}{(n-i)j}\right]^2 a = \left[\frac{0.230}{(40-5) \times 7}\right]^2 \times 43\,550\,000 = 38.4(\mathrm{m})$$

$$h_{kP} = k_P Q_P^2 = 238.1 \times \left(\frac{280}{280 - 5 \times 7}\right) \times 0.230^2 = 14.4(\mathrm{m})$$

将 P_P、h_{kP} 和 Z_0 值代入式(5-78)中进行校核，得

$$H_P = P_P + h_{kP} + Z_0 = 38.4 + 14.4 + 12.5 = 65.3(\mathrm{m})$$

计算结果无误。

其余两种情况计算过程略，计算结果见表5-13。

表5-13 用水量减少，泵站扬程、流量、喷头工作压力、管网损失变化计算结果 (%)

喷头开启率	流量	扬程	喷头工作压力	管网损失	地形偏差
100	100	100	100	100	100
95	96.8	101.9	104.1	98.5	100
90	93.4	103.8	108.1	96.9	100
85	89.8	105.5	112.1	94.9	100
80	85.8	107.1	115.9	92.4	100
75	81.9	108.5	119.7	89.4	100
70	69.5	91.8	98.9	75.9	100
65	66.7	95.6	105.7	70.4	100
60	63.6	99.4	112.8	67.3	100
55	60.2	102.9	119.7	65.7	100
50	56.3	104.2	126.8	63.1	100
45	53.1	108.1	130.2	62.8	100
40	46.1	108.1	132.0	52.7	100

从表 5-13 的计算结果看到，当田间喷灌用水量减少时，因流量变化而引起泵站扬程、管网水头损失和喷头工作压力水头相应变化。喷头工作压力水头的变化比泵站扬程的变化要大；从二者的绝对数值看，喷头压力水头的增加值比扬程增加值大得不多，大约为扬程增加值的 1 ~ 1.3 倍；而流量的减少率比喷头开启率减少要慢，约为喷头开启率减少的 73% ~ 78%。

相反，如果欲求田间喷灌用水量大于设计流量时的泵站扬程、流量、喷头工作压力水头，只需将式(5-84)、式(5-85)、式(5-86)第一项分母的$(n-i)$改为$(n+i)$即可，其余公式均相同。即

$$H_P = a\left[\frac{Q_P}{(n+i)j}\right]^2 + k_P Q_P^2 + Z_0 \tag{5-84'}$$

$$\left[\frac{a}{(n+i)^2 j^2} + k_P - a_1\right] Q_P^2 - b_1 Q_P + Z_0 - c_1 = 0 \tag{5-85'}$$

$$\left.\begin{aligned} A &= \frac{a}{(n+i)^2 j^2} + k_P - a_1 \\ B &= -b_1 \\ C &= Z_0 - c_1 \end{aligned}\right\} \tag{5-86'}$$

求解过程与上例相同。

仍以例 1 的情况为例，求当田间喷灌支管增加 1 条、3 条、10 条时的泵站扬程、流量、喷头工作压力和总的水头损失。由于求解过程与例 1 相同，故不再重复其计算过程，只将其计算结果列于表 5-14。

表 5-14　用水量增加时，泵站扬程、流量、喷头工作压力、管网损失变化计算结果　（%）

喷头开启率	流量	扬程	喷头工作压力	管网损失	地形偏差
100	100.0	100	100	100	100
102.5	101.5	99.2	97.7	102.2	100
105.0	102.6	98.4	95.1	104.7	100
107.5	104.0	97.6	92.9	106.7	100
110.0	104.9	96.9	90.5	109.2	100
112.5	105.9	96.2	88.2	111.3	100
115.0	106.9	95.4	86.0	113.3	100
117.5	107.9	94.7	84.0	115.3	100

从表 5-14 中可看到，当田间喷灌用水量增加时，因喷头数量增加而引起泵站扬程、流量、喷头工作压力和管路损失相应发生变化。但喷头工作压力水头的减少比泵站扬程减少要快；从二者减少的绝对数值看，喷头工作压力的减少与扬程的减少相比却少得多，喷头压力水头减少仅为扬程减少的 1 ~ 1.06 倍；泵站流量的增加率比喷头的流量增加率要慢，前者的增加量约为后者增加量的 45% ~ 60%。

上述理论分析、推导和例子的计算表明：实际运行喷灌支管或喷头数多于或少于设计运

行数时，所引起的喷头压力水头的变化率均比喷头的减少率要小。如果将表 5-13 和表 5-14 的数据进行整理，便可以清楚地看出：因投入实际运行的喷头数的增减，而引起喷头压力变化与流量变化之间的关系，见表 5-15。

表 5-15　喷头压力变化与流量变化关系　（%）

喷头开启变化	扬程变化率	喷头压力变化率	流量变化率	扬程变化/喷头压力变化	流量变化/喷头开启变化
+17.5	-5.3	-16.0	+7.9	33.1	45.1
+15.0	-4.6	-14.0	+6.9	32.9	46.0
+10.0	-3.1	-9.5	+4.9	32.6	49.0
+5.0	-1.6	-4.9	+2.6	32.6	52.0
0	0	0	0	0	0
-5.0	+1.9	+4.1	-3.2	46.3	64.0
-10.0	+3.8	+8.1	-6.6	46.9	66.0
-15.0	+5.5	+12.1	-10.2	45.5	68.0
-20.0	+7.1	+15.9	-14.2	44.7	71.0
-25.0	+8.5	+19.7	-18.1	43.1	72.4
-35.0	-4.4	+5.7	-33.3		95.1
-40.0	-0.6	+12.8	-36.4		91.0
-45.0	+2.9	+19.7	-39.8	14.7	88.4
-50.0	+4.2	+26.8	-43.7	15.7	87.4
-55.0	+6.1	+30.2	-46.9	20.2	85.2
-60.0	+8.1	+32	-53.9	25.3	89.3

值得注意的是，喷头压力变化与流量变化之间不是成比例关系。也就是说，喷头运行数若减少或增加 10%，并不等于泵站供水流量也减少或增加 10%，相应的泵站流量减少或增加的比例数要小；泵站输出压力增加或减少 10%，也不等于喷头的工作压力就相应增加或减少 10%，喷头工作压力的增减比例比泵站输出压力的增减比例要大。

如果调压罐紧靠泵站出口，假定泵站出口至调压罐的水头损失可以忽略不计，那么泵站的设计扬程就是调压罐的正常工作压力（相对压力）。相类推，调压罐允许的最高和最低工作压力（相对压力），就分别是与之相应的泵站的最高和最低扬程。也就是说，式（5-77）和式（5-84）及式（5-84′）就可以视为确定调压罐压力的计算式。这样，就将调压罐最高和最低工作压力（相对压力）的确定与田间喷头允许变化的工作压力范围联系起来了，可以根据水泵高效区范围、《规范》规定的喷头压力允许变化范围和上述分析过的喷头压力变化与扬程（调压罐压力）变化之间的关系等 3 个因素，来确定调压罐的最高、最低工作压力 P_2、P_1 和调压范围（P_2-P_1）。

按照《规范》规定，喷头工作压力允许的变化范围，为喷头设计工作压力的 ±10%。因投入运行喷头的增减所引起的扬程变化为喷头压力变化平均值的 80%～85%。因此，调压罐的调压范围（P_2-P_1）可用下式表示

$$P_2 - P_1 = (0.80 \sim 0.85) \times 0.2P_A \tag{5-89}$$

式中：P_A 为喷头的设计工作压力水头，m。

调压范围确定之后，就可以根据泵站的设计扬程，确定调压罐的最高和最低工作压力

P_2 和 P_1。当忽略泵站出口至调压罐的水头损失时，P_2 和 P_1 分别按下式确定

$$\left.\begin{aligned} P_2 &= H_A + \frac{1}{2}(P_2 - P_1) + P_a \\ P_1 &= H_A - \frac{1}{2}(P_2 - P_1) + P_a \end{aligned}\right\} \tag{5-90}$$

式中：H_A 为泵站设计扬程，m 或 kPa；P_a 为大气压力，m 或 kPa；其余符号意义同前。

如果所确定的 P_2 和 P_1 减去大气压力 P_a 之后，是在泵站高效区内，就可以了。

仍以例 1 为例，来说明确定 P_1、P_2 的过程。

因为喷头的设计工作压力 $P_A = 35$ m，则

$P_2 - P_1 = (0.80 \sim 0.85) \times 0.2P_A = (0.80 \sim 0.85) \times 0.2 \times 35 = 5.6 \sim 5.95(\text{m})$

取 $P_2 - P_1 = 6$ m。

泵站设计扬程 $H_A = 62.5$ m，大气压力 $P_a = 10.3$ m。

$$P_2 = H_A + \frac{1}{2}(P_2 - P_1) + 10.3 = 62.5 + \frac{1}{2} \times 6 + 10.3 = 75.8(\text{m}) \approx 758(\text{kPa})$$

$$P_1 = H_A - \frac{1}{2}(P_2 - P_1) + 10.3 = 62.5 - \frac{1}{2} \times 6 + 10.3 = 69.8(\text{m}) \approx 698(\text{kPa})$$

即泵站相应的实际工作压力分别为 65.5 m 和 59.5 m。从泵站水泵 8Sh－9 的 $H \sim Q$ 性能曲线和性能表得知，水泵高效运行区边界工作点分别为 69 m 和 50 m，因此在高效区范围内。

由以上分析可知，要同时满足上述两个条件，调压范围是较小的。为了降低调压系统的造价，又能满足喷洒质量要求，在不超过水泵高效区的前提下，可采用下面两种方法来适当加大调压范围，以降低调压系统的造价。

第 1 种方法：在选择水泵时，尽可能选择特性曲线 $H \sim Q$ 较陡的泵型，这种泵型的扬程变化大，而流量变化小，有利于加大调压范围。

第 2 种方法：考虑到各种喷头均具有适应工作压力范围较大，而喷洒质量仍可以保证的特性（见表 5-16），可将其调压范围适当放宽。但要注意，必须根据放宽后喷头的实际流量相应增加或减少每个喷头的喷洒时间，以满足设计灌水定额。

表 5-16　喷头性能参数

喷头型号	喷嘴直径(mm)	工作压力(kPa)	喷头流量(m^3/h)	喷头射程(m)	喷灌强度(mm/h)
PY_1-20	7.0	300	2.96	19.0	2.63
		400	3.41	20.5	2.58
$20PY_2$	7.0	250	2.76	18.0	2.71
		300	3.02	19.0	2.66
		350	3.26	19.5	2.73
		400	3.49	20.5	2.64
		450	3.70	21.0	2.67
ZY－2	7.0	200	2.61	17.0	2.88
		300	3.20	19.1	2.79
		400	3.69	21.0	2.66

三、调压罐的初始压力

从前面调压罐容积常用计算式(5-8)中看到,调压罐的初始压力 P_0 与调压罐的容积 V_0 成反比。P_0 越小,则调压罐的总容积 V_0 就越大;V_0 越大,那么调压罐系统的造价也就越高。反之,P_0 越大,V_0 就越小,其造价也越低。到底以什么标准或条件来确定合适的初始压力 P_0,是本节要讨论的内容。

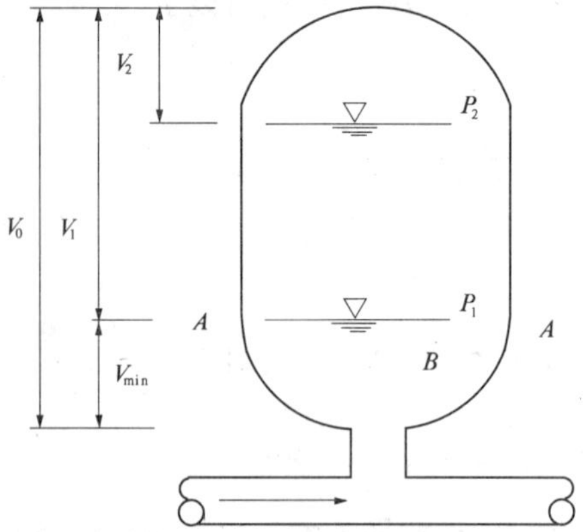

图5-8　水气自然分离式调压罐

如图5-8所示的水气自然分离式调压罐,其总容积为 V_0。调压罐内达到最高工作压力 P_2 时,罐内的空气容积为 V_2,水体容积为 (V_0-V_2);当调压罐出现最低工作压力 P_1 时,罐内的空气容积为 V_1,水体容积为 V_{min}。这时 $A—A$ 面以上为压缩空气,这些压缩空气量的维持,全靠调压罐下部水体 V_{min} 的厚度来密封。如果该水体的容积过小,或者说该水体的厚度不足以密封住调压罐内的压缩空气,就会发生3种情况:

第1种情况:罐内的压缩空气穿透罐内底部的水层而进入管网。空气进入管网的后果已做分析,这里不再复述。

第2种情况:罐内压缩空气量减少,会降低调压罐的性能,而起不到原设计调节流量的作用。这个结论可以从下面的数学推导中得到证明。

设调压罐的总容积为 V_0,初始气体的压力为 P_0,在向调压罐内充水后,当达到调压罐的最低工作压力 P_1 时,罐内压缩空气容积为 V_1;在达到罐内的最高工作压力 P_2 时,罐内的压缩空气容积为 V_2。根据Boyle定律,得

$$P_0V_0 = P_1V_1 = P_2V_2 = C \tag{5-91}$$

式中:C 为常数。

则

$$V_1 = P_0V_0/P_1 \qquad V_2 = P_0V_0/P_2$$

设 ΔV 为调压罐的有效调节水体的容积,则

$$\Delta V = V_1 - V_2 = P_0V_0(1/P_1 - 1/P_2) \tag{5-92}$$

当最低和最高压力 P_1、P_2 不变时,则 $(1/P_1 - 1/P_2)$ 为常数,即

$$1/P_1 - 1/P_2 = C_1 \tag{5-93}$$

将式(5-93)代入式(5-92)中,得

$$\Delta V = C_1P_0V_0 \tag{5-94}$$

由式(5-91)、式(5-94)可以得出,假定在 P_1 时漏气,若 P_0 不变,则 V_0 将减小,因而 ΔV 变小。由于 ΔV 的减小,调压罐调节水体的能力也就降低。说明前面的结论是正确的。

第3种情况:在罐内压缩空气量减少后,调压罐吸收能量和释放能量的能力下降,即降低了调压罐防护和消除水锤的能力。

根据上述分析,调压罐的初始压力 P_0 的大小主要由调压罐内最低水位时的水体容积 V_{min} 来确定。如图5-8所示。

当田间用水量大于泵站供水量时，管网压力下降。这时调压罐内的压力将大于管网压力，由于形成压力差，罐内水体排出补充管网；同时，罐内压缩空气膨胀，水位下降。当罐内压力达到最低工作压力时，罐内出现最低水位，其相应水体容积为最小容积。即：

$$P_0 = P_1\left(\frac{V_1}{V_0}\right)^n \tag{5-95}$$

式中：n 为指数，$n = 1 \sim 1.4$。

当调压罐的总容积 V_0 和最低工作压力 P_1 已知时，则可以求出 P_0 值。然而在确定初始压力 P_0 时，P_1、V_0 均是未知数，故难以计算 P_0 值。根据经验认为，P_0 值为泵站设计扬程的 60% ~70% 时，可以满足 $V_{min} \geqslant 20\% V_0$ 这个条件。如果在校核后不满足 $V_{min} \geqslant 20\% V_0$ 的条件，可适当调整 P_0 值，以满足这一要求。

四、调压罐有效调节容积的计算

当水泵组合性能曲线不能够完全搭接，随着田间用水流量的变化调压系统压力周期变化时，水泵处于两种工况交替运行。设在压力上升过程中，由压力下限至压力上限的水泵平均供水流量为 $\overline{Q}_{P1}$，田间平均用水流量为 $\overline{Q}_{c1}$，在压力下降过程中由压力上限至压力下限的水泵平均供水流量为 $\overline{Q}_{P2}$，田间平均用水流量为 $\overline{Q}_{c2}$，当田间用水状态不变时，压力上升过程及压力下降过程的田间平均用水流量近似相等，设其为 $\overline{Q}_c$，则水泵的频繁启停运行周期为

$$T_{允} = \frac{\Delta V}{\overline{Q}_{P1} - \overline{Q}_c} + \frac{\Delta V}{\overline{Q}_c - \overline{Q}_{P2}} \tag{5-96}$$

将上式求导得 $T_{允}$ 最小时 $\overline{Q}_c$ 与 $\overline{Q}_{P1}$、$\overline{Q}_{P2}$ 的对应关系为

$$\overline{Q}_c = \frac{1}{2}(\overline{Q}_{P1} + \overline{Q}_{P2}) \tag{5-97}$$

式(5-97)说明，当田间平均流量等于压力上升过程及压力下降过程水泵平均供水流量和的一半时，运行周期最短，即水泵机组处于最不利运行状态。以上两式联立，可得满足水泵安全运行的调压罐有效调节容积计算式为

$$\Delta V = \frac{T_{允}}{4}(\overline{Q}_{P1} - \overline{Q}_{P2}) \tag{5-98}$$

式中：$T_{允}$ 为水泵机组允许最小运行周期。

调压灌溉系统通常配置多台泵机组，在随机用水情况下存在小泵机组断续运行、小泵机组与大泵机组交替断续运行等工况。

对于水气自然分离式调压罐，根据试验 $n = 1.04$。根据有关资料，对充气分离型调压罐（气囊式、橡胶隔膜式等），充普通空气时 $n = 1.2$，充氮气时 $n = 1.4$。

$T_{允}$ 与电机功率大小有关，对中小型鼠笼型电机，如表 5-17 所示。

表 5-17 电动机允许频繁启停运行周期和频度

额定功率(kW)	5.5	7.5	10	17	22	30	40	55
允许周期(min)	1.58	2.14	2.69	4.14	4.62	5.45	6.59	7.23
允许频度(次/h)	38	28	22.3	14.5	13	11	9.1	8.3

初始封入压力 P_0 符合下式：

$$P_0 = \beta P_{\min} \qquad \beta < 1 \tag{5-99}$$

式中:β 是保证调压罐在最小工作压力即罐底水层最小时空气不进入管道的封入压力与最小压力之比值,依调压罐类型不同而有所差异,对于气囊式、橡胶隔膜式和波纹管式等充气分离型调压罐,由于不必担心气体的逸出,β 值可取大一些;对于水气自然分离式调压罐,由于水、气面相互接触,在罐底水层较小时,罐底气体有可能击穿水层而逸入管道,对系统安全运行带来不利影响,故需取较小值。根据试验,一般情况下对水气自然分离式调压罐 β 取 0.5 为宜。

五、副泵流量和台数

在恒压喷灌系统中,调压泵站的水泵通常由主泵和副泵组成。

(一)副泵的作用

副泵,又叫小泵、调节泵等,虽然叫法不同,但其作用是一样的。主要有以下几点:

1. 开灌前用副泵向管网充水

一个喷灌区,在开始灌水之前,管网通常是空的,因此在喷灌作业之前应向管网充水。充水必须缓慢进行,以便有充裕的时间排出空管中的空气。如果用主泵(大泵)充水,充水太急,管道中的空气来不及排出而截留在管道中,将产生一些严重后果。其主要危害有:

(1)减小有效的过水断面面积。由于空气截面在管道中要占据一定的空间,而使过水断面面积减小,从而降低管道的过水能力,使管道效率下降。

(2)产生额外的水头损失。在管道截面中的每一个空气气穴上都有水头损失。

从图 5-9 中看到,空气截面在管道中,不但减小了过水断面面积,影响了过水能力,而且每个空气气穴都会产生额外的水头损失 h_{f1} 和 h_{f2},这是十分有害的。

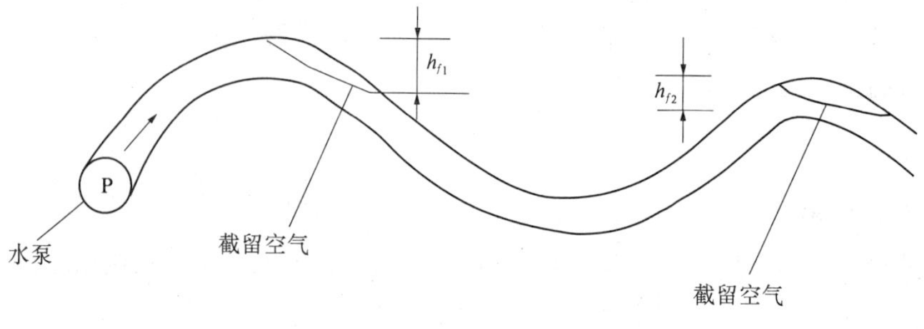

图 5-9　截留空气引起额外的水头损失

(3)产生水锤现象。由于管道内存有空气,当高压水流急剧进入管道时,管中空气由于不能排出而受压产生水锤现象,巨大的水锤压力可使管道发生振动、噪音,甚至可能破坏管道。

如果在开始灌水前,只开启副泵向管网缓慢充水,空管中的空气有充裕的时间排出,就可以避免上述严重后果的产生,从而保护了管网。

2. 用副泵供灌区内零星用水

在一个喷灌区内,除了种植大宗作物之外,可能种植少量的小宗作物,如小片瓜菜等。这类作物每次用水量不大,但用水次数多。若开主泵,可能流量过大,用不完而造成浪费。

这时,副泵可以充分发挥作用。

3. 用副泵调节流量和压力

在喷灌作业期间,喷灌支管需要轮换。当增加和减少喷灌支管数目时,管网流量和压力将发生变化。这时可启动或关闭副泵,以调节管网流量和压力,使用水量和供水量相平衡,管网压力保持稳定,以便保证喷洒质量。

另外,当灌区用水量大于1台主泵而又小于2台主泵流量时,副泵投入运行可起到调节系统供水流量和稳定管网工作压力的作用。

4. 副泵流量可作为泵站的加大设计流量

在国外,副泵流量是不计入泵站设计流量的。当喷灌区用水量达到设计流量时,副泵不工作,设计流量由主泵分摊,只有主泵工作。但由于灌区发生某种原因,如发生特别干旱或灌水定额需要加大时,主、副泵才同时全部投入运行,这时副泵流量也计入设计流量。所以,副泵除具有上述功能外,还可与主泵一道承担泵站供水的任务。

5. 用副泵向调压罐充气

当调压罐的充气补气装置不是空气压缩机,而是采用射流泵充气补气时,可利用副泵在向管网缓慢充水的同时,向调压罐充气和补气。

(二)副泵流量

副泵流量的大小主要取决于:喷灌标准支管的流量、喷灌区面积或设计流量。

1. 喷灌标准支管的流量

当喷灌标准支管较长,安装的喷头多时,则喷灌标准支管的流量就大,反之亦然。当喷灌支管流量大时,副泵流量就应大些。否则,在轮换或增减喷灌支管时,副泵就起不到调节流量和稳定压力的作用,进而无法恒定管网压力。

2. 喷灌区面积或设计流量

喷灌区面积大时,泵站的设计流量也大,在灌区内所遇到的零星用水量也会相应地大一些。因此,副泵流量也应大一些。

另外,灌区面积大时,设计流量也大,相应的加大流量也就越大。对于加大流量的确定,我国和多数国家都大致定为设计流量的10%。例如,灌区的设计流量为0.25 m^3/s,则加大流量应为0.025 m^3/s。

鉴于上述分析,副泵流量应由控制面积和喷灌标准支管流量两个主要因素来确定。但是,当控制面积小,例如小于66.7 hm^2 时,副泵流量应大于加大流量,可不受设计流量的10%的限制。

研究和实践表明,副泵流量宜满足如下要求:当喷灌区面积小于33.3 hm^2 时,副泵流量可为设计流量的20%,且必须大于1条喷灌标准支管的流量;当喷灌区面积为33.3~66.7 hm^2 时,副泵流量可为设计流量的12%~15%,且必须大于1条喷灌标准支管的流量;当喷灌面积大于66.7 hm^2 时,副泵流量为设计流量的10%。

(三)副泵台数

根据我们的试验研究和国内外资料,由于副泵要负担频繁启动,以调节流量和压力的工作特点,因此与副泵相匹配的电动机的单机容量以不超过22 kW为佳。副泵台数一般应考虑采用1台,只有在控制面积很大时,才考虑采用2台。见表5-18。

表 5-18　副泵流量、台数建议

喷灌面积（hm^2）	设计流量（m^3/h）	喷灌标准支管流量（m^3/h）	取设计流量的百分数（%）	取设计流量（m^3/h）	副泵流量（m^3/h）	副泵台数（台）	副泵扬程（m）
33.33	112.5	19.2	20	22.5	≥19.2	1	与主泵扬程相同
46.67	155.0	19.2	15	23.3	≥19.2	1	
66.67	216.0	23.0	12	25.9	≥23	1	
100.00	325.0	23.0	10	32.5	32.5	1	
133.33	432	23.0	10	43.2	43.2	1	
200.00	650	23.0	10	65.0	65.0	1	
266.67	860	23.0	10	86.0	86	1~2	
333.33	1 050	23.0	10	105	105	1~2	
>333.33		23.0	10			1~2	

副泵流量无论如何变化，泵型也可以多种多样，但副泵的扬程须与主泵扬程基本相等，且主、副泵的高效区须尽可能相一致。如果不能满足上面两个条件，副泵的作用就难以实现。例如，泵站由于副泵扬程比主泵扬程小 2 m，当主泵运行过程中启动副泵时，由于副泵出口压力小于主泵出口压力，而无法开启副泵出口的逆止阀，也就无法将副泵流量送入输水管道。为便于管理、运用和维修，当控制面积较小时，副泵的型号可采用与主泵相同。

第三节　调压罐结构设计

一、调压罐罐体应力

在不考虑外载如风载等条件下，调压罐体承受均匀内压，因此其筒体的环向应力及纵向应力可分别由以下两式计算（参照图 5-10）。

$$\sigma_1 = \frac{PD}{4t} \tag{5-100}$$

$$\sigma_2 = \frac{PD}{2t} \tag{5-101}$$

式中：σ_1 为纵向应力，Pa；σ_2 为环向应力，Pa；P 为内压，Pa；D 为调压罐筒体的平均直径，cm；t 为筒体厚度，cm。

由此可看出，调压罐筒体纵向应力只有环向应力的一半。

例：某恒压喷灌系统调压罐设计内压为 0.5 MPa，筒体直径 $D=180$ cm，筒体壁厚 $t=0.8$ cm，代入上两式得纵向应力 σ_1 及环向应力 σ_2 分别为：

$$\sigma_1 = \frac{0.5\times180}{4\times0.8} = 28.125(\text{MPa})$$

$$\sigma_2 = \frac{0.5\times180}{2\times0.8} = 56.25(\text{MPa})$$

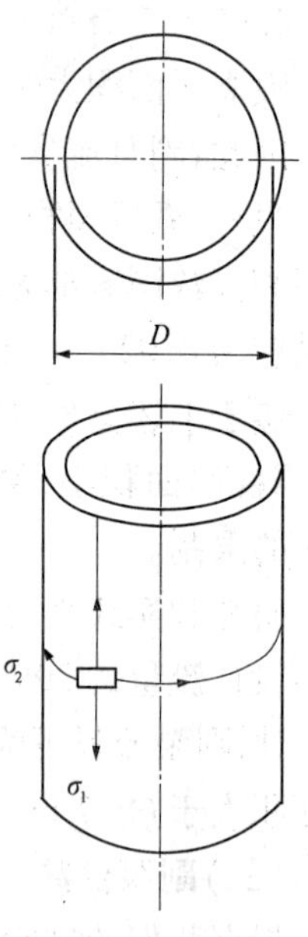

图 5-10　筒体应力示意图

二、调压罐压力规定

1. 操作压力

调压罐在正常操作情况下,应满足工艺过程所承受的压力。

2. 设计压力

调压罐及其部件设计时所采用的压力,通常比操作压力稍大,设计压力比操作压力一般要高10%。

3. 最大允许工作压力

假定调压罐在下列情况下,其最弱部分所承受的最大允许内压值:①在有腐蚀的条件下;②在设计温度的影响下;③在正常的操作状态下;④在附加于内压的其他荷载影响下,如风载、外压、液体静压力等。

根据实践,最大工作压力取决于封头和筒体,而不是由开孔、法兰等小部件决定的。

4. 水压试验压力

试验压力应为最大允许工作压力的1.5倍,在不能由计算方法确定最大允许工作压力时,取设计压力的1.5倍。

5. 最大允许应力值

调压罐的最大允许抗拉应力值,根据DL/T5039—95《水利水电工程钢闸门设计规范》规定,2号钢$[\sigma]=145$ MPa,3号钢$[\sigma]=160$ MPa,16锰钢$[\sigma]=230$ MPa。

6. 焊缝系数

调压罐的安全在很大程度上受焊缝的影响,因此必须考虑其形式及对强度的影响,不同类型的焊缝系数如表5-19所示;由前面应力计算式可以看出,因纵向应力小于环向应力,因此起支配作用的主要为纵向焊缝。

表5-19 不同焊缝形式的焊缝系数

焊缝形式		检查方式		
		全部射线照相	抽样检查	不检查
	双面焊或能达到同样内外面熔敷金属质量的其他焊接 如果采用垫板,在焊接完成后移去垫板	1.00	0.85	0.70
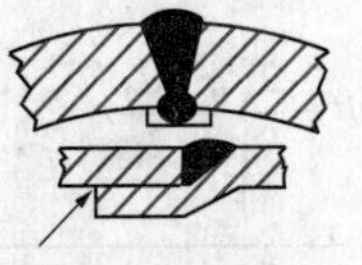 仅用于环向焊接	用垫板的单面对焊接,焊后垫板仍保留在原处	0.90	0.80	0.65
	不采用垫板的单面对接	—	—	0.60

续表 5-19

焊缝形式		检查方式		
		全部射线照相	抽样检查	不检查
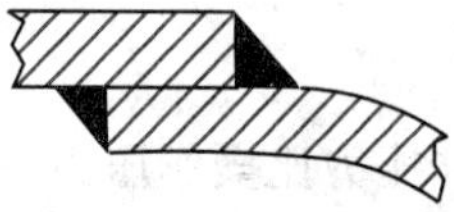	双面全填角焊搭接	—	—	0.55
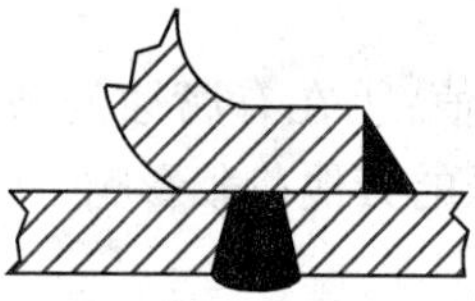	带塞焊的单面全填角焊搭接	—	—	0.50
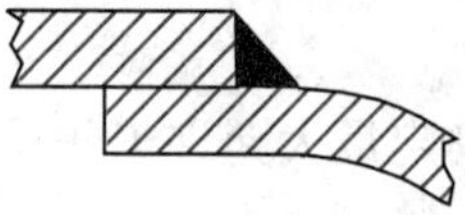	不带塞焊的单面全填角焊搭接	—	—	0.45

三、调压罐结构设计

(一)筒体及封头壁厚计算

调压罐筒体及封头的设计壁厚应为其计算壁厚加上锈蚀余量,即:

$$t = t_0 + \Delta t \tag{5-102}$$

式中:Δt 为锈蚀余量,cm;t_0 为计算壁厚,cm。

筒体及封头的计算壁厚 t_0 计算式如表 5-20 所示。

表 5-20　筒体及封头壁厚计算(内径)

	圆柱形筒体(纵向焊缝)	
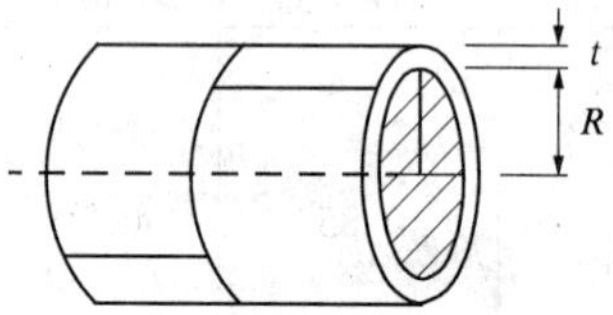	$t_0 = \frac{PR}{[\sigma]k - 0.6P}$	$P = \frac{[\sigma]kt_0}{R + 0.6t_0}$
	球形和半球形封头	
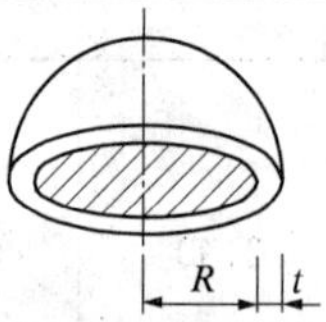	$t_0 = \frac{PR}{2[\sigma]k - 0.2P}$	$P = \frac{2[\sigma]kt_0}{R + 0.2t_0}$
	2:1 椭圆形封头	
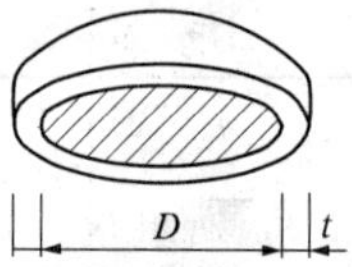	$t_0 = \frac{PD}{2[\sigma]k - 0.2P}$	$P = \frac{2[\sigma]kt_0}{D + 0.2t_0}$

注:P 为设计工作压力或最高允许工作压力,MPa;$[\sigma]$ 为材料的允许拉应力值,MPa;k 为焊缝系数(见表 5-19);R 为内半径,cm;D 为内径,cm。

表 5-20 给出的是以内径为基础的计算式，对于以外径表示时，计算式如表 5-21 所示。

表 5-21　筒体及封头壁厚计算（外径）

	圆柱形筒体（纵向焊缝）	
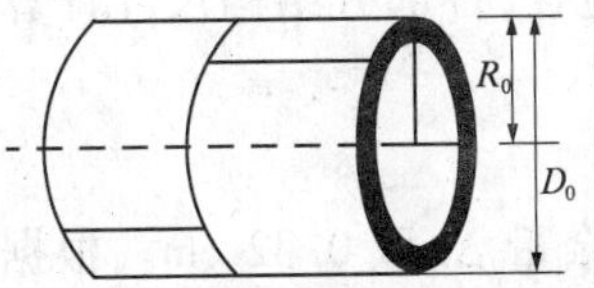 	$t_0 = \frac{PR_0}{[\sigma]k + 0.4P}$	$P = \frac{[\sigma]kt_0}{R_0 - 0.4t_0}$
	球形和半球形封头	
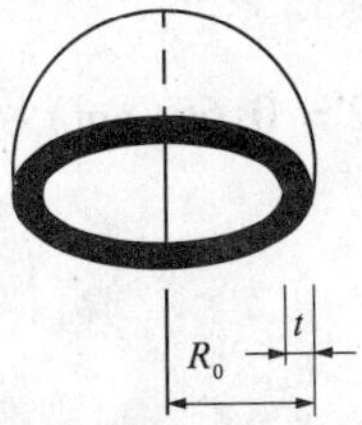 	$t_0 = \frac{PR_0}{2[\sigma]k + 0.8P}$	$P = \frac{2[\sigma]kt_0}{R_0 - 0.8t_0}$
	2∶1 椭圆形封头	
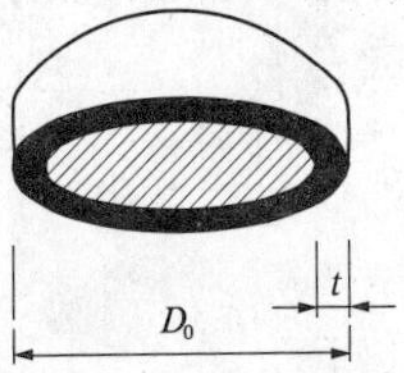 	$t_0 = \frac{PD_0}{2[\sigma]k + 1.8P}$	$P = \frac{2[\sigma]kt_0}{D_0 - 1.8t_0}$

注：D_0 为外径，cm；R_0 为外半径，cm；其余符号意义同上。

（二）人孔设计

调压罐需设置人孔，以备检修、清扫之用。人孔通常设计成圆形、椭圆形、长圆形（两端为半圆形，中段为直线），最小尺寸不应小于 38 cm。

1. 连接管壁厚确定

连接管供连接法兰等用，通常有内插及外伸两种情况，内插式密封法兰插于罐体内，因此开孔形状只能是椭圆形及长圆形；外伸式密封法兰位于外侧，可以设计成圆形、椭圆形及长圆形，连接管壁厚不得小于设计压力下计算壁厚与锈蚀余量之和，如采用圆形连接时，则壁厚为：

$$t = \frac{Pd}{2[\sigma]} + \delta \tag{5-103}$$

式中：d 为管径，cm；P 为内压力，MPa；$[\sigma]$ 为材料允许拉应力，MPa；δ 为锈蚀余量，cm。

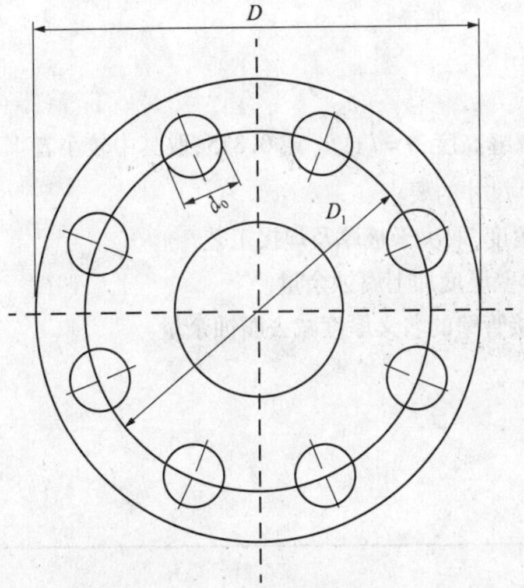

图 5-11　法兰尺寸

2. 连接管连接方式

连接管连接方式及最常用的焊接形式如表 5-22 所示。

此外，连接管法兰及法兰盖参照 GB2555—81《一般用途管法兰连接尺寸》有关尺寸，见表 5-23 及图 5-11。

四、结构设计示例

某恒压喷灌工程调压罐内径为 140 cm,圆筒体部分高 180 cm,采用 2∶1 标准椭圆形封头,设计压力为 600 kPa,筒体部分采用对口焊接,对焊缝作抽样检查,各部分结构尺寸计算如下:

(一)圆筒体壁厚

查表 5-19 得焊缝系数为 0.85,取$[\sigma]=1.45\times10^5$ kPa,锈蚀余量 Δt 取 0.32 cm。根据表 5-20 计算式得

$$t=\frac{PR}{[\sigma]k-0.6P}+\Delta t=\frac{600\times70}{1.45\times10^5\times0.85-0.6\times600}+0.32=0.66(\text{cm})$$

取 $t=0.8$ cm。

(二)封头壁厚

$$t=\frac{PD}{2[\sigma]k-0.2P}+\Delta t=\frac{600\times140}{2\times1.45\times10^5\times0.85-0.2\times600}+0.32=0.66(\text{cm})$$

取 $t=0.8$ cm。

(三)人孔

人孔采用圆形,为方便进出,取其直径 $D=40$ cm。

(四)连接管

人孔部位连接管采用外伸式,其壁厚为:

$$t=\frac{PD}{2[\sigma]}+\Delta t=\frac{600\times40}{2\times1.45\times10^5}+0.32=0.403(\text{cm})$$

表 5-22 常用的焊接形式

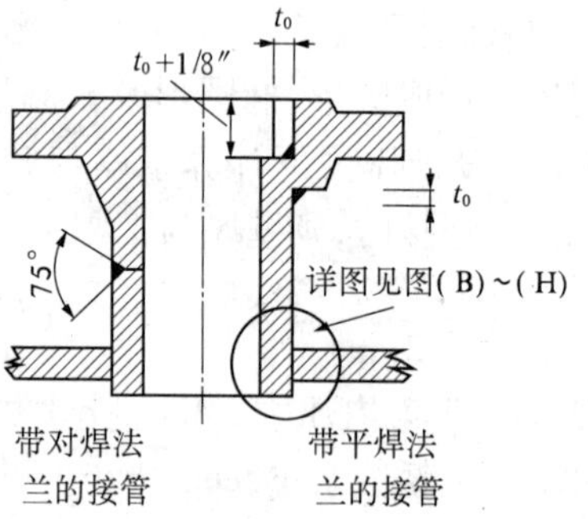 (A)	a 为最小焊缝高度,$a=t$ 或 t_0 或 0.375,取其中较小者 b 为无最小尺寸的要求 α 为坡口角度,取决于板厚及焊接工艺 t 等于容器壁厚度加上腐蚀余量 t_0 等于焊接管壁的名义厚度减去腐蚀余量

续表 5-22

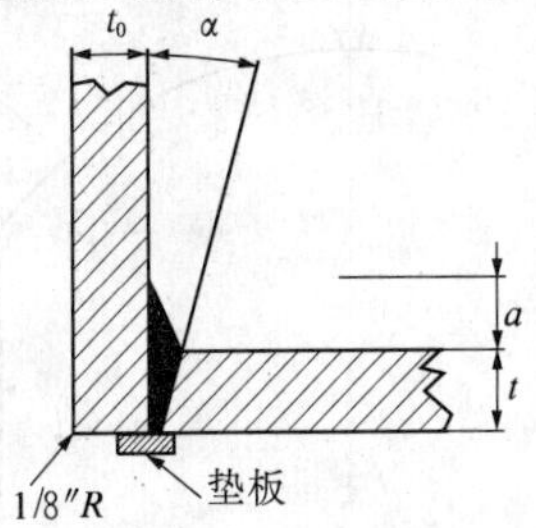

(B)

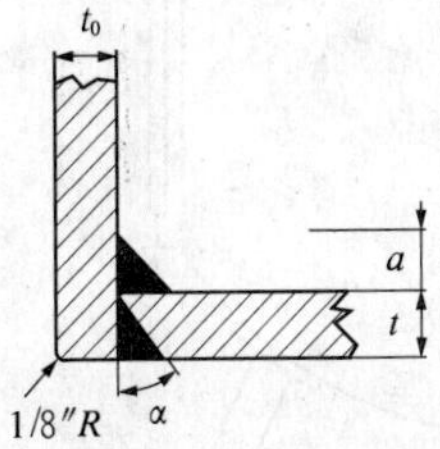

(C)

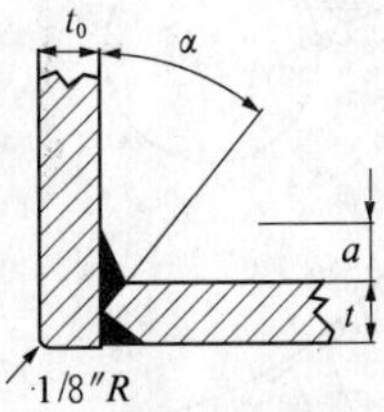

(F)

(1)在完全焊透不能用肉眼或其他规范允许的方法验证时,应采用垫板,仅从一面焊透

(2)焊缝 B 的用途是为消除根部开坡口焊缝的不规则性,并保证完全焊透。通常只焊一道,如没上述目的,可以不要

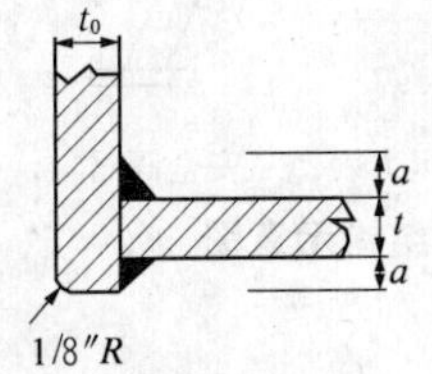

(D)

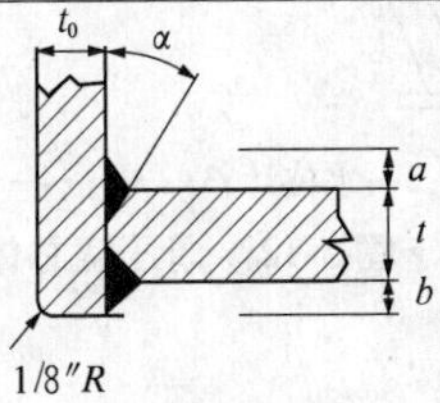

(G)

(3)这里规定的焊缝尺寸为最低要求,需进行焊缝强度的计算和校核

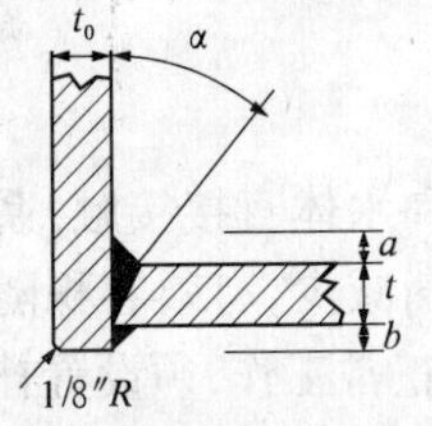

(E)

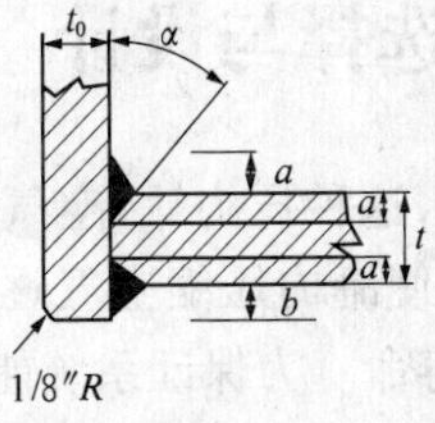

(H)

表 5-23　法兰尺寸

公称通径 DN	PN_6(6.12)					PN_{10}(10.20)				
	D	D_1	d_0	Th	n	D	D_1	d_0	Th	n
300	440	395	22	M 20	12	445	400	22	M 20	12
350	490	445	22	M 20	12	505	460	22	M 20	16
400	540	495	22	M 20	16	565	515	26	M 24	16
450	595	550	22	M 20	16	615	565	26	M 24	20
500	645	600	22	M 20	20	670	620	26	M 24	20
550	705	655	26	M 24	20	730	675	30	M 27	20
600	755	705	26	M 24	20	780	725	30	M 27	20
650	810	760	26	M 24	20	835	780	30	M 27	24
700	860	810	26	M 24	24	895	840	30	M 27	24

注:DN 为管道公称直径;D 为法兰外径;D_1 为螺栓孔中心圆直径;d_0 为螺栓孔直径;Th 为螺栓的螺纹;n 为螺栓数;PN 为管道公称压力。

为保证其刚度并便于焊接，取 $t=0.6$ cm。

连接管法兰参见表 5-23，取各部分尺寸：$D=54$ cm，$D_1=49.5$ cm，$d_0=2.2$ cm，Th 为 M20，$n=16$。

（五）安全阀及水位计

安全阀设计在调压罐上封头顶部，经开孔并连接钢管、法兰，开孔大小视选用安全阀口径而定。连接管壁厚计算同上，法兰尺寸仍参照 GB2555—81《一般用途管法兰连接尺寸》选择，如选用 $D_g=80$ cm 安全阀，则连接管壁厚为：

$$t=\frac{600\times 8}{2\times 1.45\times 10^5}+0.32$$
$$=0.34(\text{cm})$$

取 $t=0.6$ cm。

连接法兰尺寸：$D=19.0$ cm，$D_1=15$ cm，$d_0=1.75$ cm，Th 为 M16，$n=4$。

水位计开孔及高度视调压罐圆筒体高度及调压罐内水位变化范围而定，该例的水位计布置见图 5-12。

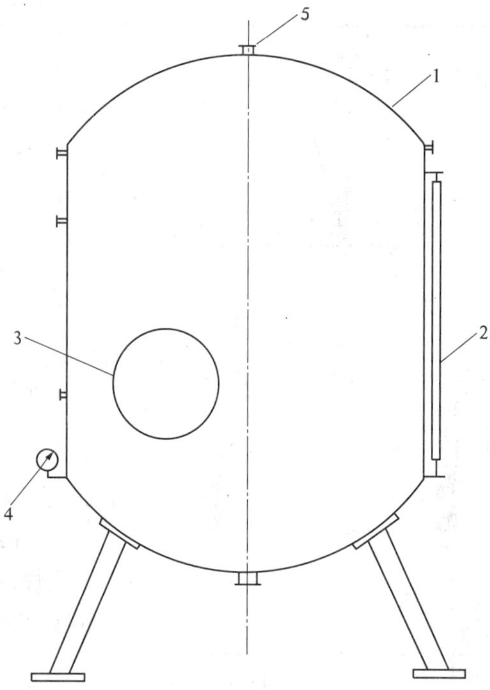

1—罐体；2—水位计；3—人孔；4—压力表；5—安全阀

图 5-12　调压罐总体结构示意图

第四节　充气装置选择与设计

喷灌工程中使用的调压罐多为水气自然分离式，这种压力罐，空气和水体直接接触，系统在工作过程中，由于气体泄漏和溶于水中被带走，使罐内压缩空气逐渐减少，有效容积随之变小，进而使水泵启、闭趋于频繁，影响电机使用寿命。为保证系统能正常工作，须设置补气装置，在罐内水位超过最高水位时进行补气。

一、充（补）气装置的类型

对于水气自然分离式调压罐，常用的补气方式有：利用空气压缩机补气，利用水泵出水管中积存的空气补气，利用射流器补气，利用调压罐泄空补气等。

利用空气压缩机充气，补气工作可靠，补气速度快，但需要消耗一定的能源，其他几种方式虽不耗能，但补气比较迟缓。

（一）利用空气压缩机补气

如图 5-13 所示，在压力罐上装设水位继电器控制空气机的启、闭。水位继电器的低触点 2 与设计最高工作水位标高相同，不能设置过低，以免在最低工作压力时，将罐内空气带走，高触点一般比低触点高 100～500 mm。

系统工作过程中，由于某种原因使罐内气体减少，水位上升，当罐内水位超过设计最高工作水位，达到点 1 时，水面与水位继电器的高触点 1 接触，空气压缩机被启动。开始向罐

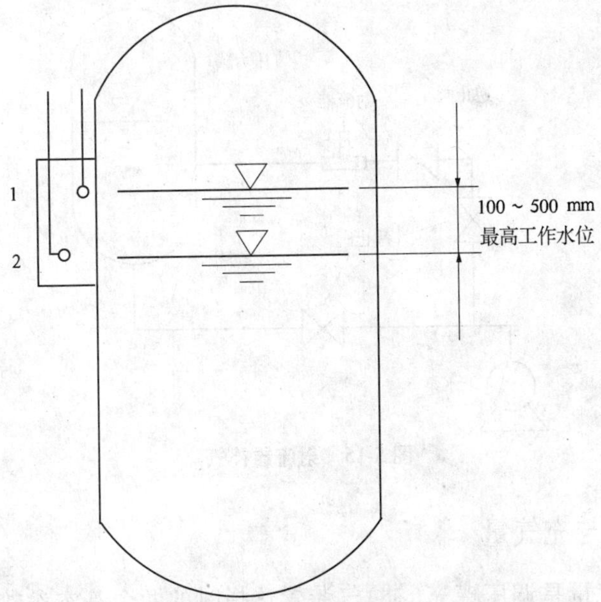

图 5-13　空气压缩机补气时控制示意图

内补气，使水面下降，当罐内水位降至最高工作水位以下时，水位继电器的低触点 2 与水面脱离，空气压缩机被关闭，停止补气。

(二)利用水泵出水管中积存的空气补气

如图 5-14 所示，在水泵出水管上装上进气止回阀。当水泵停止供水时，由于惯性作用使出水管中水体被拉空，形成负压，出水管上的进气止回阀随即开启进气。当水泵恢复供水时，出水管中压力上升，进气止回阀关闭，水压将出水管中积存的空气补入压力罐。由此可见，水泵每启动一次即可补入一定量的空气。

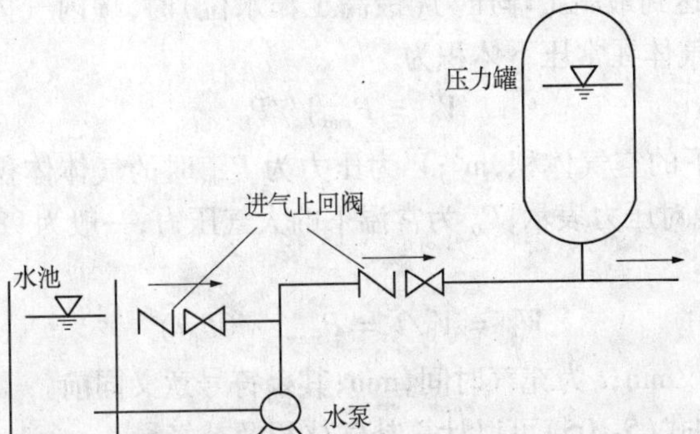

图 5-14　利用出水管中积存的空气补气结构示意图

(三)利用射流器补气

如图 5-15 所示，在水泵出水管的旁通管上装上射流器，当水泵运行时，射流器吸入空气，补入罐内，调节出水管上阀门的开启度，即可调节射流器吸入空气量。

(四)利用调压罐泄空补气

喷灌系统停喷时，将调压罐内存水泄空，在泄水的同时，打开设在罐顶部的进气阀，使空气补入罐内，待罐内充满空气后，关闭进气阀，再启动水泵，利用水的压力将罐内空气压缩。

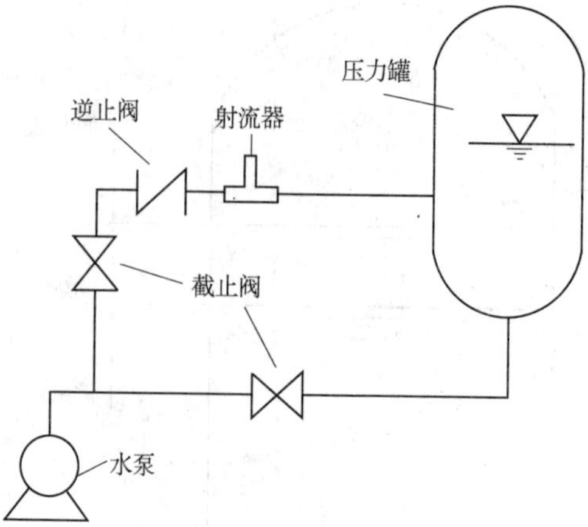

图 5-15　射流器补气

二、充气时间与充气量

充气时间与充气量是调压罐充(补)气装置选择时的两个基本参数,它们之间相互影响、互为消长。

(一)充气时间的选择

充气时间是指将规定的气体补入调压罐内所需的时间。显然,充气时间越长,则充气量可越小,补气装置设备容量越小,相应地投资也越省,但充气时间过长会影响系统的正常运行。根据经验,喷灌系统调压罐的补气时间以不超过 30 min 为宜。以此作为计算充气量的依据。

(二)充气量的计算

充气量是指每分钟充入调压罐内的标准状态下的空气体积。

设调压罐内压力达到最高工作压力(最高工作水位)时,罐内气体体积为 V',气体压力为 P_{max}。这部分压缩气体在常压下体积为

$$V_0 = P_{max}V'/P_0 \tag{5-104}$$

式中:V_0 为常温常压下的空气体积,m^3;V' 为压力为 P_{max} 时的气体体积,m^3;P_{max} 为调压罐最高工作压力,kPa,用绝对压力表示;P_0 为常温下的大气压力,一般为 98 kPa。

需要的充气量为

$$W_k = V_0/t = P_{max}V'/(P_0 t) \tag{5-105}$$

式中:W_k 为充气量,m^3/min;t 为充气时间,min;其余符号意义同前。

根据式(5-104)和式(5-105)可以计算补气体积及补气量。

例:一恒压喷灌系统,调压罐容积为 6 m^3,罐内最高工作压力为 650 kPa,此时的气体空间为 2 m^3。试求需要补入的空气体积及充气量。

解:根据式(5-104)有

$$V_0 = P_{max}V'/P_0 = 650 \times 2 \div 98 = 13.27(m^3)$$

即需要补入 13.27 m^3 的标准气体。

又据式(5-107)

$$W_k = V_0/t = 13.27 \div 30 = 0.44(m^3/min)$$

即充气量为 0.44 m^3/min。

三、空压机的选择

小型空气压缩机分手动和电动两种，由于喷灌系统运行过程中尚需补气，采用电动活塞式空气压缩机便于自动控制。

（一）空压机的工作参数

空气压缩机的工作参数包括工作压力和排气量。

由于压缩空气管道一般采用焊接钢管，其长度较短，输气时的压力损失可忽略不计。因此，空压机的工作压力可按略高于调压罐最大工作压力值选取。

喷灌用调压罐需要的补气量一般不大，选用 3 m^3/min 以下的微型活塞式空压机即可满足要求。具体选择时，可将计算出的充气量作为空压机的排气量，不计空气损失。

（二）空压机的选择

根据求出的工作压力和排气量，选择满足要求的空气压缩机。常用的微型活塞式空压机性能见表 5-24。

表 5-24　微型空压机性能

产品型号或名称	排气量（m^3/min）	工作压力（kg/cm^2）	转速（r/min）	轴功率（kW）	配套功率（kW）
Z－0.3/7	0.3	7	1 450	2.5	3.0
3Z－0.4/8	0.4	8	700	3.0	4.0
ZZ－0.45/10	0.45	10	537	3.45	4.0
Z－0.6/7	0.60	7	600	4.54	5.5
Z－0.9/7	0.90	7	860	6.78	7.5
ZZ－1/7	1.00	7	720	7	7.5
Z－1.5/7	1.50	7	870	11	13
Z－1.8/8	1.80	8	335	14	15
Z－2.4/9	2.40	9	970	20	22
3W－0.4/10	0.40	10	1 250	3.6	4.0
3W－0.6/7	0.60	7	860	4.52	5.5
3W－0.6/10	0.60	10	1 000	4.5	5.5
3W－0.8/10	0.80	10	1 450	7.5	7.5
3W－0.85/7	0.85	7	1 200	6.71	7.5
3W－0.9/7	0.89	7	1 450	6.76	7.5
3W－0.9/10	0.90	10	1 450	7.0	7.5
3W－1.6/10	1.60	10	1 450	13	13

（三）配套功率计算

空压机配套功率为

$$N_m \geqslant 6.58\frac{P^{0.29}-1}{\eta_k\eta_c}w_k \qquad (5\text{-}106)$$

式中：N_m 为空压机的配套功率，kW；P 为空压机的工作压力，kg/cm^2；η_k 为空压机的效率，一般为 0.5～0.6；η_c 为传动效率，直接传动时为 1.00，皮带和齿轮传动时为 0.90～0.95；w_k 为空压机排气量，m^3/min。

四、射流泵的设计

采用空压机补气虽然具有可靠、充补气速度快等优点，但需要耗能，运行费用高，且要增加设备投资。

射流补气装置结构简单，造价低廉，不需要动力，因而运行费用低，但进气速度较慢。

（一）工作原理

如图 5-16 所示，在泵站出水管旁通管上装上特制的射流泵，水流经过它注入调压罐。由于射流泵构造特殊，当高速水流通过时，射流泵的空腔产生真空，出现负压，空气通过进气管进入泵内，并随同水流一起射入调压罐，从而达到向罐内充气和补气的目的。通过调节阀门⑦和⑯的开启度，可以调节射流泵的吸气量。

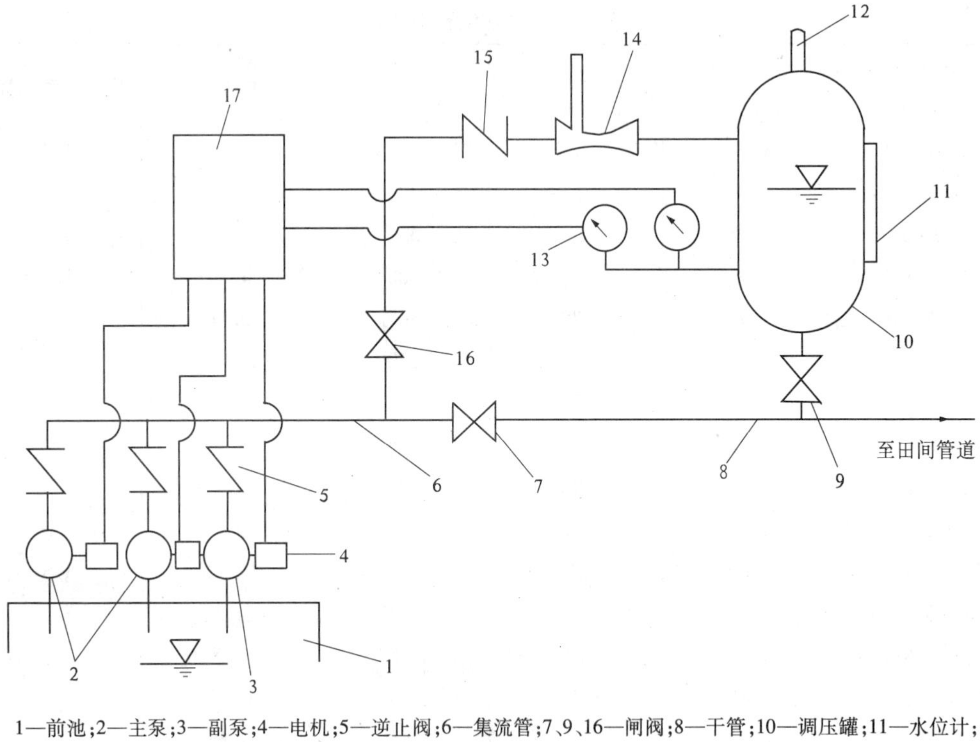

1—前池；2—主泵；3—副泵；4—电机；5—逆止阀；6—集流管；7、9、16—闸阀；8—干管；10—调压罐；11—水位计；12—安全阀；13—电接点压力表；14—补气、充气装置；15—逆止阀；17—自控系统

图 5-16　射流泵工作原理示意

（二）射流泵的设计

作为补气用的射流泵构造如图 5-17 所示。它由收缩段、喷嘴、喉管、扩散段、进气口、逆止阀等几部分组成。

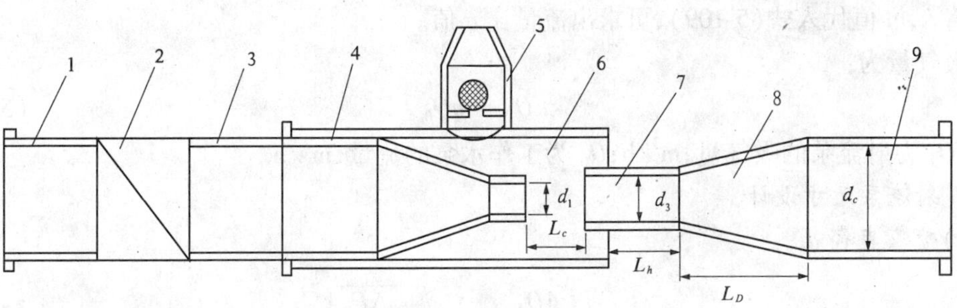

1—进口连接直管;2—逆止阀;3—直管;4—射流喷嘴;5—进气装置;6—腔体;7—喉管;8—扩散管;9—出口直管

图 5-17 射流泵结构示意

1. 性能计算

1) 确定工作压力和出口压力

$$\frac{\Delta P_0}{\gamma} = H - h_B \tag{5-107}$$

$$\frac{\Delta P_c}{\gamma} = \frac{P_c}{\gamma} - \frac{P_s}{\gamma} \tag{5-108}$$

式中:ΔP_0 为射流泵工作压力,kPa;ΔP_c 为射流泵出口压力,kPa;H 为工作水泵的水头压力,m;h_B 为工作水管管路损失,m;P_s 为射流泵吸入压力,kPa;P_c 为射流泵额定工作压力,kPa;γ 为水的密度。

2) 确定最优面积比

面积比即喉管断面面积与喷嘴出口断面面积之比:

$$m = \left(\frac{d_3}{d_1}\right)^2$$

对长喉管单级射流泵,最优面积比

$$m = 0.981\Delta P_0 + 1 \tag{5-109}$$

式中:ΔP_0 以 10^5 Pa 表示。

3) 计算吸气量 Q_s

液气射流泵基本方程简化式为:

$$\left.\begin{aligned}
&h/\varphi_1^2 = 2\varphi_2 k_i/m - A_i(1+q)/m^2 \\
&k_i = \frac{1.96m^{-0.14}}{\varphi_1^2\varphi_2} \qquad m \leqslant 5 \\
&k_i = \frac{1.82m^{-0.137}}{\varphi_1^2\varphi_2} \qquad m > 5 \\
&A_i = \frac{m}{\varphi_1^2}(1.75\mathrm{e}^{-0.182m} + 0.1) \qquad m \leqslant 5 \\
&A_i = 4.34\,\frac{m^{-0.87}}{\varphi_1^2} \qquad m > 5
\end{aligned}\right\} \tag{5-110}$$

式中:h 为压力比;φ_1 为喷嘴流速系数,一般为 0.95~0.98;φ_2 为喉管内的摩阻损,一般为 0.97~0.95;q 为流量比;m 为面积比;e 为自然对数的底,e=2.72。

将 h,m 值代入式(5-109),可求出流量比 q 值。

吸气量为:

$$Q_s = qQ_0 \tag{5-111}$$

式中:Q_s 为射流泵的吸气量,m^3/h;Q_0 为工作水泵的流量,m^3/h。

2. 射流泵尺寸设计

1)喷嘴直径 d_1

$$d_1 = \left(\frac{4Q_0}{3.14} \times \mu_1 \sqrt{2g\frac{\Delta P_0}{\gamma}}\right)^{\frac{1}{2}} \tag{5-112}$$

式中:Q_0 为工作泵流量,m^3/s;μ_1 为喷嘴流量系数,一般为 0.9~0.95;$\Delta P_0/\gamma$ 为射流泵的工作水头,m。

2)喉管直径 d_3

$$d_3 = d_1\sqrt{m} \tag{5-113}$$

3)喷嘴到喉管的距离 L_c

$$L_c = (1 \sim 2)d_1 \tag{5-114}$$

4)喉管长度 L_h

$$L_h = (7.77 + 2.42m)d_3 \tag{5-115}$$

5)扩散管长 L_D

$$L_D = (7 \sim 10)(d_c - d_3) \tag{5-116}$$

式中:d_c 为射流泵出口断面直径。

(三)设计实例

例:某喷灌工程采用压力罐调节系统工作压力。调压罐容积为 3.5 m^3,泵站扬程 34 m,调压罐最高工作压力为 314 kPa。经分析比较,确定用射流泵给调压罐充(补)气,试设计该射流装置。

解:为便于加工,采用单级单喷嘴长喉管式射流泵。

1. 性能计算

1)射流泵的工作压力

$$\frac{\Delta P_0}{\gamma} = H - h_B$$

设射流泵水管的损失为 1.5 m,则

$$\frac{\Delta P_0}{\gamma} = H - h_B = 34 - 1.5 = 32.5(\mathrm{m})$$

2)射流泵出口压力

$$\frac{\Delta P_c}{\gamma} = \frac{P_c}{\gamma} - \frac{P_s}{\gamma}$$

由于射流泵出口与调压罐相连,故泵出口压力即为罐内压力。充气时,开始压力为 0,最终压力为调压罐初始压力 P_0。$\frac{P_s}{\gamma}$为射流泵吸气压力,其相对值为 0。

$$\frac{\Delta P_c}{\gamma} = 0 \sim P_0$$

3）面积比的计算与选择

按式(5-109)求出的面积比为最优面积比，按此比例设计射流泵，效率最高，吸气效果最好。但进气时的临界出口压力较低，一般仅为工作压力的60%左右。由于调压罐的工作压力一般都在泵工作压力的90%以上，即射流出口压力为泵工作压力的90%以上，故按最优面积比设计时，射流泵无法进气，不能满足要求。

为了保证调压罐处于较高工作压力时仍能进气，射流泵面积比应小于最优值，但也不宜选择过小，否则会使进气效果降低。具体取何值为佳，要通过试算或试验确定。

经过比较，取面积比为 $m = 2.0$。

4）吸气量计算

a. 参数选择与计算

$$h = \frac{\Delta P_c}{\Delta P_0} = \frac{0 \sim P_0}{32.5}$$

罐内充气的最终压力 P_0（调压罐的初始压力）可根据压力容积热平衡原理求出。

已知调压罐总容积 $V_0 = 3.5\ m^3$，调压罐位于最高工作压力时的气体为 $1.5\ m^3$，$P_{max} = 32\ m$，故

$$(P_0 + P_a)V_0 = (P_{max} + P_a)V'$$

$$P_0 = \frac{(P_{max} + P_a)V'}{V_0} - P_a = 8$$

$$h = 0 \sim 0.25 \quad \text{（充气情况）}$$

喷嘴流速系数 $\varphi_1 = 0.95$，摩阻系数 $\varphi_2 = 0.95$

$$k_i = \frac{1.96m^{-0.14}}{\varphi_1^2\varphi_2} = 1.96 \times 2^{-0.14}/(0.95^2 \times 0.95) = 2.075$$

$$A_i = \frac{m}{\varphi_1^2}(1.75e^{-0.182m} + 0.1) = 2 \div 0.95^2 \times (1.75e^{-0.182 \times 2} + 0.1) = 2.916$$

b. 求流量比 q

$$h/\varphi_1^2 = 2\varphi_2 k_i/m - A_i(1+q)/m^2$$

$$(0 \sim 0.25)/0.95^2 = 2 \times 0.95 \times 2.075 \div 2 - 2.916(1+q)/2^2$$

$$q = 1.70 \sim 1.32$$

c. 计算吸气量 Q_s

设射流泵工作流量为 $10.0\ m^3/h$，则吸气量

$$Q_s = qQ_0 = (1.70 \sim 1.32) \times 10.0 = 17 \sim 13.2(m^3/h)$$

平均吸气量

$$\overline{Q}_s = 15.1(m^3/h)$$

射流泵用水补气时，$h = P_{max}/\Delta P_0 = 32 \div 32.5 = 0.98$

$$q = 0.21$$

$$Q_s = 2.63(m^3/h)$$

5）计算充气时间

充气时，调压罐需要补入的标准气体体积为

$$V = \frac{V_{max}(P_{max} + P_a)}{P_a} = 1.5 \times (32 + 10) \div 10 = 6.3(m^3)$$

充气时间约为

$$T = V/\overline{Q}_s = 6.3 \div 15.1 \approx 0.42(\text{h}) = 25(\text{min})$$

2. 泵体尺寸设计

1) 喷嘴直径 d_1

$$d_1 = \sqrt{(4Q_0/\pi)\mu\sqrt{2g\frac{\Delta P_0}{\gamma}}}$$

取 $\mu = 0.93$,代入各参数,得

$$d_1 = 12.3(\text{mm})$$

2) 喉管直径 d_3

$$d_3 = d_1\sqrt{m} = 12.3 \times \sqrt{2} = 17.4(\text{mm})$$

3) 喷嘴至喉管的距离 L_c

$$L_c = (1 \sim 2)d_1 = (1 \sim 2) \times 12.3 = 12.3 \sim 24.6(\text{mm})$$

取 $L_c = 20$ mm。

4) 吸管长度 L_h

$$L_h = (7.77 + 2.42m)d_3 = (7.77 + 2.42 \times 2) \times 17.4 = 219.4(\text{mm})$$

5) 扩散管长 L_D

$$L_D = (7 \sim 10)(d_c - d_3)$$

取射流泵出口断面直径为 40 mm,则

$$L_D = (7 \sim 10) \times (40 - 17.4) = 158 \sim 226(\text{mm})$$

取 $L_D = 200$ mm。

第六章 变频恒压技术

第一节 水泵变频调节

喷灌加压泵站采用恒速泵,有时会出现水泵性能搭接上的空当,引起水泵机组频繁断续运行。为避免机组的断续运行,需增设小泵机组或选择较多的水泵机组组合运行,这样势必会增加系统控制设施,增加投资。采用水泵变频技术来实现恒压,可以节省投资。

变频器调速的发展经历了多段速度控制、模拟量给定控制和专用控制器几个阶段。控制器在经过继电器、单片机、可编程序控制器(PLC)、专用控制器等几步发展后,随着新一代人机界面的出现,新一代的变频恒压供水装置利用人机界面(POD)作为控制器,通过RS-485通讯口,完成 PLC 及专用控制器的功能,做到系统上可靠,功能先进、完备,外围器件少,造价便宜,维护方便等。目前,变频恒压供水技术已经成熟,即在一个调压泵站设置1台或2台变速泵机组,其余采用恒速泵机组,这样能更好地实现水泵性能连续搭接,有效地改善泵站的运行状态,减少水泵机组的组合运行工况。

一、变频调节

(一)变频调节主要方式

变频器调节是通过改变变频器的输出频率,即改变变频器驱动电动机的供电频率,从而改变电动机的转速。在变频调速中使用最多的变频调速器是电压型变频调速器,由整流器、滤波系统和逆变器3部分组成。在工作时首先将三相交流电经桥式整流为直流电,脉动的直流电压经平滑滤波后在微处理器的调控下,用逆变器将直流电再逆变为电压和频率可调的三相交流电,输出到需要调速的电动机上。由于电机的转速与电源频率成正比,因此通过变频器可任意改变电源输出频率,从而任意调节电机转速,实现平滑的无级调速。

常见的变频器调节电机转速的方法有4种,方法比较见表6-1。

表6-1 变频调速方法比较

调速方法	实现方式	优点	缺点
操作器设定	使用变频器上的操作器	简单,直接	不易完成自动控制
模拟信号给定	电位器或上位机	调节方便	信号易受干扰,设定精度不高
按钮加/减速	使用普通按钮	手动调速方便,连续性好	不易自动控制
通讯	RS-485/422/232	接线方便,自动化程度高	编程工作量大

(二)变频调节的主要功能

生产实际中,变频器的形式各异,功能千变万化。总的来说,利用变频器实现恒压的系统，变频器至少应具备下述功能：

1. 压力调整，按需设定

依泵的性能进行压力设定，由调压控制钮来完成。一般顺时针旋转调压控制钮时预设压力增加，逆时针旋转时预设压力减少。

2. 不用水时，停机功能

不用水时 STOP 灯亮，表示进入停机锁定范围，经过一个延时后电动机会降速 10%，继续不用水，再经过一定延时后，控制器会命令电动机停止运转。

3. 正常用水时，自动补水

正常用水情况下，当压力低于设定压力下限时，控制器会通知电动机运转，将压力补至设定恒压值。

4. 漏水侦测，补偿功能

在少于正常用水量情况下，如管路漏、滴水，尽管压力低于设计下限值，仍须经过一定的延时或压力下降至低一级压力限（通常为设计压力的 60%）时，控制器才会发出信号，命令电动机开始运转，将压力补偿至设定压力值。

5. 缺水失压，保护功能

在源头无水或抽水机出现故障时，虽电动机全速运转，但压力仍无法达到设定压力下限，此时 STOP 灯变色，经过延时后，控制器会强制电动机停止运转，避免电动机烧毁，待故障消除后，重新送电，系统继续运转。

6. 恒压设定

要求的恒压设定后，在使用中压力不得超出设定的压力范围。

7. 指示灯显示工作状况

通常用绿色表示正常，红色指示停机，黄色提出警报。

8. 变频器电子保护功能

包括过载保护、高低电压保护、瞬间跳电保护、逆转保护、过热保护、漏电保护、欠相保护等，自动显示故障原因，查找排除故障后，能达到自动复位的功能。

二、水泵变频调节

（一）水泵变频调节特性

水泵变频调速一般是减速问题。当采用变频调速技术时，原来按工频状态设计的泵与电机的运行参数均发生了较大的变化，管路特性曲线、与调速泵并列运行的定速泵等都会对调速的范围产生一定的影响，水泵变频调速不可能无限制调速。超范围调速难以实现节能的目的，一般认为，变频调速最好处于额定转速的 75% ~100%，不宜低于额定转速的 50%，应结合实际，经计算确定。

如图 6-1 所示的水泵，图中 A_1 为工频高效区左端点；A_2 为工频高效区右端点；B 为设计最大工况点；$H = K_1 \cdot Q^2$ 为通过 A_1 点的相似工况抛物线；$H = K_2 \cdot Q^2$ 为通过 A_2 点的相似工况抛物线；$H = H_0 + S \cdot Q^2$ 为管路特性曲线。理论上，水泵调速高效区为通过工频高效区左右端点的两条相似工况抛物线的中间区域 OA_1A_2。

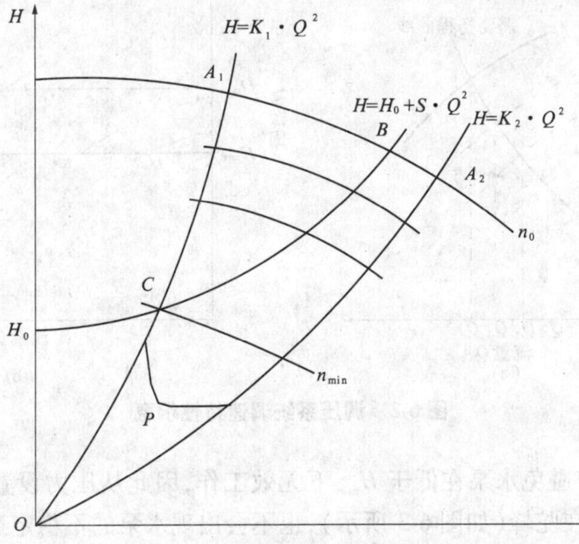

图 6-1　水泵调速运行范围

实际上,当水泵转速过小时,泵的效率将急剧下降,受此影响,水泵调速高效区萎缩为 PA_1A_2。显然,若运行工况点超出该区域,则不宜采用调速技术。图 6-1 中 $H=H_0+S \cdot Q^2$ 为管路特性曲线,CB 段为调速运行的高效区间。为简化计算,认为 C 点位于曲线 OA_1 上,因此 C 点和 A_1 点的效率在理论上是相等的,那么 C 点就成为最小转速时水泵性能曲线高效区的左端点。

这样可求得水泵最小转速:

由于 C 点和 A_1 点工况相似,根据比例律有:

$$(Q_C/Q_1)^2 = H_C/H_1 \tag{6-1}$$

C 点在曲线 $H=H_0+S \cdot Q^2$ 上有:

$$H_C = H_0 + S \cdot Q_C^2 \tag{6-2}$$

其中,H_C、Q_C 为未知数,解方程得:

$$H_C = H_1 \times H_0/(H_1 - S \cdot Q_1^2) \tag{6-3}$$

$$Q_C = Q_1 \times [H_0/(H_1 - S \cdot Q_1^2)]^{1/2} \tag{6-4}$$

根据比例律有

$$n_{\min} = n_0 \times [H_0/(H_1 - S \cdot Q_1^2)]^{1/2} \tag{6-5}$$

式中:H_0、n_0 分别为额定状态下的水泵的扬程和转速;H_C、Q_C、$n_{\min}$ 分别为最小转速时水泵的扬程、流量和转速。

(二)恒压泵站变速泵变速调节范围

恒压泵站的变速调节不同于普通系统。对于普通系统,只要调速机构允许,任何一个需要流量均能找到一种转速来满足其流量的供需平衡,如图 6-2(a)所示。

恒压供水系统的工作压力设定在一定的范围内,在如图 6-2(b)所示,在 $\alpha_1 \sim \alpha_2$ 范围内,变速泵对系统能起到供水的作用,若转速继续降低,如在 $\alpha_2 \sim \alpha_3$ 范围内,变速泵只能在部分工作压力下供水,在转速小于 α_3 时变速泵对系统起不到任何作用。

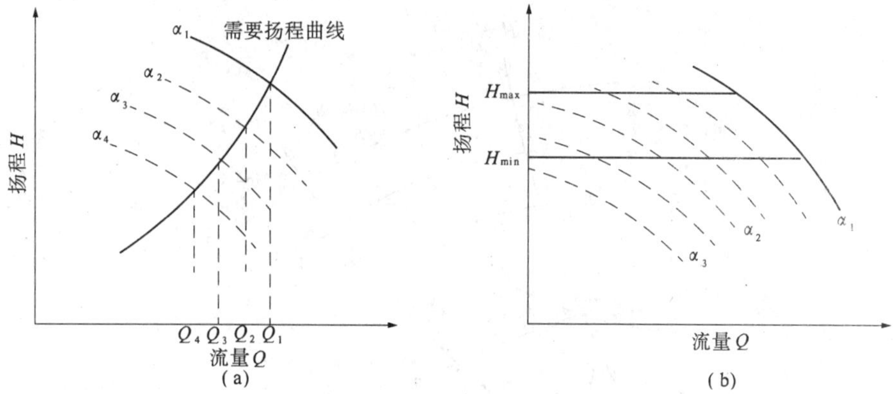

图 6-2 调压系统调速特性示意

恒压供水系统需避免水泵在低于 H_{min} 下无效工作，因此从压力设置及水泵性能的相对关系考虑，即便是存在驼峰(如图 6-3 所示)，也不会出现水泵的不稳定运行。

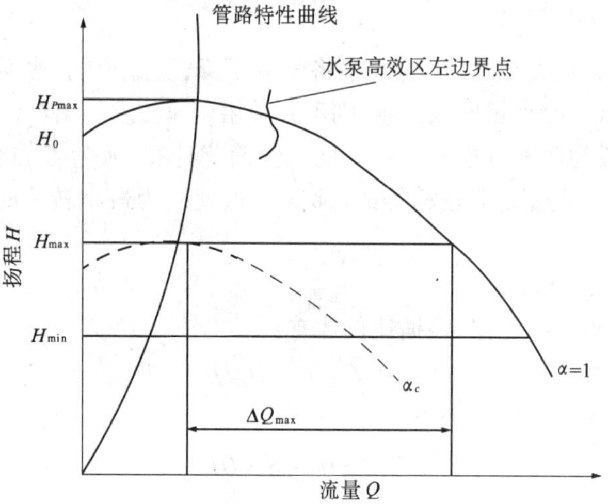

图 6-3 有驼峰泵调速范围

极限调速范围的确定：

设 α_c 为水泵机组可调节的最小转速 n_{min} 与额定转速 n_R 之比。

$$\alpha_c = n_{min}/n_R = (H_{max}/H_{Pmax})^{\frac{1}{2}} \tag{6-6}$$

式中：H_{Pmax} 为水泵扬程曲线最高点所对应的扬程，当水泵性能曲线无驼峰时 $H_{Pmax} = H_0$，即为关死点扬程，如图 6-4 所示。

由式(6-6)可以看出，H_{max} 与 H_{Pmax} 或 H_0 相差越大，则 α_c 值愈小，调速范围可以越大。因此，高效区扬程与关死点扬程相差愈大，即水泵特性曲线愈陡，采用变频调节愈有利，多级泵一般都具备此种特性。此外，额定转速下工作区若偏向高效区右侧，则变速运行将比较有利。

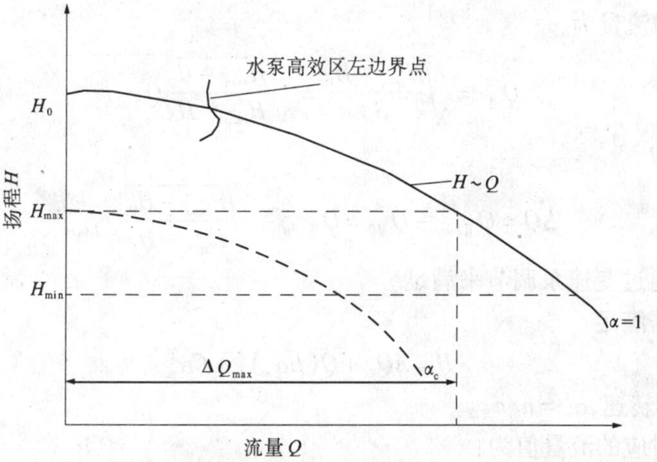

图 6-4　无驼峰泵调速范围

极限调速范围仅仅是从水泵变速特性和系统压力设置相对关系考虑而言的，由于水泵工作效率受转速影响较大，在降速范围 n_R 不超过额定转速 n_0 的 40% 时，水泵效率基本不变，但当 n_R 超过 $40\% n_0$ 后，水泵效率随转速的降低而迅速下降，应用时，应综合考虑上述因素，确定水泵的调速范围。

（三）变速泵实际工作调速范围的计算

如图 6-5 所示的水泵，设系统采用 1 台变速泵，为满足系统水泵机组的连续运行，通过变速泵调节，实现水泵机组性能的相互搭接。

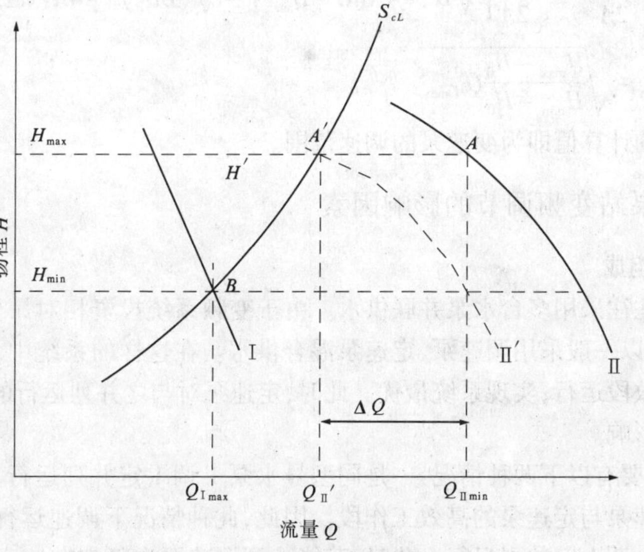

图 6-5　变速泵调速特性示意

通过 B 点的水泵性能方程为

$$H = H_0 + S_{cL} Q^2 \tag{6-7}$$

式中：H_0 为水泵工作的实际净扬程，m；S_{cL}为通过 B 点的管路沿程和局部阻力损失参数。

A'点对应的流量为

$$Q_{\mathrm{II}'}=\sqrt{\frac{H_{\max}-H_0}{S_{cL}}}=\sqrt{\frac{H_{\max}-H_0}{H_{\min}-H_0}}Q_{\mathrm{I}\max} \tag{6-8}$$

流量范围为

$$\Delta Q=Q_{\mathrm{II}\min}-Q_{\mathrm{II}'}=Q_{\mathrm{II}\min}-\sqrt{\frac{H_{\max}-H_0}{H_{\min}-H_0}}Q_{\mathrm{I}\max} \tag{6-9}$$

式中 ΔQ、Q 需通过变速泵调节来满足。

变速特性需满足

$$H=AQ^2+Q(B\alpha_n)^2+C\alpha_n^2 \tag{6-10}$$

式中：α_n 为相对转速，$\alpha_n=n/n_R$。

与 $H_{\max}$相对应的流量值为：

$$Q'_P=\frac{-B\alpha_n-\sqrt{(B\alpha_n)^2-4A(C\alpha_n^2-H_{\max})}}{2A} \tag{6-11}$$

当 $\alpha_n=1$ 时

$$Q_P=\frac{-B-\sqrt{B^2-4A(C-H_{\max})}}{2A} \tag{6-12}$$

$$\begin{aligned}\Delta Q&=Q_P-Q'_P\\&=-\frac{B(1-\alpha_n)}{2A}-\frac{1}{2A}\left[\sqrt{B^2-4A(C-H_{\max})}-\sqrt{(B\alpha_n)^2-4A(C\alpha_n^2-H_{\max})}\right]\end{aligned} \tag{6-13}$$

联立式(6-9)与式(6-13)，可得变速泵实际工作调速范围

$$\begin{aligned}\Delta Q&=-\frac{B(1-\alpha_n)}{2A}-\frac{1}{2A}\left[\sqrt{B^2-4A(C-H_{\max})}-\sqrt{(B\alpha_n)^2-4A(C\alpha_n^2-H_{\max})}\right]\\&=Q_{\mathrm{II}\min}-\sqrt{\frac{H_{\max}-H_0}{H_{\min}-H_0}}Q_{\mathrm{I}\max}\end{aligned} \tag{6-14}$$

式(6-14)的计算值即为变速泵的调速范围。

三、恒压泵站变频调节的影响因素

（一）泵站组成

供水系统往往采用多台水泵并联供水。由于变频系统投资相对昂贵，不可能将所有水泵全部调速，所以一般采用调速泵、定速泵混合供水。在这样的系统中，应确保调速泵与定速泵都能在高效段运行，实现系统最优。此时，定速泵对与之并列运行的调速泵的调速范围会产生较大的影响。

实践中，主要有以下两种情况：一是同型号水泵 1 调 1 定并列运行。此时虽调度灵活，但无法兼顾调速泵与定速泵的高效工作段。因此，此种情况下调速运行的范围较小。二是不同型号水泵 1 调 1 定并列运行。此时，若能达到调速泵在额定转速高效段右端点扬程与定速泵高效段左端点扬程相等，则可实现最大范围的调速运行。此时，调速泵与定速泵绝对不允许互换。

在工况一定的情况下，一般有 $N\propto n^3$，因此随着转速的下降，轴功率会急剧下降。若电

机输出功率过度偏移额定功率或者工作频率过度偏移额定工频，都会使电机效率下降过快，而影响到整个水泵机组的效率。对于自冷电机，在连续低速运转时，会因风量不足而影响散热，威胁电机安全运行。

在多泵并联的给水系统中，只要其中有一台是变频调速泵，就可以达到恒压给水的目的。为了达到恒压给水，变频泵一般是并联泵中的最大者。最经济的配泵方案是各并联泵的大小相同。从节能考虑，并联水泵的台数愈多愈好，但是台数太多，设备的机械结构及电气控制系统的复杂程度也随之上升，系统（设备）的整体经济、合理性下降。所以，最经济方案是采用适宜数量的水泵并联。

（二）管路特性

改变水泵性能曲线是水泵节能的主要方式。在不同的管路特性曲线中，调速效果差异很大。为了直观起见，采用图6-6来说明。

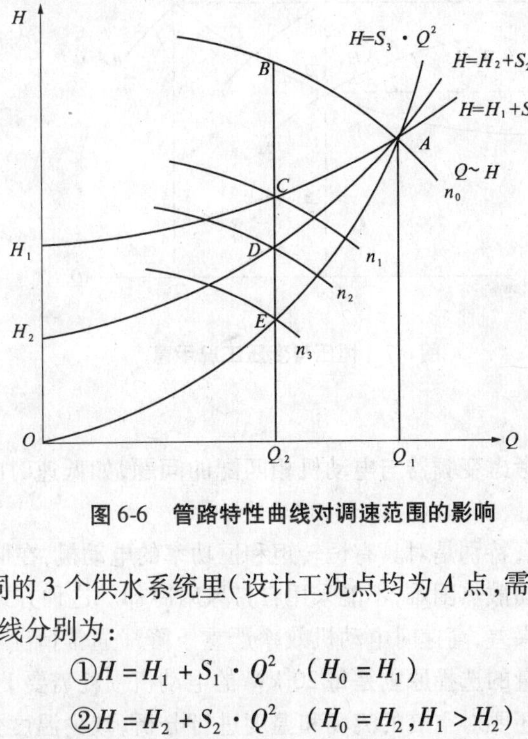

图6-6　管路特性曲线对调速范围的影响

在设计工况相同的3个供水系统里（设计工况点均为A点，需把流量调为Q_2），水泵型号相同，管路特性曲线分别为：

$$①H = H_1 + S_1 \cdot Q^2 \quad (H_0 = H_1)$$

$$②H = H_2 + S_2 \cdot Q^2 \quad (H_0 = H_2, H_1 > H_2)$$

$$③H = S_3 \cdot Q^2 \quad (H_0 = H_3 = 0)$$

若采用阀门调节，则3个系统满足流量Q_2的工况点均为B点，对应的轴功率为N_B；若采用调速运行，则3个系统满足流量Q_2的工况点分别为C、D、E点，其对应的运行转速分别为n_1、n_2、n_3，相应的轴功率分别为N_C、N_D、N_E。由于$N \propto Q \cdot H$，所以各点轴功率满足$N_B > N_C > N_D > N_E$。

可见，在管路特性曲线为$H = H_0 + S \cdot Q^2$的系统中采用调速运行时，H_0越小，节能效果越好。当H_0大到一定程度时，受电机效率下降和调速系统本身效率的影响，采用变频调速可能不节能，甚至增加能源浪费。

此外，恒压供水是针对离心泵“流量大时扬程低，流量小时扬程高”的特性，通过自控变频系统，控制水泵转速，无论流量如何变化，水泵运行扬程保持不变，即等于设计扬程。如

图 6-7所示水泵，若采用阀门调节，当流量由 $Q_1 \to Q_2$ 时，则工况点由 A_1 变为 A_2，浪费扬程 $\Delta H = H_2 - H_3 = \Delta H_1 + \Delta H_2$。若采用变频恒压供水，自动将转速调至 n_1，工况点处于 B_1 点。由于变频调速是无级变速，可以实现流量的连续调节，所以恒压供水工况点始终处于直线 $H = H_1$上，在控制时，只需在水泵出口设定一个压力控制值，比较简单易行。显然，恒压供水节约了 ΔH_1，而没有考虑 ΔH_2。因此，它也不是最经济的供水调节方式，尤其在管路阻力大、管路特性曲线陡的情况下，ΔH_2 所占的比重大，其局限性就显而易见。

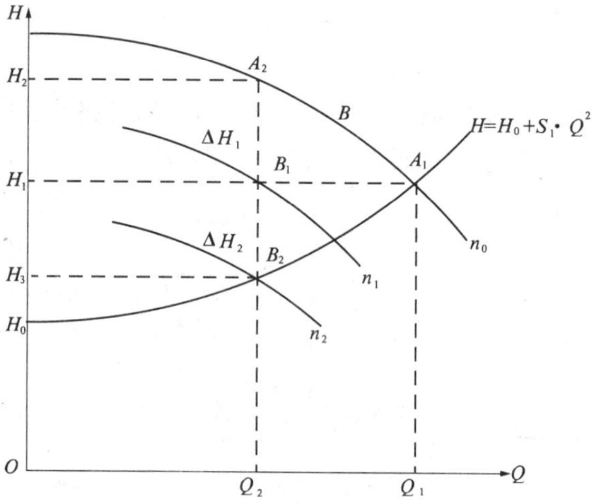

图 6-7　恒压与变压工况示意

（三）水泵电机系统

在实际应用中，还要考虑变频器与电动机相匹配的问题，如低速时的冷却问题，电动机的稳定性和频繁启动问题。

对于调速范围比较宽，特别是对具有恒转矩和恒功率的电动机，在低速运行时由于电流和磁通基本保持不变，因而散热困难，不能采用自带风扇冷却。这种方式对高速和低速运行工况不利，低速时冷却效果差，高速时电动机效率严重下降。通常情况下，采用自带风机冷却或管道通风时，冷却风量的选择原则是每 20 kW 的电动机损耗需要 1 m^3/s 的风量。除了尽可能减少各种损耗外，还要对空气的流场和温度进行分析，减少温度分布的不均匀系数，提高电动机线圈端部的传热性能，加强电动机机座本身的散热能力。

电动机动态稳定性与系统的状态有关，在电源容量大的工频电源系统中可以稳定运行，当采用变频器供电时，系统则可能发生不稳定运行。调查显示，当一台电动机专用一个变频电源时运行稳定，而多台电动机共用一个变频电源时，就变得不稳定了。产生这种现象主要有两个原因：即电动机固有的低频不稳定性和电动机与变频器的相互影响。在低频时的不稳定性表现为持续振荡，也就是转子转速在同步转速附近摆动；另一方面，可能超出变频器的换向能力而使其产生保护动作，导致不能正常工作。此外，在电动机机械系统的惯性或变频器直流环节中滤波电感及电容之间发生能量交换时，造成电动机和变频器之间相互影响，增加系统的不稳定性。

由于水泵的出口压力与转数二次方成正比，只有对水泵实施转速控制保持最佳压力，才

能达到最佳供水效果。因而,采用变频器对水泵电机调速时,针对水泵电机应考虑如下因素:

(1)在安装前,首先把管网的阻力损失、供水面积、供水高度等计算准确,然后再确定水泵的扬程、流量、轴功率、电机功率等,依此来确定使用多大容量的变频器。

(2)水泵铭牌上的扬程是水泵的总扬程,考虑到由于管路的阻力(摩擦阻力、弯头阻力等)所造成的扬程损失(也称损失扬程,包括吸水管路的损失扬程和出水管路的损失扬程),因此,水泵的总扬程应该等于或大于所需扬程。

(3)水泵轴功率与电动机额定功率必须配套。

(4)在设定压力值时,要考虑管道的承压能力,一般不宜超过管网的承压范围。

(5)当水泵距离变频控制柜较远时,应注意实际压力值与远传表压力值是否一致,并不得超过设定压力值;否则应调整二者的对应关系,使之与实际相符。

四、恒压泵站变频器选择

选择适宜的变频器容量,对充分发挥变频性能和系统的安全运行至关重要。如果选用的变频器容量偏小,对变频器的效率和正常运行影响极大。在变频器的选型设计时,应充分考虑到所应用场合工况条件的最恶劣情况,留有足够的设计余量和采取必要的保护措施。在选型时,应对技术性能和经济指标进行综合考虑。

变频器的容量选择应考虑如下因素:

(1)连续运行时,变频器容量不小于负载所要求的输出。即:

$$p_0 \geqslant \frac{k \cdot P_{\mathrm{M}}}{\eta \cdot \cos\varphi} \tag{6-15}$$

(2)变频器容量不能低于电机容量,即:

$$p_0 \geqslant k\sqrt{3}\,U_{\mathrm{M}} I_{\mathrm{M}} \times 10^3 \tag{6-16}$$

(3)变频器电流 I_0 应大于电机电流,即:

$$I_0 \geqslant k I_{\mathrm{M}} \tag{6-17}$$

(4)启动时变频器容量应满足下式:

$$p_0 \geqslant \frac{k \cdot P_{\mathrm{M}}}{9\,500\eta \cdot \cos\varphi}\left(T_L + \frac{GD^2}{375} \times \frac{n_{\mathrm{M}}}{t_A}\right) \tag{6-18}$$

式(6-15)~式(6-18)中:k 为电流波形补偿系数,一般取 1.05~1.10;P_{M} 为负载所要求的电机轴输出;η 为电动机效率,通常取 0.85;$\cos\varphi$ 为电机功率因数,通常取 0.75;U_{M} 为电机额定电压;I_{M} 为电机额定电流;I_0 为变频器电流;T_L 为负载转矩;GD^2 为电机轴端换算;n_{M} 为电机额定转速;t_A 为加速时间,根据负载要求确定。

五、变频器的安装与管理

(一)变频器的安装

变频器属于精密的电子产品,安装工艺的好坏直接影响着变频器的正常工作。成功的安装可以确保变频器安全和无故障运行。

变频器对安装环境要求较高。一般变频器使用手册均有规定,如温度范围为最低温度 -10 ℃,最高温度 +50 ℃。变频器不能安装在经常发生振动的地方,对振动冲击较大的场合，应采用橡胶垫等减振措施。不能安装在电磁干扰源附近，也不能安装在有灰尘、腐蚀性气体等空气污染的环境等。

电器元件对湿度要求较为严格，环境湿度对电器的可靠性、安全性影响较大，因而变频器不能安装在潮湿环境中，如潮湿管道下面，应尽量采用密封柜式结构，并且确保变频器通风畅通，控制柜有足够的冷却风量，一般按变频器功率的3%来计算柜中允许的温升值。此外，变频器的运行环境可能存在着较高的电磁干扰（EmI），应该按要求可靠接地。

（二）变频器的运行与管理

在试运行前，仔细检查变频器的电源输入线和电机（输出）线有无接错。变频器接地端应切实接地，输出端严禁接入改善功率因数的超前补偿电容和吸收回路等。

在运行过程中，当变频器或电机发生故障时，会发出声光报警，可按“报警解除”按钮解除声响，从变频器的相应参数窗口读取按时间顺序记忆的报警内容，根据报警代码，参考使用说明书，分析报警原因，采取相应的措施排除故障。

瞬间停电或电源电压不足时，变频器会停止工作，此时，可断开“空开”，解除变频器报警，待电源电压恢复正常后，再合上“空开”，变频器即可继续工作。

变频器的使用寿命受所处场所的温度、湿度、通风、振动、尘埃等影响较大，日常管理中保证一定的通风量，减少机械振动等，都将有利于延长变频器的使用寿命，尤其是降低环境的温、湿度，是延长其寿命的重要因素。

第二节　变频控制技术

一、可编程序控制器（PLC）控制

PLC 控制是一种常用的变频控制方式。在该方式中，变频器为电动机提供可变频率的电源，实现电动机的无级调速。管网水压通过传感器检测，压力设定单元为系统提供满足用户需要的水压期望值；将压力设定信号和压力反馈信号输入可编程控制器，经 PLC 控制器内部 PID 控制程序计算后，将转速控制信号输出给变频器，改变电机的输入频率，调整水泵的转速，实现对水泵性能的调节。

水泵运行中，压力传感器将管道检测点的管网压力信号传输给 PLC，当管网压力值低于设定压力值时，PLC 向变频调速器发出提高电源频率的信号，变频调速器将电机的转速提高，水泵的转速也相应提高，出水量增大，管道压力随之升高；当管网压力值高于设定压力值时，PLC 发出降低电源频率的信号，水泵的转速相应下降。水泵转速的提高与降低完全根据压力检测点的压力是低于还是高于设定压力，供水一直保持在闭环控制状态下。

另一种 PLC 控制方法是采用 PID 控制的应用宏进行闭环控制。将压力设定信号和压力反馈信号送入 PID 回路调节器，由后者进行运算后，输给变频器一个转速控制信号。变频器根据给定值和实际值的比较结果，即根据恒压时对应的电压设定值与从压力传感器获得的反馈电流信号，利用 PID 控制宏自动调节，改变频率输出值来调节所控制的水泵电机转速，以保证管网压力恒定。

（一）系统硬件构成

系统采用压力传感器、PLC 和变频器作为中心控制装置，实现所需功能。工作原理见

图 6-8。

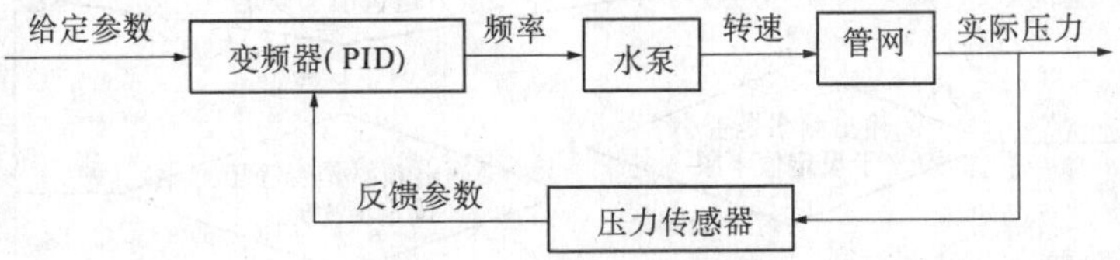

图 6-8　PLC 控制工作原理图

安装在管网干线上的压力传感器,用于检测管网的水压值,将压力转化为 4 ~ 20 mA 的电流信号,提供给 PLC 与变频器。变频器是水泵电机的控制设备,按照水压恒定需要,将 0 ~ 50 Hz 的频率信号供给水泵电机,调整其转速。变频器预置了多种应用宏,即预先编置好的参数集,应用宏将使用过程中需要设定的参数数量减少到最小,参数的缺省值依应用宏的选择而不同。

根据泵站供水实际情况与需求,有时需要利用一台变频器控制多台水泵,因此除改变水泵电机转速外,还要通过增减运行泵的台数来维持水压恒定。当水泵满工频运行仍达不到恒压要求时,需要启动下一台泵;当变频器输出频率降至最小,而压力仍过高时,则需要关闭一台运行泵。所以变频器不仅需要开关量控制,还要有数据处理的能力。

通过 PID 将压力传感器电流信号和变频器输出频率信号转换为数字量,提供给 PLC,与恒压系统要求对应的电流值、频率上限、频率下限(对水泵电机,一般频率上限设为工频 50 Hz,下限设为工频 20 Hz)进行比较,实现泵的切换与转速的变化。在设计时,为保证供水的连续性,水压波动尽可能小,应使水泵在变频器和工频电网之间的切换过程尽可能快;但元件动作过程太快,会有回流损坏变频器。为了防止故障的发生,硬件上须设置闭锁保护。

(二)系统软件设计

控制系统软件是指用语言编制的对多台泵进行控制的程序,用于解决系统的手动及自动切换、各元件和参数的初始化、信号及通讯数据的预处理、多台泵的启动、切换及停止的条件、顺序、过程等问题。如当变频器输出频率达到频率上限,供水压力未达到预设值时,变频器发出加泵信号,启动下一台泵;当供水压力达到预设值,变频器输出频率降到频率下限时,发出减泵信号,切除一台运行泵。在多台泵联合运行时,须预先设定增减水泵的顺序。系统在获得加、减泵信号后,按照设定的顺序,命令水泵投入或退出运行。为防止误动作及故障的发生,在加减泵时,须设置元件动作顺序、延时和保护程序。

系统切换泵流程见图 6-9。

考虑到工作环境对系统运行状态的影响,在设计时,还要采用硬件或软件上的滤波处理,以消除干扰,保证系统运行正确、可靠。在硬件上,利用变频器提供的滤波时间常数,对模拟输入信号的有效性进行检验;软件上采用数字滤波的方式,如采用平均值的方法。变频器根据偏差调节 PID 的参数,当运行参数远离目标参数时,调节幅度加快,随着偏差的逐步接近,跟踪的幅度逐渐减小,至近似相等时,系统达到一个动态平衡,维持系统的稳定恒压状态。

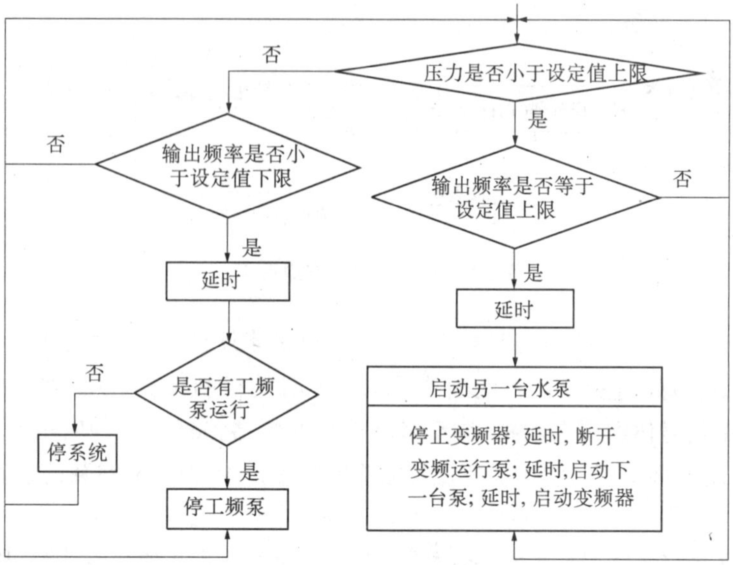

图 6-9　系统切换泵流程示例

二、计算机与 PLC 的联合控制

计算机与 PLC 的联合控制，具有可靠性高、操作方便、结构简单、自动化程度高、经济、配置灵活等优点。

控制系统上位机可采用标准 IPC，与单片机之间使用标准的 RS－232 串口进行通信。上位机硬件部分包含标准的 IPC 和必要的外围设备，上位机功能通过软件编程来实现。在自动控制系统之间或人机界面（HMI）和几个自动控制系统之间，数据通讯周期性进行，或被用户程序和功能块调用。系统依靠通讯处理器模块 CP340 的支持，用 RS－232C 进行点到点数据通讯。CP340 通讯处理器模块具有 RS－232C 串行通信接口，CP340 利用 RS－232C 使得 S7－300PLC 与上位机实现点对点方式数据交换。这样即可利用计算机，通过 PLC 与水泵电机进行通讯和控制。通信过程见图 6-10。

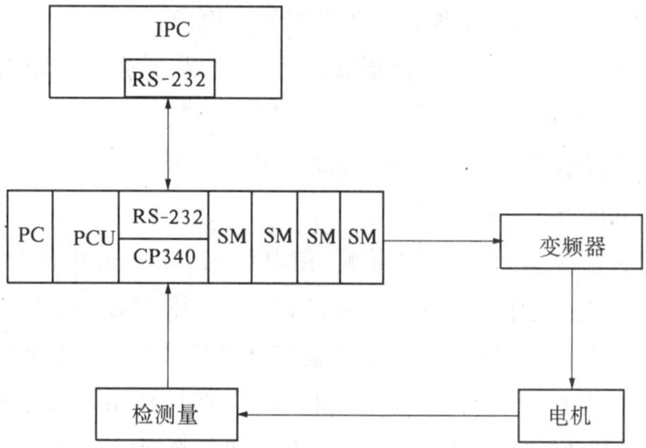

图 6-10　上位机与 PLC 通信过程示例

三、虚拟泵

喷灌系统工作时,任一种工况下泵站的组合特性,均可概化为一个单泵和一条管段组成的简单系统。这时的水泵即为原泵站组合的虚拟泵。建立虚拟泵的方法如下:

在泵站系统的工艺参数(流量、压力)、设备参数(水泵、电机、调速装置)等确定的情况下,采用最小二乘法理论找出 $H\sim Q$ 之间的函数关系,运用并联泵组合特性曲线拟合法,自动找出一套耗能最小的运行搭配和调速方式,即优化泵组合方案(运行搭配合理的泵组工况点稳定运行在高效区间内)。当然,该优化泵组合方案并不一定使每台水泵都能达到最优状态,这里是指一个泵站内水泵优化组合后的总体效果。形象地说,把整个泵站内已优化组合后的每一种泵组合方案看做一台水泵,这种泵组合方案称为"虚拟水泵"。

在一定压力和流量条件下,用最小二乘法理论计算出虚拟水泵的特性方程和特性曲线作为标准,找出虚拟水泵高效区的范围。当虚拟水泵的工况点不在高效区内时,控制系统可根据水泵调速的相似定理和等效率原理,通过设定参数自动调整变频泵的运行工况点,使虚拟水泵的动态运行工况点处在高效区内,此时单位流量耗能最小。其控制原理见图 6-11。

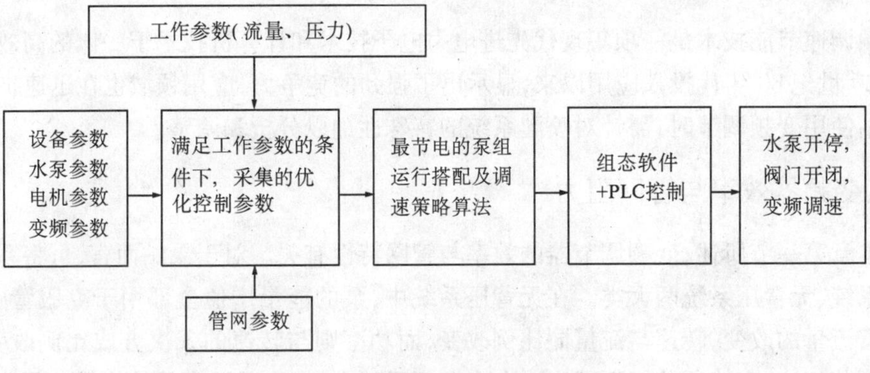

图 6-11　虚拟泵控制原理示意图

虚拟水泵的理论 $H\sim Q$ 特性曲线和管网特性曲线见图 6-12。图中线 1~5 代表虚拟水泵的 $H\sim Q$ 特性曲线,1 代表 1 台小泵,2 代表 2 台小泵,3 代表 1 台大泵,4 代表 1 台大泵和 1 台小泵,5 代表 1 台大泵和 2 台小泵,6 为管网特性曲线。

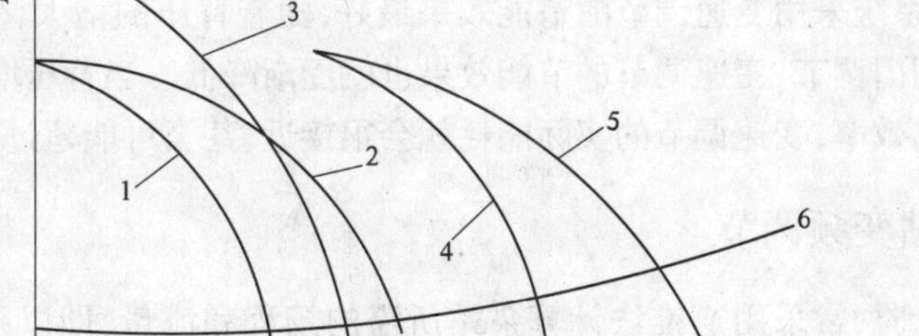

图 6-12　虚拟水泵的理论 $H\sim Q$ 特性曲线和管网特性曲线示例

根据每一台虚拟水泵对应的理论单位流量电耗值,选择虚拟水泵方案。在机泵启动前,系统自动检测前池水位状态、泵停止状态、泵非故障状态、泵运行状态、变频器非故障状态、阀门的位置状态信号等是否正常。若信号正常,依次启动调速泵、定速泵,自动打开对应出水阀门。虚拟水泵运行正常后,可从显示屏上监控虚拟水泵的理论特性曲线与该虚拟水泵实际叠加后动态特性曲线的拟合情况。若虚拟水泵的实时单位流量电耗值超过理论单位流量电耗值,系统则发出声、光报警信号。此时,可采用本地控制方式进行手动控制调节,使虚拟水泵的工况点运行在高效区内。若以上有任一信号不正确,管网压力和流量即使满足要求,也不能启泵,同时控制器会发出报警信号。当任一台机泵的运行电流超过其正常的额定电流,且达到最大预设延时时,控制器发出故障报警信号,并紧急停泵。当水泵电机发生故障时,控制器自动关闭对应阀门,并发出故障报警信号,同时备用泵自行投入运行。

在系统完成作业后,控制器向 PLC 发出信号,PLC 接到关泵指令后,关闭对应出水阀门,停止水泵运转。

第三节　喷灌泵站变频调节

变频调速节能技术是一项集现代先进电力电子技术和计算机技术于一体的高效节能技术。自 20 世纪 80 年代投入应用以来,显示出了强劲的竞争力,应用领域也在迅速扩展。在喷灌泵站使用变频调节时,需针对喷灌系统的特殊性加以分析和调整。

一、变频器效率与管网阻力

如本章第一节所述,变频调节器的效率与管网特性有关。对于泵站而言,可将系统分为有背压系统、无背压系统两大类。在无背压系统中,泵的能量增值全部用于克服管路阻力,随着所需流量的改变,转速与流量同比例改变,而功率则与转速的 3 次方成比例改变,因此与阀门调节相比,变速调节能耗减少。在有背压系统中,水流通过水泵的能量一部分用于克服管路阻力,一部分用于提升水流势能,包括位能和压力能。水泵在变速前后工况并不完全相似,因而工况参数不能用相似定律表达,功率与转速之间也不存在简单的函数关系。对于有背压系统,背压的大小对变速调节的节能效果有较大的影响。

无论背压大小,系统采用变速调节与采用阀门调节,水泵的轴功率都有所减少,但减少的幅度不同,无背压系统减少的幅度最大;随着背压的增大,轴功率减少的幅度越来越小。也就是说,无背压系统采用变速调节的节能效果最好,随着背压的增大,变速调节水泵的轴功率逐渐趋近于阀门调节,变速调节的节能效果也就逐渐降低。当背压增大到一定程度时,若考虑变速装置的效率,变速调节的实际能耗就会很接近,甚至可能超过阀门调节的能耗。

二、喷灌泵站变频调节

喷灌系统设计时,常采用逆推法计算泵站所需的扬程和流量,即以系统中设计典型点(如最不利位置)处喷头正常工作所需的压力为基准,逐级向上推求每级管道入口处所需的工作压力直到水泵出口,即为泵站的设计扬程。因此,泵站的总扬程可用式(6-19)表示。

$$H = Z_0 + \sum h_f + \sum h_j + P \tag{6-19}$$

式中：H 为泵站总扬程，m；Z_0 为设计喷点与泵站前池水面的高差或设计喷灌地形高差，m；$\sum h_f$ 为管网中具有代表性的各管段沿程水头损失之和，m；$\sum h_j$ 为相应管段局部水头损失之和，m；P 为喷头的设计工作压力，m。

由以上分析可知，喷灌系统是一种包含设计喷灌地形高差和喷头设计工作压力的有背压系统。在喷灌系统设计中，要求最不利位置处的压力满足喷头工作水头。

利用上节所述的虚拟泵技术，把具体而复杂的喷灌系统进行概化，相应的虚拟泵性能如下：

$$H_{p0} = S_0 Q_0^2 + 9.81 \times 10^3 \times [Z_0 + P] \tag{6-20}$$

$$W_{pe0} = H_{p0} \times Q_0 = S_0 Q_0^3 + 9.81 \times 10^3 [Z_0 + P] \tag{6-21}$$

$$W_{pt0} = \frac{W_{pe0}}{\eta_{ps0} \times \eta_{m0} \times \eta_{inv0}} = \frac{H_{p0} \times Q_0}{\eta_{ps0} \times \eta_{m0} \times \eta_{inv0}} \tag{6-22}$$

式中：H_{p0}为设计工况下虚拟泵的水泵扬程，m；S_0 为设计工况下虚拟泵供水管路综合阻力系数，Pa·(s²/m⁶)；Q_0 为设计工况下虚拟泵的流量，m³/s；Z_0 为最不利用水点相对于虚拟泵前池水位的地形高差，m；P 为最不利位置处喷头要求的工作压力，m；W_{pe0} 为设计工况水泵的有效功耗，W；W_{pt0} 为设计工况水泵的总功耗，W；η_{ps0} 为设计工况水泵的轴效率；η_{m0} 为设计工况水泵电机的轴效率；η_{inv0} 为设计工况水泵变频器的效率。

从水泵做功和能量平衡的角度看，水泵扬程的实质是在给水系统中输送单位水量水泵所消耗的有效功，即

$$H_{p0} = \frac{W_{pe0}}{Q_0} \tag{6-23}$$

对任一个喷灌系统，可利用虚拟泵技术绘出如图 6-13 所示的性能曲线。其中 A_0 是设计工况点；n_0 是设计工况时水泵的转速，同时也代表设计工况时水泵的特性曲线；R_0 是设计工况时供水管路阻力特性曲线。

理论上，喷灌系统实际的恒压值应当在图 6-13 中 A_0 点，对应的水泵扬程为 H_{p0}。对一个设计良好的喷灌系统，设计工况下对应的虚拟水泵效率 η_{ps0}、水泵电机的效率 η_{m0} 和变频器的效率 η_{inv0} 都应是最高的。

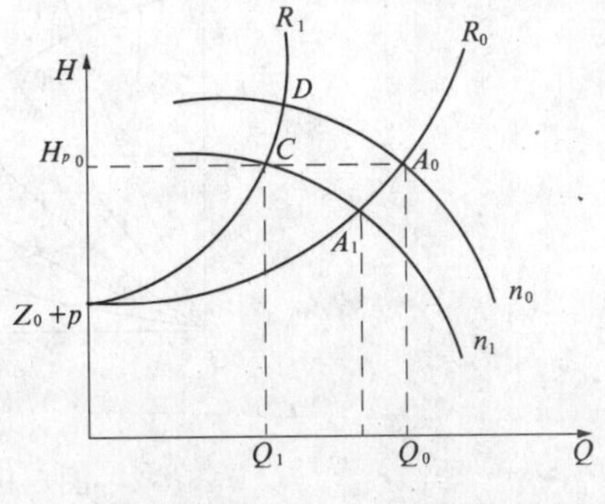

图 6-13　恒压喷灌虚拟泵的性能曲线示意

在田间用水量发生变化时，虚拟泵的工况随之而变，管道的阻力特性曲线随用水系统中工作的喷头数量和位置等的变动而变化到 R_i（$i = 1, 2, \cdots, n$）。以图 6-13 中 R_1 为例，通过虚拟泵出口的压力变送器采集到的压力信号控制水泵转速变化到 n_1，使得水泵的扬程 H_p 恒等于 H_{p0}，这时水泵的工况点是水泵在转速 n_1 下的特性曲线 n_1 和恒压线 H_{p0}的交点 C。理论上，只有系统管道阻力特性（管道的综合阻力系数 S_0）R_0 不变，η_{psA1}才和设计工况点 A_0 的轴效率 η_{ps0} 相等，即 $\eta_{psA1} = \eta_{ps0}$，n_1 和 R_0 的交点 A_1 才与设计工况点 A_0 完全相似，这时水泵消耗的能量和转速的三次方成正比。

实际上，在喷灌系统中采用变频调节时，系统的流量随机变为 Q_1，管道阻力特性随机变

为 R_1，水泵转速跟踪变为 n_1，水泵的变工况点是 R_1 和 n_1 的交点 C，在 C 点水泵的有效功 W_{pe_C} 由式(6-24)计算，水泵的总功耗 W_{pt_C} 由式(6-25)计算：

$$W_{pe_C} = H_{p_C} \times Q_1 = H_{p0} \times Q_1 \tag{6-24}$$

$$W_{pt_C} = \frac{W_{pe_C}}{\eta_{ps_C} \times \eta_{m_C} \times \eta_{inv_C}} = \frac{H_{p0} \times Q_1}{\eta_{ps_C} \times \eta_{m_C} \times \eta_{inv_C}} \tag{6-25}$$

式中：含下标 C 的参数，代表变频水泵在恒压后工况点 C 对应的参数，其含义同前。

从式(6-24)、式(6-25)可以看出，在变频恒压喷灌系统中，变频水泵在恒压变工况点 C 的功耗与工况点 C 的流量 Q_1 的一次方成正比，虽然流量 Q_1 和转速有隐含关系，但 C 点的工况和 A_0 点并不完全相似。

根据水泵相似原理，C 点应和 R_1 和 n_0 的交点 D 相似，C 点和 D 点的水泵轴效率是相等的，即 $\eta_{ps_C} = \eta_{ps_D}$。

采用变速调节时，水泵的性能与转速间存在一定的对应关系。对转速进行无量纲化，令 $K = \frac{H}{Q^2}$，$\alpha = n/n_r$，可以求得水泵性能随转速的变化关系。如图 6-14 所示。在同一条过坐标原点的抛物线上，水泵的工况点相似，具有相同的理论效率。

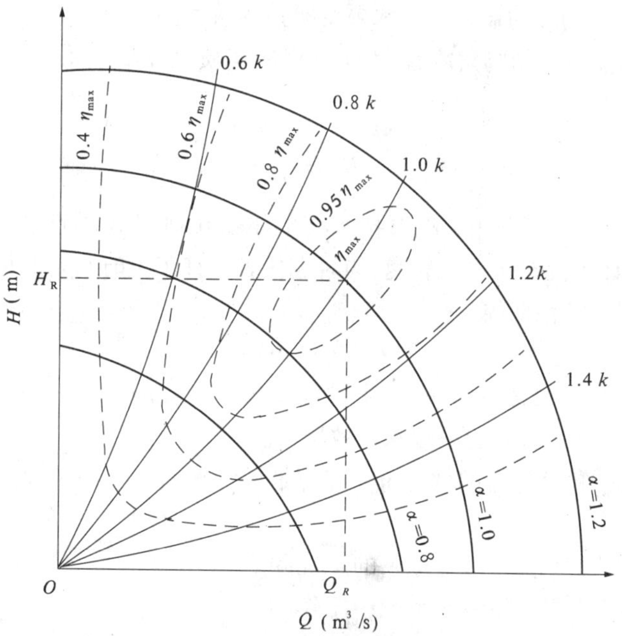

图 6-14　水泵的变速调节特性示例

对比图 6-14 和图 6-13 可以看出，水泵的设计工况点 A_0 要比工况点 D 的轴效率高，即 $\eta_{ps_C} > \eta_{ps_D}$，$D$ 点越靠左，也就是偏离设计工况点 A_0 越远，轴效率 η_{ps_D} 与轴效率 η_{ps_0} 的差值越大。计算表明，当流量小于设计流量的 20% 时，水泵的效率只有 40% 左右，同时电机、变频器也处在大马拉小车的工作状态，它们的效率 η_{m_C}、η_{inv_C} 也只有 50% ~60%。而在设计工况点 A_0，水泵的轴效率 $\eta_{ps_0} \approx 78\% \sim 83\%$，电机的效率 $\eta_{m_0} \approx 86\% \sim 92\%$，变频器的效率 $\eta_{inv_0} \geq 98\%$。

在水泵、电机和变频器组成的能量传递链中，把电能转化为水的压力能。在这个传递链中，系统的总效率为：

$$\eta_{pt_0}=\eta_{ps_0}\times\eta_{m_0}\times\eta_{inv_0} \tag{6-26}$$

将上述水泵、电机、变频器的效率代入式(6-26)得，设计工况点 A_0 对应的总效率为 66%～75%，而在流量小于设计流量 20% 的变工况点时，这个传递链的总效率为 10%～14.4%。

从上面计算结果可以看出，变频恒压喷灌系统，在流量小于设计流量的 20% 时，能量传递链的总效率极低。也就是说在流量小于 20% 时，为了实现变工况恒压供水的目的，变频恒压供水系统中的变频水泵直接承担了跟踪系统负荷大幅度变化的任务，这个过程是以牺牲系统能量转换效率得到的。这时变频恒压喷灌系统总体是不节能的。

以上分析表明，在恒压喷灌系统中采用变频调节技术时，应针对田间用水的变化幅度和水泵的性能进行具体分析，不能单用 1 台泵并对其进行变频调节作为用水量变幅较大的喷灌系统的泵站。建议采用多台泵组合，对其中的 1～2 台泵进行变频调节，结合水泵切换来实现恒压喷灌。

三、恒压喷灌系统的综合调节

在喷灌系统不宜单靠压力罐、变频等单一技术实现恒压时，宜将变频调节、水泵切换、压力罐调节等技术相结合，采用综合调节技术，从多个途径对系统的性能进行调整，使喷灌系统达到既能恒压，又可节能灌溉。

常见的综合调节技术是变频与压力罐相结合。以高位水池或有压水箱为例，二者均可把喷灌用水的随机变化和泵站的运行隔离开来，消除喷灌用水剧烈变化对水泵工况的影响，只需调整水泵开停比，即可使时均输出水量等于田间时均用水量。由于水泵到高位水池或有压水箱的管道阻力特性不变，因此，可以选择和管道阻力特性相匹配的水泵，通过调整水泵的实际工况点，使水泵一直在最高效区运行，达到泵站系统高效供水的目的。

第四节　恒压喷灌节能分析

一、普通泵站运行工况

（一）由 1 台泵构成的普通泵站

设泵站水泵的 $H\sim Q$ 性能曲线与采用恒压后泵站的 $H\sim Q$ 特性曲线完全相吻合。泵站的设计流量为 Q_2，加大流量为 Q_3，相应的设计净扬程为 H_2，田间最大用水流量为 Q_3，最小用水流量为 Q_1。当田间用水流量 $Q_1\leqslant Q\leqslant Q_3$ 时，水泵在高效区运行，这时无论是普通泵站或是恒压泵站，其能耗相同。当田间用水流量 $Q<Q_1$ 时，水泵处于低效区运行，用水流量比水泵流量小得越多，水泵运行的效率越低。当灌区出现零星用水时，由于泵站仅有 1 台泵，所以水泵也必须开启，这时水泵将处在效率很低的区间连续运行，否则用户将无水可用。

（二）由多台同型号水泵组成的普通泵站

普通泵站虽然由多台泵组成，但在不设置调压自控系统时，可能出现两种情况，一是供大于求，水泵将处在低效区运行，管网压力上升；另一种是求大于供，管网压力下降，影响灌水质量，同时水泵也处在低效区运行。

普通泵站无论是单台泵还是多台泵组成,由于田间用水量处于不断变化之中,泵站供水很难与田间用水量的变化完全相吻合,因此不设调压自控系统的泵站,水泵的运行不可能经常处于高效区工作。所以,效率低、能耗高。

二、阀门调节时水泵电机能耗分析

阀门调节,即通过调节管网中阀门的开度以改变管网中流量的大小,达到对系统压力流量的调节。图 6-15 为常见水泵特性曲线和管道损失曲线,以此分析阀门调节的能耗。

图 6-15 中,曲线 1 为水泵恒转速 n_1 时,压力与流量的关系曲线 $H_1=f(Q)$,曲线 h_1 为管道中阀门开度最大时的阻力关系曲线,$h_1=f(Q)$,二者相交于 A 点,对应的流量为 Q_1,此时电机轴功率与图中矩形 Q_1AH_1O 的面积成正比。

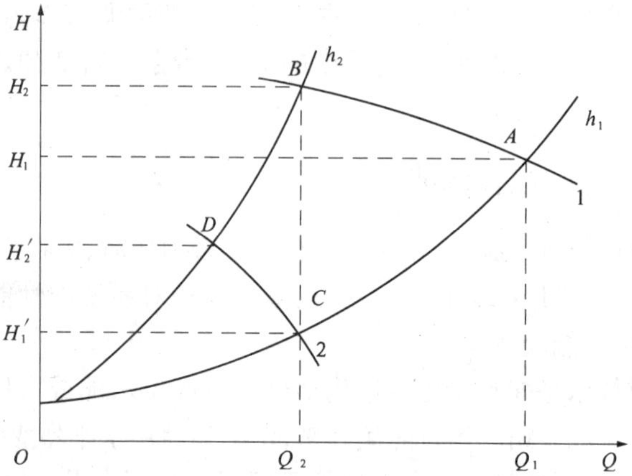

图 6-15　水泵特性曲线和管道损失曲线

按系统负荷变化要求,当流量由 Q_1 减少到 Q_2(相当于 50% Q_1)时,则管道中阀门开度将变小,管道阻力关系曲线为 $h_2=f(Q)$,与曲线 1 相交于 B 点,此时电机轴功率正比于矩形 Q_2BH_2O 的面积,由图可见,二者面积相差不大,即轴功率变化不大,而压力由 H_1 变到 H_2,增加许多。

当机泵的流量由 100% 降到 50% 时,在出口和入口分别采用阀门调节方式(如图 6-15 中 C、D 两点),则此时电机的输入功率分别为额定功率的 84% 和 60%,机泵的轴功率仅为 12.5%,损失功率分别为 71.5% 和 47.5%,说明即使机泵的设计效率为 100%,在不采用先进的调节措施时,其实际的运行效率可能只有百分之十几或更低。

三、压力罐调节的恒压泵站节能分析

(一)泵站运行工况

恒压泵站多由主、副泵组成,以河南郏县恒压泵站中间用水状态(1 台副泵和 2 台主泵并联的运行)为例,分析调压(恒压)泵站运行工况如下:

设田间用水流量为 Q,副泵流量为 $Q_{副}$,1[#]主泵、2[#]主泵流量分别为 Q_1、Q_2,泵站设计流量为 $Q_{设}$,则 $Q_{设}=Q_{副}+Q_1+Q_2$。

1. 用水流量 Q 与副泵流量

当 $Q<Q_{副}$时,副泵处于间歇运行状态,其供用水量的差值由调压罐内的水体自动调节,

以达到供、用水量的平衡。副泵处在高效区运行。

当 $Q \leqslant Q_{副}$ 时，只需启动副泵，其余水泵关闭。此时副泵处于高效区运行。

2. 用水流量 Q 为 1 台主泵流量

当知 $Q < Q_1$ 和 $Q_1 \leqslant Q \leqslant Q_3$ 时，除 1#主泵工作外，其余水泵处在停止状态。这时 1#主泵在高效区运行。

3. 用水流量 Q 大于 1 台主泵流量，但小于副泵加上 1 台主泵流量

当用水量出现这种情况时，1#主泵处于长时间正常运行状态，而副泵则处于间歇运行状态。供、用水量的平衡由副泵的间歇运行和调压罐内水体来调节。此时，主、副泵均处在高效区运行。

4. 用水流量 Q 等于副泵加 1 台主泵流量

当出现这种情况时，副泵和 1#主泵处于长期正常工作状态。自然，两种泵均处在高效区运行，其余水泵不投入运行。

5. 用水流量等于两台主泵流量

当用水流量等于两台主泵流量时，两台主泵处于高效区长期正常运行状态，而副泵不工作。

6. 用水流量小于设计流量而大于两台主泵流量

这时两台主泵处于高效区长期运行，而副泵间歇运行。供用水量的平衡由副泵的间歇运行和调压罐调节。

7. 用水流量等于设计流量

这时泵站全部水泵，即两台主泵和 1 台副泵同时工作，并处在高效区运行。

上述各种工况见表 6-2。

表 6-2　恒压泵站各泵运行工况

副泵工况	1#主泵工况	2#主泵工况	田间用水流量	备注
间歇运行			$Q < Q_{副}$	调压罐调节流量
正常运行			$Q = Q_{副}$	
	正常运行		$Q = Q_1$	
间歇运行	正常运行		$Q_1 < Q \leqslant Q_{副} + Q_1$	调压罐调节流量
正常运行	正常运行		$Q = Q_{副} + Q_1$	
	间歇运行	正常运行	$Q_{副} + Q_1 \leqslant Q \leqslant Q_1 + Q_2$	调压罐调节流量
	正常运行	正常运行	$Q = Q_1 + Q_2$	
间歇运行	正常运行	正常运行	$Q_{副} + Q_1 + Q_2 > Q_1 + Q_2$	调压罐调节流量
正常运行	正常运行	正常运行	$Q = Q_{副} + Q_1 + Q_2$	

（二）恒压泵站节能分析

从前面恒压喷灌泵站水泵运行工况中看到，恒压泵站的节能由两部分组成，一部分是高效节能；另一部分是水泵的停泵或间歇运行节能。

水泵的电动机能耗由下式表示

$$N=\sqrt{3}V_eI_e\eta_e\cos\varphi_e t \tag{6-27}$$

式中：N 为电机能耗，W；V_e 为额定电压，$V_e=380$ V；I_e 为电动机的额定电流，A；η_e 为电动机的额定效率；$\cos\varphi_e$ 为额定功率因数；t 为运行时间，h。

如果恒压喷灌泵站由 1 台副泵和 n 台主泵组成，则泵站电机总功率为 P

$$\begin{aligned} P &= P_{副}+nP_{主} \\ &=\sqrt{3}V_eI_{e副}\eta_{e副}\cos\varphi_{e副}t+n\sqrt{3}V_eI_{e主}\eta_{e主}\cos\varphi_{e主}t \end{aligned} \tag{6-28}$$

式中：P 为泵站电动机的总功率，kW；$P_{副}$ 为泵站副泵电动机的功率，kW；$P_{主}$ 为泵站主泵电机功率，kW；n 为主泵台数；V_e 为额定电压；$I_{e副}$、$\eta_{e副}$、$\cos\varphi_{e副}$ 分别为副泵电机的额定电流、额定效率、额定功率因数；$I_{e主}$、$\eta_{e主}$、$\cos\varphi_{e主}$ 分别为主泵电机的额定电流、额定效率、额定功率因数；t 为运行时间，h。

设用水时间为 T，当用水流量小于设计流量时，副泵运行时间为 t_1，1# 主泵运行时间为 t_2，2# 主泵运行时间为 t_3…

很明显：

$$\begin{gathered} t_1\leqslant T \\ t_2\leqslant T \\ t_3\leqslant T \\ \vdots \end{gathered}$$

只有当用水流量等于设计流量时才有

$$\begin{gathered} t_1=T \\ t_2=T \\ t_3=T \\ \vdots \end{gathered}$$

因此，在喷灌用水时间 T 内，泵站各主、副泵正常运行（不包括启动能耗）的能耗为

$$\begin{aligned} N &= N_1+N_2+N_3+\cdots \\ &=\sqrt{3}V_eI_1\eta_1\cos\varphi_1t_1+\sqrt{3}V_eI_2\eta_2\cos\varphi_2t_2+\sqrt{3}V_eI_2\eta_2\cos\varphi_2t_3+\cdots \end{aligned} \tag{6-29}$$

式中：N 为在灌溉用水时间 T 内泵站各主、副泵正常运行的能耗，kW·h；N_1 为在 T 时间内，副泵实际正常运行时间 t_1 的能耗，kW·h；N_2、N_3、…分别为在 T 时间内，各主泵各自实际正常运行 t_2、t_3、…的能耗，kW·h；I_1、η_1、$\cos\varphi_1$ 分别为副泵电动机正常运行时的电流、效率、功率因数；I_2、η_2、$\cos\varphi_2$ 分别为主泵电动机正常运行时的电流、效率、功率因数；t_1、t_2、t_3、…分别为泵站各副泵、主泵正常运行的时间。

设在 T 时间内，副泵启动 a 次，1# 主泵启动 b 次，2# 主泵启动 c 次…，副泵每启动一次所需的时间为 t_a，主泵每启动一次所需的时间为 t_b，则在整个灌水时间 T 内，各泵的启动能耗为：

$$\begin{aligned} M &= M_1+M_2+M_3+\cdots \\ &=a\sqrt{3}V_eI_{副启}\eta_{副启}\cos\varphi_{副启}t_a+b\sqrt{3}V_eI_{主启}\eta_{主启}\cos\varphi_{主启}t_b \\ &\quad +c\sqrt{3}V_eI_{主启}\eta_{主启}\cos\varphi_{主启}t_b+\cdots \end{aligned} \tag{6-30}$$

在整个灌水时间 T 内，泵站的总能耗为

$$\begin{aligned} N_{总} &= N+M \\ &=N_1+N_2+N_3+\cdots+M_1+M_2+M_3+\cdots \\ &=\sqrt{3}V_eI_1\eta_1\cos\varphi_1t_1+\sqrt{3}V_eI_2\eta_2\cos\varphi_2t_2 \end{aligned}$$

$$+\sqrt{3}V_eI_2\eta_2\cos\varphi_2t_3+\cdots+a\sqrt{3}V_eI_{副启}\eta_{副启}\cos\varphi_{副启}t_a$$
$$+b\sqrt{3}V_eI_{主启}\eta_{主启}\cos\varphi_{主启}t_b+c\sqrt{3}V_eI_{主启}\eta_{主启}\cos\varphi_{主启}t_b+\cdots \tag{6-31}$$
$$=\sqrt{3}V_eI_1\eta_1\cos\varphi_1t_1+\sqrt{3}V_eI_2\eta_2\cos\varphi_2(t_2+t_3+\cdots)$$
$$+a\sqrt{3}V_eI_{副启}\eta_{副启}\cos\varphi_{副启}t_a+\sqrt{3}V_eI_{主启}\eta_{主启}\cos\varphi_{主启}t_b(b+c+\cdots)$$

电机启动能耗很小，恒压泵站水泵频繁启动主要是副泵，故泵站启动能耗一项所占比例很小。

当用水流量始终等于设计流量时，则式(6-31)变为：

$$N'_{总}=(\sqrt{3}V_eI_1\eta_1\cos\varphi_1+n\sqrt{3}V_eI_2\eta_2\cos\varphi_2)T \tag{6-32}$$

如果普通泵站的水泵组成情况与上面恒压泵站完全相同，则在整个灌水时间 T 内(无论用水量是否达到设计流量)，各泵运行时间均为 T，其总的能耗仍可用式(6-31)计算。

由于在整个灌水时间 T 内，用水量不可能都达到设计流量，故恒压泵站各主、副泵的运行时间 $t_i\leqslant T$，因此 $N_{总}\leqslant N'_{总}$。

当普通泵站由 1 台泵组成，但设计流量、扬程与多台泵组成的恒压泵站相同时，在整个灌水时间 T 内，水泵的运行时间也等于 T。

当用水流量小于设计流量时，恒压泵站开启部分水泵，而只有 1 台泵组成的泵站，水泵必须开启，这时水泵将在低效区运行，故效率下降而浪费能源。

通过上面分析，与普通泵站相比，设置有调压系统的恒压泵站无疑会节约一定的能耗。

四、变频恒压泵站节能分析

水泵功率与转速的三次方成正比，即 $N=kn^3$。喷灌系统工作时，田间用水位置和用水量随机变化，采用变频及微机控制技术后，可以使水泵运行的转速随流量的变化而变化，最终达到恒压、节能的目的。

(一)水泵调速运行的节能原理

根据交流电动机工作原理中的转速关系：

$$N=60f(1-s)/p \tag{6-33}$$

式中：f 为水泵电机的电源频率，Hz；s 为电机转差率；p 为电机的磁极对数。

由式(6-33)可知，均匀改变电动机定子绕组的电源频率 f，可以平滑地改变电动机的同步转速。电动机转速变慢，轴功率就相应减少，电动机输入功率也随之减少。这就是水泵变频调速的节能原理。

另外，水泵的电机属于平方转矩负载，即转矩 T_0 与转速 n 的平方成正比，$T_0\propto n^2$，而电机的输出功率 $N_m\propto T_0n\propto n^3$，即电机轴功率与转速的三次方成正比，由此可见，当电机的转速稍有下降时，电机功率损耗就会大幅度下降，耗电量也就大为减少。

如图 6-16 所示，当管网流量由 Q_A 变至 Q_B 时，如果采用恒速泵，其扬程必定升至 B' 处，供水压力升高；若采用变频恒压变量供水，当设定压力为 H_A 时，系统检测出 $H_{B'}$ 与 B 的压力差后，发出控制指令，降低变频器的输出频率，使泵的工况曲线由 n_0 变至 n_2，保持恒压为 H_A。显然，比恒速泵减少了 $B'B$ 这一段动压损失，因此有明显的节能效果。若采用变压变量供水，微机发出控制指令使泵的工况曲线由 n_0 变至 n_4 与管道工作特性曲线交于 B'' 点，比恒压变量供水又减少了 BB'' 这一段动压损失，因此节约了能耗。

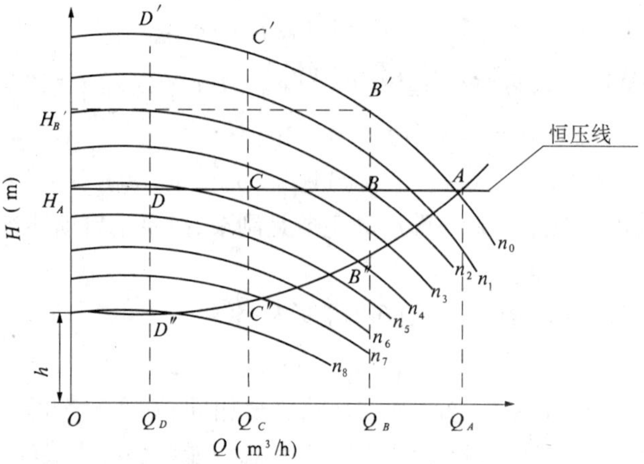

图 6-16　变频调速供水节能原理图

(二)水泵调速运行节能分析

图 6-17 为阀门调节和变频调节两种方式下的水泵功率—流量关系曲线。

从图 6-17 中可以看出,在水泵流量为额定流量的 60% 时,变频器调节与阀门调节相比,功率下降了 60%。所以,水泵仅仅依靠阀门调节是远远不够的,进行变频调节的节能改造是十分必要的。

对于水泵来说,流量 Q 与转速 n 成正比,扬程 H 与转速 n 的二次方成正比,而轴功率 P 与转速 n 的三次方成正比。

表 6-3 列出了它们之间的关系变化。

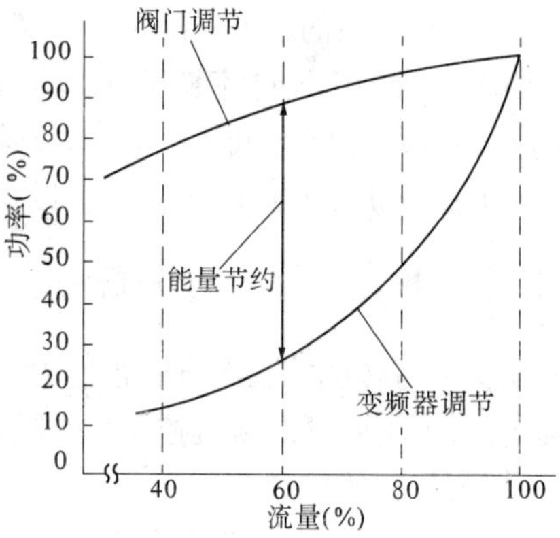

图 6-17　水泵变频调节与阀门调节能耗示意

表 6-3　变速后水泵电机性能指标变化率

转速变化(%)	运行频率(Hz)	扬程变化(%)	轴功率变化(%)	节电率(%)
100	50	100	100	0
90	45	81	72.9	27.1
80	40	64	51.2	48.8
70	35	49	34.3	65.7
60	30	36	21.6	78.4

从表 6-3 中可看出,用变频调速的方法进行节能改造的经济效益是十分显著的。

第七章 恒压喷灌工程设计实例

第一节 基本情况

一、灌区地理环境及地形地貌

河南省郏县恒压喷灌工程地处河南省中部郏县堂街镇东部，紫云山西麓，属浅山丘陵地带，地理位置在东经113°，北纬33°。灌区涉及孔湾、堂东等10个村，55个村民小组，土地肥沃，是当地粮食、烟叶的主产区之一。在工程建设前基本上没有水利设施，生产条件相对落后，农民靠天吃饭。若遇干旱会造成粮食、烟叶大幅减产，严重地影响到农民的生产和生活。该区地下水贫乏，且埋藏很深，不适宜打井，部分村庄人畜吃水都很困难，干旱缺水是制约当地农业生产、经济发展和人民生活的主要因素之一。在灌区的边缘有北汝河流过，水质、水量均适宜作为喷灌水源。

灌区地形坡度较大，大部分在1.5/100～3/100之间，个别地方的地形坡度达5/100，地形高差达34 m。整个地形东高西低，并向西南倾斜。部分耕地为梯田，并有一些波浪起伏，土地不平整。采用传统的灌溉方式难度很大。

灌区南北长约4 km，东西宽约1.5 km，面积近533.3 hm^2，耕地面积426.7 hm^2。

二、气象条件

（一）气温

灌区范围属温带大陆性气候，常年最高气温在6、7月份，最低气温在1月份。最高极值气温为43.7 ℃，最低极值气温为－17.8 ℃；多年平均气温为14.5 ℃，多年逐月平均气温值见表7-1。

表7-1 灌区多年逐月平均气温

月份	1	2	3	4	5	6	7	8	9	10	11	12	全年
气温（℃）	−0.2	2.3	8.0	15.3	21.4	26.6	27.5	26.3	21.4	15.5	8.2	2.1	14.5

初霜期出现在11月上旬，终霜期为4月上旬，无霜期为210 d左右。土壤0.4 m深处多年逐月平均地温见表7-2。

表7-2 灌区土壤0.4 m深处多年逐月平均地温

月份	1	2	3	4	5	6	7	8	9	10	11	12	全年
地温（℃）	4.9	5.7	9.3	14.3	19.3	24.2	26.9	27.2	23.7	18.5	13	7.6	16.2

（二）降水

灌区降水分布不均，年际、年内降水量变幅很大。最高年降水量达 1 207.4 mm，最低年降水量仅为 396.1 mm，最高年降水量是最低年降水量的 3.05 倍。多年平均降水量为 678.6 mm，多年逐月平均降雨量见表 7-3。

表 7-3　灌区多年逐月平均降水量

月份	1	2	3	4	5	6	7	8	9	10	11	12	全年
降水量（mm）	6.4	11.1	14.6	34.1	42.9	92.2	181.3	119.3	75.3	63.8	28.1	9.5	678.6

由表 7-3 可见，灌区降水多集中在 6～9 月份，约占全年降水量的 70%，而在 12 月至次年 4 月的 5 个月中，其降水量仅占全年降水量的 10% 左右。年际降水量的分布也极度不均。根据灌区 30 多年降水的实测资料分析，当降水经验频率为 75% 时，逐月和全年的降水量见表 7-4。

表 7-4　降水经验频率为 75% 时灌区逐月和全年的降水量

月份	1	2	3	4	5	6	7	8	9	10	11	12	全年
降水量（mm）	4.4	10.8	14.3	33.5	42.3	92.2	180.1	102.5	73.2	41.2	12.1	0	606.6

（三）蒸发

查当地气象资料，20 世纪末的 30 年里，多年平均蒸发量为 1 038 mm。多年逐月平均蒸发量见表 7-5。

表 7-5　灌区多年逐月平均蒸发量

月份	1	2	3	4	5	6	7	8	9	10	11	12	全年
蒸发量（mm）	29	36	67	102	140	165	148	130	92	64	38	27	1 038

由表 7-5 和表 7-3 比较可以看出，多年平均的蒸发量是多年平均降水量的 1.5 倍左右。

（四）相对湿度

灌区多年平均相对湿度为 66%，7～9 月 3 个月的相对湿度较大，12 月～次年 5 月的相对湿度较小，多年逐月平均相对湿度见表 7-6。

表 7-6　灌区多年逐月平均相对湿度

月份	1	2	3	4	5	6	7	8	9	10	11	12	全年
相对湿度（%）	60	63	63	62	60	57	76	79	73	69	67	62	66

（五）风

灌区风向多为西北风，出现时间多在冬季和 2、3 月份，多年平均风速为 3.03 m/s，瞬时最大风速为 24 m/s，多年逐月平均风速见表 7-7。

表 7-7　灌区多年逐月平均风速

月份	1	2	3	4	5	6	7	8	9	10	11	12	全年
风速(m/s)	3.5	3.4	3.5	3.3	3.2	3.1	2.5	2.2	2.3	2.6	3.3	3.5	3.03

另外,在5、6月份常出现干热风,对小麦生产的影响较大。

(六)日照

根据当地多年气象资料,灌区逐月日照时数统计结果见表7-8。

表 7-8　灌区多年逐月日均日照时数

月份	1	2	3	4	5	6	7	8	9	10	11	12	全年
日照数(h)	168.4	158.2	177.7	195	246.7	258.2	227.4	227.6	192.3	198.4	169.7	165.6	2 385.3
日均日照数(h)	5.4	5.7	5.7	6.5	8.0	8.6	7.3	7.3	6.4	6.4	5.7	5.3	

三、水文条件

(一)汝河水文

灌区水源来自北汝河。北汝河发源于嵩县,流经汝阳、临汝、郏县、襄县,在襄县岔河口进入沙河。干流全长250 km,流域面积6 080 km^2。在灌区取水口上游的流域面积为4 860 km^2。河床较宽,最宽处达1 500 m,一般为420 m。河床大部分为粗砂和卵石,覆盖厚度达10~20 m,最大厚度在40 m以上。地下潜流比较丰富,对枯水径流有显著的补给作用。

在灌区取水口下游20 km处和216 km处各建有1个水文观测站,观测资料系列都在30年以上。实测资料表明:北汝河多年平均径流量为9.3亿 m^3,平均产水量为15.3万 m^3/km^2;径流量年际间悬殊很大,最大达29亿 m^3,最小仅为1.65亿 m^3,最大最小相差达27.35亿 m^3。年内径流量分配不均,枯水位出现在3~6月中旬,高水位出现在7~9月份。

(二)灌区取水口处的最枯水位和流量

通过对两个水文观测站30多年的实测资料进行水文分析计算,结果如下:

当保证率为90%时,最枯日均流量为0.39 m^3/s,相应的最枯水位为86.228 m。

在工程规划设计之前,多次对灌区取水口河段的最枯水位、流量进行实测,结果见表7-9。

表 7-9　北汝河灌区取水口处的最枯水位、流量实测值

水位(m)	86.22	86.23	86.61
流量(m^3/s)	0.33	0.45	0.56

(三)灌区取水口处的最高洪水位

根据长期的观测资料和对洪水水位痕迹进行实测,灌区取水口处历史最高洪水位为93.09 m,比最枯水位高出6.86 m。

四、土壤与作物

（一）土壤

灌区土壤母质为黄土，少数为第四纪红色黏土。按土壤质地性质可分为中壤土、重壤土和轻黏土。中壤土分布在灌区西侧中段，重壤土分布在灌区南部及中部，轻壤土分布在灌区东侧中段及北部地势较高的坡岗上。

灌区土壤 pH 值在 6.0～6.7 之间。土壤容重在 1.18～1.62 g/cm^3 之间，土壤田间最大持水量（按占干土重的百分比计）为 24%。

（二）作物及植被

灌区的主要农作物为冬小麦、烟叶、晚玉米、红薯、油菜等。其中，烟叶是灌区最主要的经济作物，种植面积约为灌区面积的 1/3，因为烟叶种植不能重茬，必须 3 年一轮换，否则会影响到烟叶的品质和产量。

在灌区内及周围植被稀疏，没有成片的树木。因此，当发生暴雨时，水土流失较大。此外，在干热的夏季，农业生产易受干热风危害。

第二节　灌区总体规划

根据灌区地形、地貌的特点，即地形起伏不平、坡度较大、土地极不平整的状况，选用喷灌比较适宜。因为喷灌不受地形的限制，也不需平整土地。考虑到造价、耕作方便、节省能耗和提高喷洒质量及喷灌均匀度，拟采用半固定式恒压喷灌系统。

根据水源供水情况和灌区农业生产状况等因素，灌溉设计保证率取 75%。

灌区灌溉面积为 426.7 hm^2，工程控制面积为 505.3 hm^2，工程规模为中型。

一、作物种植比例

根据当地多年来的生产种植经验，结合灌溉方式进行作物种植结构的适当调整。调整后作物种植比例为冬小麦 65%，烟叶 29%，晚玉米 47%，晚红薯 24%，油菜 6%，复种指数为 171%。各种作物的种植面积、生育期见表 7-10 和图 7-1。

表 7-10　灌区作物种植情况

名称	冬小麦	油菜	烟叶	晚玉米	晚红薯
种植比例（%）	65	6	29	47	24
种植面积（hm^2）	277.3	25.6	123.7	200.5	102.4
播种（移栽）日期（月·日）	10.11	11.05	4.15	6.13	6.20
收获日期（月·日）	6.2	5.15	7.29	9.9	10.30
全生育期天数（d）	225	192	106	89	132

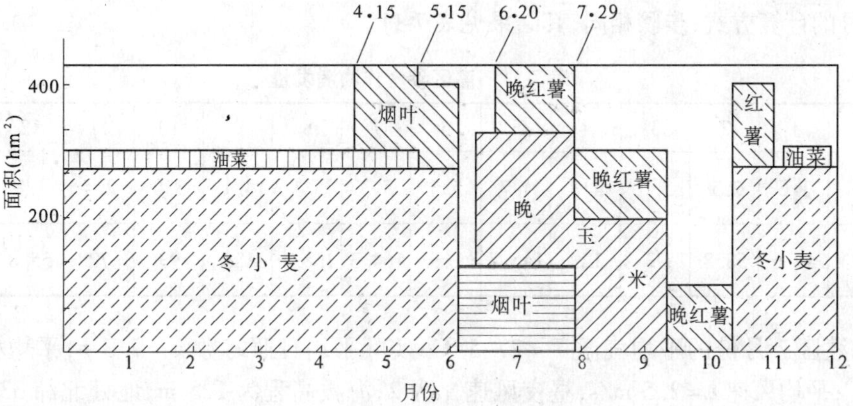

图 7-1　灌区作物种植比例及生长期

二、作物需水量

作物需水量是指作物在适宜的水肥条件下，经过正常生长发育，获得高产时的植株蒸腾、棵间蒸发所需水量，也称为作物腾发量。

作物需水量可通过灌溉试验获得，也可通过计算参考作物腾发量获得。由于缺乏相应的试验资料而气象资料较全，以改进彭曼公式计算作物需水量。

（一）参考作物腾发量计算

采用改进彭曼公式计算：

$$E_0 = C[WR_n + (1-W)f(v)(e_a - e_d)] \tag{7-1}$$

式中：E_0 为参考作物腾发量，mm/d；R_n 为净辐射量，mm/d；e_a 为平均气温条件下的饱和水气压，hPa；e_d 为实际平均水气压，hPa；$e_d = e_a \times$ 相对湿度/100；$f(v)$ 为风的函数，$f(v) = 0.27(1 + v/100)$；v 为 3 m 高处的平均风速，km/d；C 为考虑白天与夜晚天气影响的修正系数；W 为温度和海拔高程的加权系数。

净辐射量 R_n 可按下列公式计算：

$$R_n = 0.75R_s - R_{n1} \tag{7-2}$$

$$R_s = (0.25 + 0.5n/N)R_a \tag{7-3}$$

$$R_{n1} = f(T)f(e_d)f(n/N) \tag{7-4}$$

$$f(T) = \sigma T_K^4 \tag{7-5}$$

$$f(e_d) = 0.34 - 0.044\sqrt{e_d} \tag{7-6}$$

$$f(n/N) = 0.1 + 0.9n/N \tag{7-7}$$

式中：R_a 为地表辐射量，mm/d；R_s 为短波辐射量，mm/d；n 为实测日平均日照时数，h；N 为可能最大日平均日照时数，h；R_{n1} 为长波辐射量，mm/d；σ 为常数，$\sigma = 2 \times 10^{-9}$；$T_K$ 为绝对温度，$T_K = T + 273$；T 为平均气温，℃；e_d 为实际水气压，hPa；ρ_a 为饱和水气压，hPa。

e_a、R_a、N、W、C 各值，均可从《喷灌工程设计手册》中查到，而温度 T、相对湿度、实际日照时数、风速等可分别查表 7-1、表 7-6、表 7-8、表 7-7 得到。

参考作物腾发量的计算，须分别计算出全年各月的参考作物腾发量数值。因为灌区全年各月都有不同的作物在生长。其计算十分烦琐，为明了起见，以7月为例，作全过程计算。其余各月的计算方式、步骤相同，其结果见表7-11。

表7-11　灌区参考作物腾发量

月份	1	2	3	4	5	6	7	8	9	10	11	12	全年
E_0 (mm/d)	1.6	2.1	3.0	4.3	4.7	5.5	5.3	5.1	4.1	3.0	2.4	1.8	
E_0 (mm/月)	49.6	58.8	93	129	145.7	165	164.3	158.1	123	93	72	55.8	1 307.3

例：灌区7月份的平均气温 $T=27.5$ ℃；实际平均日照时数 $n=7.3$ h；平均相对湿度 $H=76\%$；平均风速 $v=2.5$ m/s，昼夜风速比为2；海拔高程为125 m，地处北纬33°，计算7月份的日平均参考作物腾发量 E_0。

（1）由 $T=27.5$ ℃，查《喷灌工程设计手册》得，饱和水气压 $e_a=36.8$ hPa

（2）实际水气压 $e_d=e_a\times H/100=36.8\times 76\%=28$ (hPa)

（3）水气压差：$e_a-e_d=36.8-28=8.8$ (hPa)

（4）风的函数：$f(v)=0.27(1+v/100)$

将日均风速 $v=2.5\times 86\ 400/1\ 000=216$ (km/d)代入上式得

$$f(v)=0.27\times(1+216/100)=0.85$$

（5）由北纬33°，查《喷灌工程设计手册》得7月份的地面辐射量 $R_a=16.8$ mm/d

（6）由北纬33°，查《喷灌工程设计手册》得7月份可能最大日平均日照时数 $N=14.1$ h/d

（7）短波辐射量：

$$R_s=(0.25+0.5n/N)R_a=(0.25+0.5\times 7.3\div 14.1)\times 16.8=8.5\ (\text{mm/d})$$

（8）气温函数：

$$f(T)=\sigma T_K^4=2\times 10^{-9}\times(273+27.5)^4=16.3$$

（9）水气压函数：

$$f(e_d)=0.34-0.044\sqrt{e_d}=0.34-0.044\sqrt{28}=0.1$$

（10）日照函数：

$$f(n/N)=0.1+0.9n/N=0.1+0.9\times 7.3\div 14.1=0.57$$

（11）长波辐射量：

$$R_{n1}=f(T)f(e_d)f(n/N)=16.3\times 0.1\times 0.57=0.93\ (\text{mm/d})$$

（12）净辐射量：

$$R_n=0.75R_s-R_{n1}=0.75\times 8.5-0.93=5.4\ (\text{mm/d});$$

（13）由 $T=27.5$ ℃，海拔高程125 m，查《喷灌工程设计手册》得，海拔加权系数 $W=0.76$；

（14）由相对湿度 $H=76\%$，风速 $v=2.5$ m/s，昼夜风速比为2，查《喷灌工程设计手册》得，修正系数 $C=0.9$。

（15）参考作物腾发量计算：

$$E_0=C[WR_n+(1-W)f(v)(e_a-e_d)]$$

$$=0.9\times[0.76\times5.4+(1-0.76)\times0.85\times8.8]=5.3(\text{mm/d})$$

（二）作物系数 K_c

作物系数 K_c 是作物腾发量与参考作物腾发量的比值。K_c 值因作物、作物的生长阶段而异，在一定程度上也因风速和温度而异，体现作物特性对需水量的影响。对大部分作物而言，K_c 值在苗期较低，随着作物的生长发育，K_c 值逐渐增大。当作物到达发育旺盛期，K_c 值增加到最大值，以后随着作物逐渐成熟，K_c 值也逐渐下降。

各种作物各生长期的作物系数 K_c 值，可根据当地实际，通过试验等方法取得，也可参考《喷灌工程设计手册》选定。

（三）作物需水量

将灌区各作物，如冬小麦各生长阶段相应的参考作物腾发量（见表 7-11）逐日相加的和，除以该生长阶段的天数，再乘以作物系数 K_c 值，即得到这一作物该生长阶段的日均需水量值 E_0。若将 E_0 与该生长阶段的天数相乘，就得到这一生长阶段作物需水量。

灌区作物冬小麦、油菜、烟叶、晚玉米、晚红薯的需水量见表 7-12 ~ 表 7-16。

表 7-12　冬小麦生长期需水量

生长阶段	时间（月·日）	天数（d）	作物系数 K_c	日需水量（mm/d）	需水量（mm）
播种—返青	10.11 ~ 2.19	132	0.35	0.75	99
返青—拔节	2.20 ~ 3.20	29	0.75	2.0	58
拔节—灌浆	3.21 ~ 5.2	43	1.05	4.2	180.6
灌浆—成熟	5.3 ~ 6.2	31	0.5	2.4	74.4
合计		235			412

表 7-13　油菜生长期需水量

生长期	时间（月·日）	天数（d）	作物系数 K_c	日需水量（mm/d）	需水量（mm）
播种—越冬	11.5 ~ 2.28	116	0.35	0.72	83.5
苗末—花末	3.1 ~ 4.10	41	1.0	3.3	135.3
结荚—成熟	4.11 ~ 5.15	35	0.80	3.6	126
合计		192			344.8

表 7-14　烟叶生长期需水量

生长期	时间（月·日）	天数（d）	作物系数 K_c	日需水量（mm/d）	需水量（mm）
移栽—团棵	4.15 ~ 5.26	42	0.5	2.3	96.6
团棵—现蕾	5.27 ~ 6.27	32	1.0	5.3	169.6
现蕾—成熟	6.28 ~ 7.29	32	0.8	4.2	134.4
合计		106			400.6

表 7-15 晚玉米生长期需水量

生长阶段	时间(月·日)	天数(d)	作物系数 K_c	日需水量(mm/d)	需水量(mm)
播种—拔节	6.13~7.1	19	0.4	2.2	41.8
拔节—抽穗	7.2~7.19	18	0.7	3.7	66.6
抽穗—乳熟	7.20~8.20	31	1.0	5.1	158.1
乳熟—收获	8.21~9.9	21	0.6	2.8	58.8
合计		89			325.3

表 7-16 红薯生长期需水量

生长阶段	时间(月·日)	天数(d)	作物系数 K_c	日需水量(mm/d)	需水量(mm)
移栽—发枝	6.20~7.12	23	0.35	1.8	41.4
发枝—结薯	7.13~7.27	15	0.7	3.7	55.5
茎叶生长	7.28~9.10	44	1.0	4.3	189.2
块根膨大	9.11~10.30	50	0.7	2.4	120
合计		132			406.1

三、灌溉制度拟定

作物灌溉制度是指作物全生育期的灌溉定额、灌水定额、灌水次数、灌水时间等。

(一)作物生长期净需水量

净需水量按下式计算：

$$M = E_0 - P_0 - G - \Delta W \tag{7-8}$$

式中：M 为作物生长期净需水量，mm；E_0 为作物生长期腾发量，mm；P_0 为作物生长期有效降雨量，mm；ΔW 为作物生长期根层土壤水变化量，mm，该值可能为正，也可能为负或零(对于冬小麦，$\Delta W = 40$ mm，对于油菜，$\Delta W = 35$ mm，对于晚玉米、烟叶、红薯，$\Delta W = 0$ mm)；G 为作物生长期地下水补给量，mm，对于该灌区，由于地下水贫乏，且埋藏很深，故 $G = 0$。

(二)有效降雨量

有效降雨量与一次降雨量的大小、降雨强度、延续时间、土壤性质、地形坡度、植被覆盖等因素有关，可用下式计算：

$$P_0 = K_R P \tag{7-9}$$

式中：P 为降雨量，mm；K_R 为系数，当 $P \leq 5$ mm 时，$K_R = 0$，当 5 mm $< P <$ 50 mm 时，$K_R = 0.9$，当 $P \geq 50$ mm 时，$K_R = 0.7$。

根据式(7-9)和表 7-4 数据计算有效降雨量，结果见表 7-17。

表 7-17　降水频率为 75% 时灌区逐月降雨量及有效降雨量

月份	1	2	3	4	5	6	7	8	9	10	11	12	全年
P(mm)	4.4	10.8	14.3	33.5	42.3	92.2	180.1	102.5	73.2	41.2	12.1	0	606.6
P_0(mm)	0	9.7	12.9	30.2	38.1	64.5	126.1	71.8	51.2	37.1	10.9	0	452.5

（三）灌溉需水量（灌溉定额）

灌溉需水量按式（7-8）和表 7-17 数据计算，结果见表 7-18。表中“灌溉需水量”一栏就是作物的灌溉定额。

表 7-18　灌区作物灌溉需水量（净）

作物	生长期（月·日）	天数（d）	面积（hm^2）	需水量（mm）	有效降水量（mm）	ΔW（mm）	灌溉需水量（mm）	灌溉需水（m^3/hm^2）	总量（m^3）
冬小麦	10.11～6.2	235	277.3	412	125.8	40	246.2	2 460	682 240
油菜	11.5～5.15	192	25.6	344.8	78.8	35	231	2 310	59 136
烟叶	4.15～7.29	106	10.4	400.6	239.3	0	161.3	1 612.5	199 520
晚玉米	6.13～9.9	89	200.53	325.3	248.3	0	77	769.5	154 310
晚红薯	6.20～10.30	132	102.4	406.1	298.1	0	108	1 080	109 872

（四）灌溉制度拟定

灌溉制度依据作物生长期内各生长阶段的时间、天数、需水量、有效降水量、灌溉需水量等拟定，结果见表 7-19。表 7-19 中的灌溉需水量和灌水定额都是净值，前者其实就是作物的净灌溉定额，后者是净灌水定额。

表 7-19　灌区作物灌溉制度

作物	生长阶段	时间（月·日）	天数（d）	作物需水量（mm/d）	作物需水量（mm）	P_0（mm）	ΔW（mm）	灌溉需水量（mm/d）	灌溉需水量（mm）	灌水次数	灌水定额（m^3/hm^2）	灌水时间（月·日）
冬小麦	播种—返青	10.11～2.19	132	0.75	99	40	20	0.3	40	1	405	12.1
冬小麦	返青—拔节	2.20～3.20	29	2.0	58	12	0	1.6	46	1	450	3.5
冬小麦	拔节—灌浆	3.21～5.2	43	4.2	180.6	38	20	2.9	124.7	3	450 405 405	3.25 4.10 4.25
冬小麦	灌浆—成熟	5.3～6.2	31	2.4	74.4	36	0	1.2	38.4	1	390	5.15
冬小麦	合计		235		362	126	40		249.1	6	2 505	
油菜	播种—越冬	11.5～2.28	116	0.72	83.5	18	20	0.4	46.4	1	465	12.3
油菜	苗末—花末	3.1～4.10	41	3.3	135.3	23	15	2.4	98.4	2	480 480	3.5 3.25
油菜	结荚—成熟	4.11～5.15	35	3.6	126	37.8	0	2.5	88.2	2	450 450	4.12 4.25
油菜	合计		192		344.8	78.8	35		233	5	2 325	

续表 7-19

作物	生长阶段	时间（月·日）	天数（d）	作物需水量		P_0	ΔW	灌溉需水量		灌水次数	灌水定额	灌水时间
				（mm/d）	（mm）	（mm）	（mm）	（mm/d）	（mm）		（m^3/hm^2）	（月·日）
烟叶	移栽—团棵	4.15～5.26	42	2.3	96.6	50	0	1.1	46.6	1	450	4.29
	团棵—现蕾	5.27～6.27	32	5.3	169.6	70	0	3.1	99.6	2	450 450	5.28 6.18
	现蕾—成熟	6.28～7.29	32	4.2	134.4	119.3	0	0.5	15.1	1	375	7.10
	合计		106		400.6	239.3	0		161.3	4	1 725	
晚玉米	播种—拔节	6.13～7.1	19	2.2	41.8	40	0	0	1.8			
	拔节—抽穗	7.2～7.19	18	3.7	66.6	70	0	0	-3.4			
	抽穗—乳熟	7.20～8.20	31	5.1	158.1	95	0	2.0	63.1	1	375	7.25
	乳熟—收获	8.21～9.9	21	2.8	58.8	43.3	0	0.7	15.5	1	375	8.15
	合计		89		325.3	248.3	0		77	2	750	
晚红薯	移栽—发枝	6.20～7.12	23	1.8	41.4	62	0	0	-20.9			
	发枝—结薯	7.13～7.27	15	3.7	55.5	60	0	0	-4.5			
	茎叶生长	7.28～9.10	44	4.3	189.2	107	0	1.9	82.2	2	375 375	8.5 8.25
	块根膨大	9.11～10.30	50	2.4	120	69.1	0	1.0	50.9	1	450	9.15
	合计		132		406.1	298.1	0		107.7	3	1 200	

（五）设计灌水定额和灌水周期

灌水定额和灌水周期与作物种类、土壤性质、灌水方式、作物生长阶段等因素有关。

1. 设计灌水定额

设计灌水定额按下式计算：

$$m = 0.1H(\beta_{max} - \beta_{min})\frac{1}{\eta} \tag{7-10}$$

式中：m 为设计灌水定额，mm；H 为计划湿润层深度，cm，对于大田作物 $H = 40 \sim 60$ cm；β_{max} 为灌后土层允许达到的含水量上限，一般取田间持水量的 80%～100%，这里取 95%；β_{min} 为灌前土层的含水量下限，一般取田间持水量的 65%～75%，这里取 72%；η 为喷洒水利用系数，与风速和气候、湿润度有关，这里 $\eta = 0.9$。

以冬小麦拔节—灌浆期为例，取 $H = 50$ cm，田间持水量体积比为 36%，则

$$\beta_{max} = 0.95 \times 36\% = 34.2\%$$

$$\beta_{min} = 0.72 \times 36\% = 25.92\%$$

$$m = 0.1 \times 50 \times (34.2 - 25.92) \times 1 \div 0.9 = 46(\text{mm}) = 460(\text{m}^3/\text{hm}^2)$$

2. 灌水周期

设计灌水周期用下式计算：

$$T = \frac{m}{E_P}\eta \tag{7-11}$$

式中：T 为设计灌水周期，d；m 为设计灌水定额，mm；E_P 为作物日需水量，mm/d；η 为喷洒水利用系数。

以冬小麦拔节—灌浆期为例,日需水量为4.2 mm/d(见表7-12或表7-19),设计灌水定额 $m=46$ mm,$\eta=0.9$,则

$$T=46\div 4.2\times 0.9\approx 10.0(\mathrm{d})$$

对于大田作物而言,灌水周期通常为7~10 d,最多不能大于15 d,否则对作物的生长发育和产量将会造成影响。

四、灌溉流量推算

从图7-1看到,在4月15日~5月15日和6月20日~7月29日两个时段灌区的土地上才全部有作物种植,在其余时段,总有部分土地在空闲。而在上述两个时段中,4月15日~5月15日是在少雨期(见表7-4)。如果提供的灌溉流量满足这一时段作物的需要,其他时段作物的需水量肯定能满足要求。

从图7-1中看到,对应时段灌区有3种作物:冬小麦、油菜和烟叶,它们各占比例为65%、6%和29%(见表7-10)。再从表7-19中知道,它们各自日灌溉需水量分别是2.9 mm、2.5 mm和3.1 mm,相当于29 $\mathrm{m^3/hm^2}$、25 $\mathrm{m^3/hm^2}$和31 $\mathrm{m^3/hm^2}$。

(一)净灌溉日需水量 $\overline{W}$

$\overline{W}=29\times 426.7\times 65\%+25\times 426.7\times 6\%+31\times 426.7\times 29\%=12\ 516(\mathrm{m^3})$

(二)灌溉流量 Q

$$Q=\frac{\overline{W}}{T\eta}$$

将 $T=24\times 3\ 600$,$\eta=0.9$,代入上式得

$$Q=12\ 516\div(24\times 3\ 600\times 0.9)=0.161(\mathrm{m^3/s})$$

五、喷头选型及组合间距

(一)喷头选型

选用摇臂式全圆喷洒双喷嘴喷头。喷嘴直径为7 mm×3.1 mm,工作压力为0.3~0.35 MPa,射程为19~20 m。

(二)喷灌强度

根据灌区的土壤情况,土壤的允许喷灌强度为8~10 mm/h。设计喷灌强度按下式计算:

$$\rho=\frac{1\ 000q}{A} \tag{7-12}$$

式中:ρ 为喷灌强度,mm/h;q 为喷头流量,$\mathrm{m^3/h}$;A 为喷头喷洒控制面积,$\mathrm{m^2}$。

当工作压力为0.3 MPa时,$q=3.82\ \mathrm{m^3/h}$,射程为19 m,对单喷头的喷灌强度,有:

$$\rho=\frac{1\ 000q}{A}=\frac{1\ 000\times 3.82}{\pi R^2}=\frac{1\ 000\times 3.82}{3.14\times 19^2}=3.37(\mathrm{mm/h})$$

由于该系统拟采用移动式喷灌系统,喷头组合后的喷灌强度至多为2个单喷头的叠加,即组合喷灌强度小于2倍的单喷头的喷灌强度,该值小于土壤允许的喷灌强度8~10 mm/h,符合要求。

(三)喷头组合间距

采用方形布置,喷头间距为20 m×18 m,即喷灌移动支管的间距为20 m,移动支管上的

喷头间距是 18 m。

六、喷灌移动支管标准套设计

（一）喷灌移动支管喷头数及流量

采用 8 个喷头，工作压力为 0.3 MPa，单喷头流量 $q = 3.82\ m^3/h$，则喷灌移动支管的流量 Q 为：

$$Q = 8 \times 3.82 = 30.6(m^3/h)$$

（二）喷灌移动支管的长度

移动支管上第一只喷头和最后一只喷头距地边均采用 12 m，其余中间喷头的间距均为 18 m，如图 7-2。移动支管总长为 138 m，有效喷幅宽度为 150 m。

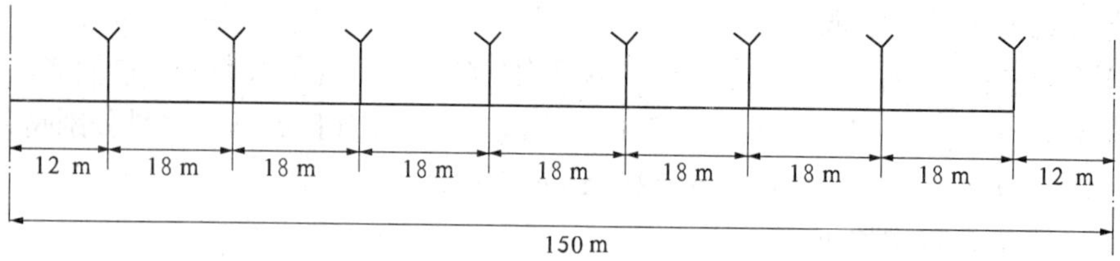

图 7-2　移动喷灌支管喷头布置示意图

七、喷灌工作制度

（一）喷头在一个工作点上喷洒时间 t

$$t = \frac{abm}{1\ 000q} \tag{7-13}$$

式中：a 为支管上喷头的间距，m；b 为支管间距，m；m 为设计灌水定额，mm；q 为喷头流量，m^3/h。

将 $a = 18$ m，$b = 20$ m，$m = 46$ mm，$q = 3.82\ m^3/h$ 代入式（7-13）得：

$$t = \frac{18 \times 20 \times 46}{1\ 000 \times 3.82} = 4.34(h)$$

（二）移动喷灌支管每天移动次数及工作时间

移动喷灌支管每天移动 3 次，工作时间 $T = 3 \times 4.34 = 13.02(h)$

（三）喷灌泵站（加压泵站）流量

喷灌泵站流量 Q 为：

$$Q = \frac{\overline{W}}{T\eta}$$

将净灌溉日需水量 $\overline{W} = 12\ 516\ m^3$，$\eta = 0.9$ 代入上式得

$$Q = 12\ 516 \div (13.02 \times 0.9) = 1\ 068(m^3/h) = 0.297(m^3/s)$$

（四）同时工作喷头数 n

$$n = \frac{Q}{q} = \frac{1\ 068}{3.82} \approx 280(个)$$

（五）同时工作移动支管套数 N

$$N = n \div 8 = 280 \div 8 = 35(套)$$

（六）每天灌溉面积 A_1

1 套支管的有效喷幅为 150 m，宽度为 20 m，其喷灌面积为：

$$A_1 = 150 \times 20 \div 10\ 000 = 0.3(\mathrm{hm}^2)$$

由于每天移动 3 次，故 1 套支管灌溉面积为 $0.3 \times 3 = 0.9(\mathrm{hm}^2/\mathrm{d})$。

同时工作的支管有 35 套，故 $A_1 = 35 \times 0.9 = 31.5(\mathrm{hm}^2)$。

（七）一个灌溉周期的最大时间 $T_{\max}$

每年的 4 月 15 日～5 月 15 日这段时间是灌区需水量的高峰期。所以这一时段灌溉的灌溉周期用时最长，其余时段的灌溉周期都要短一些。

$$T_{\max} = 426.7 \div 31.5 = 13.5(\mathrm{d})$$

八、灌区平面布置

灌区平面布置示意如图 7-3。南北长约 4 km，东西宽约 1.5 km，控制面积约 533.3 hm^2。设计灌溉面积 426.7 hm^2，土地利用率约为 80%。

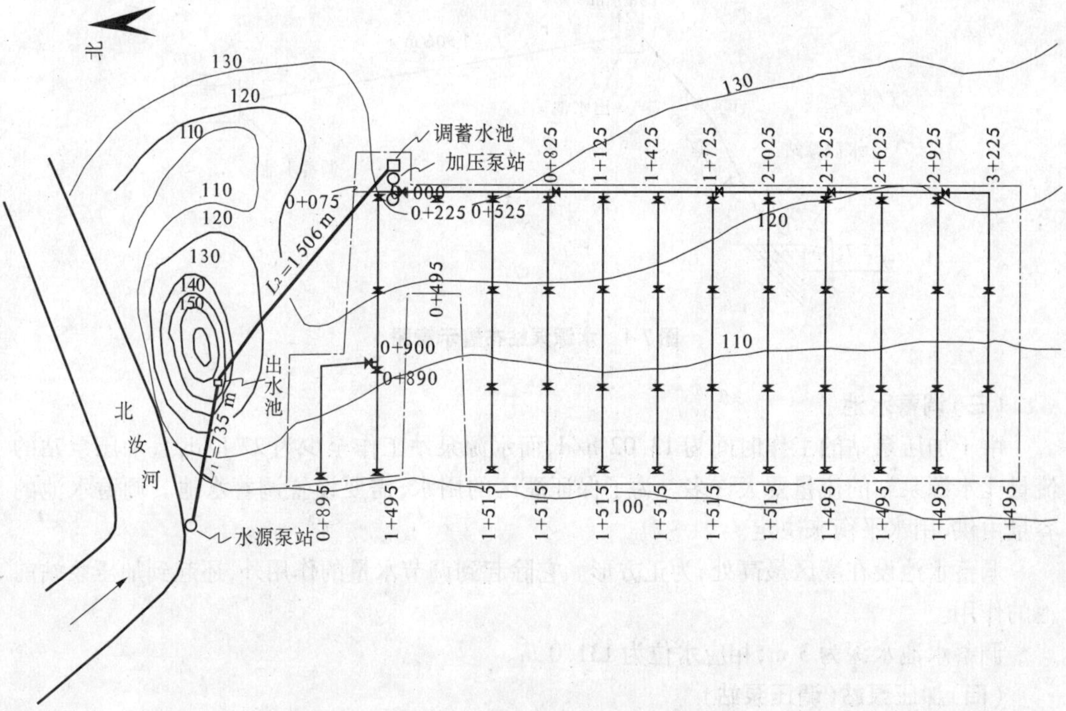

图 7-3　灌区平面布置图

（一）水源泵站

水源泵站利用原孔弯电灌站（已废弃）进行改建作为水源泵站。它位于北汝河南岸的凹岸处，泵房为浆砌条石圆形建筑物，分上下两层，下层为机泵房，内径为 8.3 m，墙厚 0.8 m；上层为配电室，内径 8.5 m，墙厚 0.6 m。整个泵房坐落在巨大的基岩上。泵房前的河堤高程为 94.99 m，高于历史最高洪水位 93.09 m。

泵站通过明渠从北汝河引水，穿过河堤下的涵洞进入前池，向水源泵站供水。明渠的引水角与河道主流基本平行。引水明渠进口底板高程为85.70 m,引水水位为86.228 m(相应的河道最枯日均流量为0.39 m^3/s),引水明渠进口水深为0.528 m。

引水明渠长21.5 m,底宽1.6 m,边坡1:15,纵坡为1/400,为浆砌块石渠道。

涵洞为矩形,宽1.2 m,高1.8 m,长12.5 m,洞底坡降为0.017 8。用浆砌条石砌成,涵洞进口底板高程为85.65 m。

前池底板高程84.26 m,相应前池水位为85.75 m。

(二)输水管

水源泵站提取的水,通过输水管道进入加压泵站(调压泵站)前的调蓄水池。由于输水管较长,为了防止水锤可能对输水管产生破坏,在输水管经过的最高处设出水池,切断输水管道。

出水池的水位为138 m,而水源泵站前池的水位为85.75 m。因此,水源泵站的几何扬程为52.25 m。

水源泵站、输水管、出水池、调蓄水池的相互关系见图7-4。

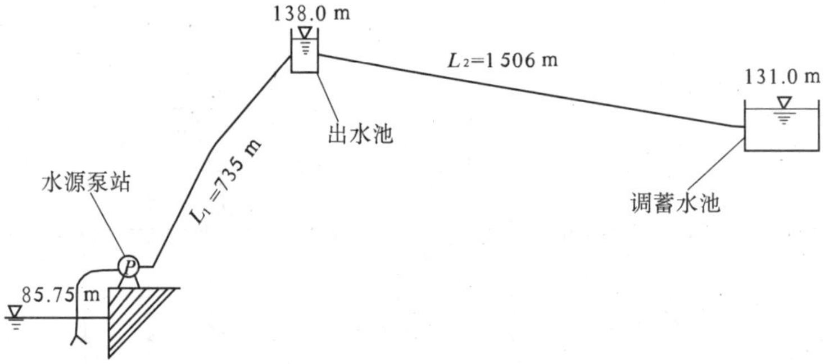

图7-4 水源泵站布置示意图

(三)调蓄水池

由于加压泵站的工作时间为13.02 h/d,而水源泵站工作至少为22 h/d,且加压泵站的流量比水源泵站的流量要大许多。为了保证灌区的用水,需要设置调蓄水池。调蓄水池的容量由供、用水平衡来决定。

调蓄水池设在灌区最高处,为正方形。它除起到调节水量的作用外,还起到加压泵站前池的作用。

调蓄水池水深为3 m,相应水位为131.0 m。

(四)加压泵站(调压泵站)

加压泵站泵房的长边与调蓄水池的一条边相平行。为了适应恒压喷灌泵站自动化启停的运行特点,采用机泵下卧,将水泵轴线置于调蓄水池的死水位线上。死水位为128.3 m,即加压泵站水泵的轴线高程为128.3 m。

恒压的实现,可采用调压罐或变频调速,也可将二者结合起来。本例采用调压罐实现恒压。

(五)管网布置

干管基本上沿等高线布置,且在灌区的最高处。支管基本上垂直等高线布置,且与干管互相垂直,共13条。移动喷灌支管沿等高线布置,并与支管互相垂直。

根据前面“喷灌移动支管标准套设计”，移动支管的有效喷幅为 150 m，间距为 20 m。移动支管双向喷洒。因此，固定支管的间距为 300 m，支管上的给水栓除第一个和最后一个距地端为 15 m 外，其余中间的给水栓间距均为 20 m。

为了避免灌区某处管道一旦发生破裂时，不使整个灌区管网发生瘫痪，应在各干支管上设置足够多的闸阀。原则上在干管上每隔 600 m 设一个节制阀，在支管上每条支管的进口处设进水阀，末端设退水阀，中间每 500 m 设一个节制阀。

灌区平面布置见图 7-3，管网数据见表 7-20。

表 7-20　灌区管网数据

干管	分干管编号	分干管桩号	首端高程(m)	末端高程(m)	长度(m)	灌溉面积(hm^2)	给水栓数(个)
南干管	1	3 +225	121.70	103.40	1 495	36	75
	2	2 +925	120.00	130.30	1 495	36	75
	3	2 +625	119.80	103.00	1 495	36	75
	4	2 +325	120.50	102.20	1 495	36	75
	5	2 +025	121.50	102.00	1 515	36.7	76
	6	1 +725	123.50	101.70	1 515	36.7	76
	7	1 +425	125.10	101.80	1 515	36.7	76
	8	1 +125	127.20	101.60	1 515	36.7	76
	9	0 +825	128.50	101.90	1 515	36.7	76
	10	0 +525	130.80	101.50	1 515	36.7	76
	11	0 +225	132.10	118.30	495	12	25
北干管	12	0 +075	131.20	101.30	1 495	36	75
	13	0 +900	115.60	101.60	895	14.7	30
合计					17 955	426.7	886

第三节　水力计算

一、水源泵站及输水管道

(一)流量

由本章第二节知道，净灌溉日需水量 $\overline{W}=12\ 516\ m^3$；考虑到水源泵站机泵的日常保养维护，工作时间定为 23 h/d；水的利用效率(含灌区)$\eta=0.90$。则水源泵站的流量 Q 为：

$$Q=\frac{12\ 516}{23\times 3\ 600\times 0.9}=0.168(m^3/s)$$

该流量小于北汝河最枯日均流量 0.39 m^3/s，故用水量是有保证的。

(二)管材选择

通过比较，输水管道采用钢筋混凝土管。

(三)管径确定

设管道流速 $v=1.5$ m/s，则管道内径 d 为：

$$d=\sqrt{\frac{4Q}{\pi v}}=\sqrt{\frac{4\times 0.168}{3.14\times 1.5}}=0.38(m)$$

取 $d=0.40$ m，则管道流速 $v=1.34$ m/s。

（四）扬程计算

1. 管道沿程水头损失计算

由图7-4知，从水源泵站至出水池，压力管道的长度为735 m，管道的沿程水头损失 H_f 用哈－威公式计算

$$H_f=10.667\left(\frac{Q}{c}\right)^{1.852}d^{-4.87}L \tag{7-14}$$

式中：H_f 为水头损失，m；Q 为流量，m^3/s，$Q=0.168\ m^3/s$；d 为管道内径，m，$d=0.40$ m；L 为管段长度，m，$L=735$ m；c 为与管材特性有关的摩阻系数。

不同材料管道的摩阻系数如下：

塑料管（≥100 mm），$c=150$；

钢管，$c=130$；

铝管（有节头），$c=130$；

混凝土管，$c=130\sim140$。

这里取 $c=130$，将有关参数代入式(7-14)得

$$H_f=10.667\left(\frac{0.168}{130}\right)^{1.852}\times0.4^{-4.87}\times735=3.04(\text{m})$$

2. 局部水头损失计算

局部水头损失，包括吸水管底阀、弯头、出口闸阀、压力管出水口等的水头损失。经分别计算，总损失为

$$\sum h_j=1.95(\text{m})$$

3. 吸水管水头损失

吸水管为内径 $d=250$ mm，长 $L=9$ m 的钢管。其水头损失仍用式(7-14)计算。其结果为

$$h_f=0.35\ \text{m}$$

4. 泵站扬程

泵站扬程，包括泵站的几何扬程 $Z_0=52.25$ m、沿程损失、局部损失。即

$$H=Z_0+H_f+\sum h_j+h_f=52.25+3.04+1.95+0.35=57.59(\text{m})$$

5. 水泵选型

根据扬程 $H=57.59$ m，流量 $Q=0.168\ m^3/s$，选择200S－63型水泵2台。其性能参数见表7-21。

表7-21　200S－63型水泵性能参数

扬程(m)	流量		转速(r/min)	效率(%)	功率(kW)		气蚀余量(m)	水泵口径(mm)		台数
	m^3/h	m^3/s			轴功率	电机		进	出	
69	216	0.06	2 950	73.7	55.1	75	4.6	200	150	2
63	280	0.078		81	59.3					
50	315	0.097 5		70.5	67.8					

由于泵站实际扬程为57.59 m，通过插值法，得到水泵扬程在57.59 m时的流量为305 $m^3/h=0.085\ m^3/s$，所以泵站的实际流量是：

$$Q=2\times305=610(m^3/h)=0.169(m^3/s)$$

这与所需流量0.168 m^3/s基本一致，故所选择的水泵满足要求。

6. 电动机选配

选用Y系列三相异步电动机，型号为Y280S－2，其技术参数见表7-22。

表7-22　Y280S－2型电动机技术参数

功率(kW)	转速(r/min)	电流(A)	效率(%)	功率因数	堵转转矩/额定转矩	堵转电流/额定电流	最大转矩/额定转矩	台数(台)
75	2 970	140.1	91.4	0.89	2.0	7.0	2.2	2

7. 出水池

出水池尺寸为：池长4 m，池深3 m，水深2.5 m，池宽1.5 m。

8. 出水池至调蓄水池输水管

该段输水管仍采用钢筋混凝土管。管长1 506 m，管道内径$d=0.4$ m。管段水位差$\Delta H=138-131=7(m)$。

管段的沿程水头损失H_f仍按式(7-14)计算：

$$H_f=10.667\left(\frac{Q}{c}\right)^{1.852}\times d^{-4.87}\times L=10.667\times\left(\frac{0.169}{130}\right)^{1.852}\times0.4^{-4.87}\times1\ 506=6.29(m)$$

局部损失包括管道进、出口损失和弯道损失。经计算，该管段总的局部水头损失为$\sum h_j=0.40$ m。

两项水头损失之和为：

$$\sum h_f=H_f+\sum h_j=6.29+0.4=6.69(m)$$

与管段水位$\Delta H=7$ m相接近，故符合要求。

根据输水管所承受的水头压力或者叫做工作压力，选用钢筋混凝土管的工作压力等级为0.6 MPa和0.4 MPa两种规格。

二、调蓄水池

（一）调蓄水池容积计算

调蓄水池的有效容积由来水量、用水量进行平衡计算得到。按日调节计算。

水源泵站流量为0.169 m^3/s，一般情况下每天工作23 h，特殊情况时（如天气干旱或需按加大流量灌溉），每天工作24 h，加压泵站的设计流量为0.297 m^3/s，加大流量为0.306 m^3/s，每天工作13 h。

计算结果见表7-23。

表7-23　调蓄水池容积计算

项次		流量(m^3/s)	13 h用水量(m^3)	13 h来水量(m^3)	差额水量(m^3)	后10 h来水量(m^3)	后11 h来水量(m^3)
来水		0.169		7 930		6 100	6 710
用水	设计	0.297	13 900	7 930	－5 970		
	加大	0.306	14 321	7 930	－6 391		

从表 7-23 可看出，当为设计流量时，差额为 5 970 m^3 <6 100 m^3；当加大流量时，差额为 6 391 m^3 <6 710 m^3，故可满足日调节。考虑到调蓄水池应设一定的死库容，故调蓄水池容积定为 7 500 m^3。

（二）调蓄水池尺寸拟定

水池为正方形，尺寸为 50 m×50 m，水深 3 m，超高 0.5 m，池深 3.5 m。

三、管网

（一）流量分配

灌区的设计流量为 0.297 m^3/s，加大流量为 0.306 m^3/s。流量分配的原则是，按各干、分干管所控制的灌溉面积，并结合喷灌移动支管标准套的设计流量进行分配。分配后，将各干、分干管的流量适当加大作为设计流量，以满足轮灌的需要。

当为设计流量时，可供 35 套移动喷灌支管同时工作；当为加大流量时，可供 37 套移动喷灌支管同时工作。流量分配结果见表 7-24。

表 7-24　管网流量分配

管道名称	控制面积 (hm^2)	流量		同时工作喷头数（只）	同时工作移动支管数（条）	管道设计流量 (m^3/s)	管道长度 (m)
		(m^3/s)	(m^3/h)				
全灌区	426.7	0.297	1 069	280	35		
南干	376.0	0.264	950	248	31	0.280	3 225
北干	50.7	0.034	122.4	32	4	0.040	75
1 分干	36.0	0.025 5		24	3	0.027	1 495
2 分干	36.0	0.025 5		24	3	0.027	1 495
3 分干	36.0	0.025 5		24	3	0.027	1 495
4 分干	36.0	0.025 5		24	3	0.027	1 495
5 分干	36.7	0.025 5		24	3	0.028	1 515
6 分干	36.7	0.025 5		24	3	0.028	1 515
7 分干	36.7	0.025 5		24	3	0.028	1 515
8 分干	36.7	0.025 5		24	3	0.028	1 515
9 分干	36.7	0.025 5		24	3	0.028	1 515
10 分干	36.7	0.025 5		24	3	0.028	1 515
11 分干	12.0	0.008 5		8	1	0.010	495
12 分干	36.0	0.025 5		24	3	0.027	1 495
13 分干	14.7	0.008 5		8	1	0.012	895

（二）管材选择

管材选择的原则是，当固定管道所需管径大于或等于 300 mm 时，采用钢筋混凝土管；当所需管径小于 300 mm 时，采用 PVC 塑料管。各管道、管段的管材、管径由水力计算后确定。

移动喷灌支管采用快速连接喷灌用薄壁铝管。规格型号为 $\Phi 76 \times 1.5 \times 6000$ 承插式铝管。

（三）移动喷灌支管的水力计算

根据《喷灌工程技术规范》（GB/T 50085—2007）规定，同一条管道上任意两个喷头间的工作压力差应在喷头设计工作压力的 20% 以内。

由灌区平面布置图知，移动喷灌支管沿等高线布置，假设它平行等高线，也就是说移动支管处在同一高程上。

设计喷头工作压力 $P = 30$ m，每根支管带 8 只喷头，支管的设计流量为 $q = 30.6\ m^3/h$，支管长度 $L = 138$ m。

移动喷灌支管的水头损失按下式计算：

$$H_f = F h_f \tag{7-15}$$

式中：H_f 为水头损失，m；F 为多口系数，对于 8 个喷头，$F = 0.38$；h_f 为支管的沿程水头损失，m。

h_f 仍按式（7-14）计算：

$$h_f = 10.667 \left(\frac{Q}{c}\right)^{1.852} d^{-4.87} L$$

将 $Q = 30.6\ m^3/h = 8.5 \times 10^{-3}\ m^3/s$，$d = 73\ mm = 0.073\ m$，$L = 138\ m$，$c = 130$ 代入式（7-14）得

$$h_f = 10.667 \times \left(\frac{8.5 \times 10^{-3}}{130}\right)^{1.852} \times 0.073^{-4.87} \times 138 = 8.99 (m)$$

$$H_f = 0.38 \times 8.99 = 3.42 (m) < 30 \times 20\% = 6 (m)$$

符合要求。

（四）管网水力计算

干管流量较大，原则上采用钢筋混凝土管，在干管的末端，或所需管径小于 300 mm 时，采用 PVC 塑料管。固定支管均采用 PVC 塑料管。

由于灌区地形坡度较大，而且加压泵站又处于灌区的最高处，管道走向是下坡。考虑到地形高差对下坡管道水头损失的补偿作用，在选择管径和管段长度时，尽可能使管道的水头损失接近该条管道（管段）的地面高差。这样，既可以使管道（管段）沿线的压力基本相等，满足喷灌均匀系数的要求，又能使管网造价得到一定的降低。

管网中各条管道（管段）的管径、长度要经过水力计算后才能最终确定。计算结果见表 7-25、表 7-26。

管网中各条管道（管段）的沿程水头损失，仍按式（7-14）计算。

1. 总干管

管径为 500 mm 的钢筋混凝土管，管长为 40 m，流量为 $0.315\ m^3/s$。

经计算，沿程水头损失 $H_f = 0.18$ m。

2. 干管

南北干管的计算结果见表 7-25。

表 7-25　干管水力计算

干管	桩号	分干管名称	地面高程(m)	流量(m^3/s)	管径(mm)	管长(m)	水头损失(m)		地面高差(m)	
							h_f	$\sum h_f$	ΔH	$\sum \Delta H$
南干管	0+000		133.10	0.315	500					
	0+225	11	132.10	0.315	500	225	1.00	1.00	1.00	1.00
	0+525	10	130.80	0.298	500	300	1.21	2.21	1.30	2.30
	0+825	9	128.50	0.264	500	300	0.97	3.18	2.30	4.60
	1+125	8	127.20	0.240	500	300	0.81	3.99	1.30	5.90
	1+425	7	125.10	0.214	400	300	1.94	5.93	2.10	8.00
	1+725	6	123.50	0.180	400	300	1.41	7.34	1.60	9.60
	2+025	5	121.50	0.154	400	300	1.06	8.40	2.00	11.60
	2+325	4	120.50	0.120	350	300	1.27	9.67	1.00	12.60
	2+625	3	119.80	0.094	350	300	0.81	10.48	0.70	13.30
	2+925	2	120.00	0.060	300	300	0.75	11.23	-0.20	13.10
	3+225	1	121.70	0.034	200	300	1.88	13.11	-1.70	11.40
北干管	0+000		133.10	0.049	200					
	0+075	12	131.20	0.049	200	75	0.93	0.93	1.90	1.90

3. 分干管

按各段分干管的管径长度和对应的过水流量，各分干管的计算结果见表 7-26。

四、调压泵站

调压泵站担负向灌区管网进行适时、适量供水的任务，通过调压系统，调节供水压力和供水流量，使供水压力恒定在设定的范围内，供水流量始终与灌区用水流量相一致。

调压泵站的水泵由主、副泵组成。主泵承担设计流量，副泵承担压力调节、灌区零星用水和加大流量。主、副泵的流量可以不同，甚至相差很大，但它们的扬程须尽可能相一致或相等。

（一）泵站扬程

由前面知，泵轴线的高程为 128.3 m。前池（调蓄水池）的设计水位 $h_0 = 129.0$ m。

泵站扬程 H 按下式计算：

$$H = P + h + \sum H_{fi} + \sum h_{ji} + H_i - h_0 \tag{7-16}$$

式中：H 为泵站扬程，m；P 为喷头设计工作压力，$P = 30$ m；h 为喷头竖管与喷头高之和，$h = 1.5$ m；$\sum H_{fi}$ 为泵站至某一固定支管第 i 个给水栓的沿程水头损失之和，m；$\sum h_{ji}$ 为泵站至某一固定支管第 i 个给水栓的局部水头损失之和，取 $\sum h_{ji} = 15\% \sum H_{fi}$；$H_i$ 为灌区第 i 个给水栓处的地面高程，m；h_0 为调压泵站的设计前池水位，$h_0 = 129.0$ m。

表 7-26　分干管水力计算结果

分干管号	首端高程(m)	入口流量(m^3/s)	管段长度(m)				管长(m)	干管水头损失 H_f(m)	末端高程(m)	分干管高差 Δh(m)	干管高差 ΔH(m)	$\Delta h+\Delta H$(m)	分干管水头损失 h_f(m)	H_f+h_f	$(\Delta h+\Delta H)-(H_f+h_f)$(m)
			Φ200	Φ160	Φ125	Φ110									
1	121.70	0.034	500	250	400	345	1 495	13.19	103.40	18.30	11.40	29.70	18.58	31.77	−2.07
2	120.00	0.034	500	250	400	345	1 495	11.24	103.30	16.70	13.10	29.80	18.58	29.82	−0.02
3	119.80	0.034	500	250	400	345	1 495	10.49	103.00	16.80	13.30	30.10	18.58	29.07	1.03
4	120.50	0.034	500	250	400	345	1 495	9.68	102.20	18.30	12.60	30.90	18.58	28.26	2.64
5	121.50	0.034	400	350	400	365	1 515	8.41	102.00	19.50	11.60	31.10	20.07	28.48	2.62
6	123.50	0.034	250	500	400	365	1 515	7.37	101.70	21.80	9.60	31.40	22.01	29.38	2.02
7	125.10	0.034		750	400	365	1 515	5.96	101.80	23.30	8.00	31.30	25.27	31.23	0.07
8	127.20	0.034		750	400	365	1 515	4.01	101.60	25.60	5.90	31.50	25.27	29.28	2.22
9	128.50	0.034		750	400	365	1 515	3.20	101.90	26.60	4.60	31.20	25.27	28.47	2.73
10	130.80	0.034		600	550	365	1 515	2.24	101.50	29.30	2.30	31.60	28.10	30.34	1.26
11	132.10	0.012				495	495	1.01	118.30	13.80	1.00	14.80	8.85	9.86	4.94
12	131.20	0.034		600	550	345	1 495	1.28	101.30	29.90	1.90	31.80	27.90	29.18	2.62
13	115.60	0.015					895		101.60	14.00		14.00	15.36	15.36	−1.36

用式(7-16)对灌区各固定支管有代表性的给水栓处所需的泵站扬程进行计算,得到一系列的泵站扬程。经计算,所需扬程值 $H=39.5\sim44.1$ m 之间。除一个最不利点的扬程为 44.1 m 外,其余约 70% 给水栓所需扬程为 40 ~42.5 m。

(二)水泵选型

泵型选择是依据泵站扬程 H 和设计流量 Q 进行的。经比较,选择水泵的型号、性能参数及台数见表 7-27。

表 7-27 调压泵站水泵型号及性能参数

名称	型号	转速(r/min)	流量(m^3/s)	扬程(m)	效率(%)	功率(kW)		泵口径(mm)		台数(台)
						轴功率	电机	进	出	
主泵	IS200-150-400A	1 450	0.063	49	72.7	41.8	75	200	150	3
			0.105	44.5	79.5	57.9				
			0.121	40	75.5	63.8				
副泵	IS125-100-400A	1 450	0.016	46	53	13.2	22	125	100	1
			0.026	44	64	17.5				
			0.031	43	67	19.6				

所选水泵扬程为 44.5 m,3 台主泵流量为 0.315 m^3/s,副泵流量为 0.026 m^3/s。这与泵站的设计流量 0.297 m^3/s,加大流量 0.315 m^3/s 基本一致。故满足要求。

加压泵站的最终设计流量为 0.315 m^3/s,加大流量为 0.341 m^3/s,设计扬程为 44.5 m。

(三)电动机选择

选用 Y 系列三相异步电动机,性能参数见表 7-28。

表 7-28 调压泵站所配的电动机性能参数

型号	功率(kW)	转速(r/min)	电流(A)	效率(%)	功率因数	堵转转矩/额定转矩	堵转电流/额定电流	最大转矩/额定转矩	台数(台)
Y280S-4	75	1 480	139.7	92.7	0.88	1.9	7.0	2.2	3
Y180L-4	22	1 470	56.8	92.2	0.87	2.0	7.0	2.2	1

(四)调压泵站布置

泵站平面布置示意图见图 7-5(a);剖面图见图 7-5(b)。

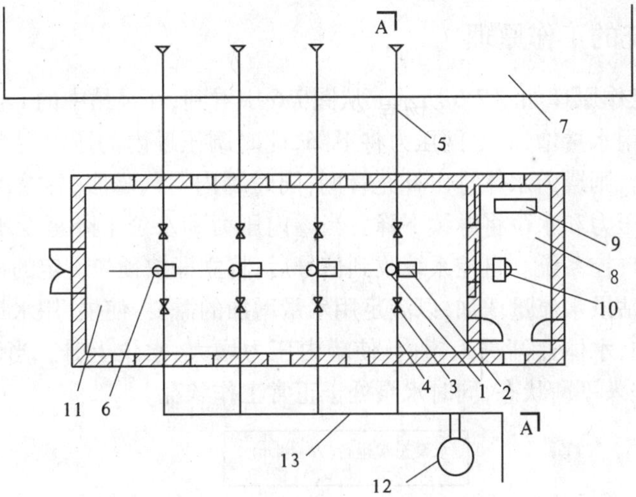

(a) 平面图

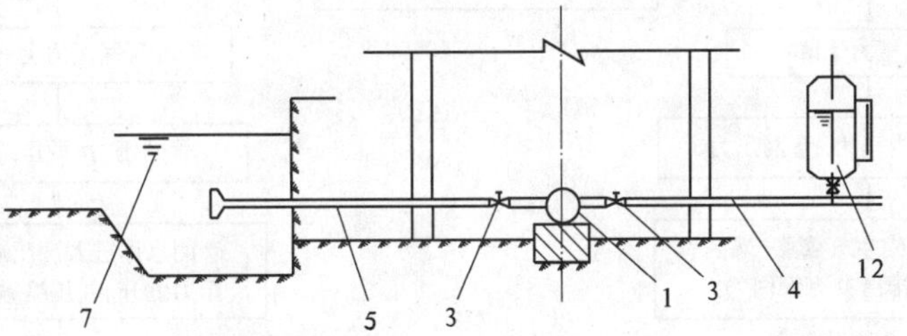

(b) A-A剖面图

1—主泵;2—电动机;3—闸阀;4—出水管;5—吸水管;6—副泵;7—调蓄水池;

8—控制间;9—控制柜;10—操作台;11—检修间;12—调压罐;13—集水管

图 7-5　调压泵站布置示意图

第四节　调压系统设计

调压系统由两部分组成:一部分为调节泵站供水压力的调压设备。调压设备可用调压罐、变频调速或将调压罐与变频调速二者相结合进行联合运用。其目标是将泵站的供水压力恒定在一个预先设定的范围内,并使泵站的供水流量与管网的用水流量始终相一致。本例以调压罐为例进行设计。另一部分为自控系统,它的作用是控制、监测泵站主、副泵和调压系统的自动操作及事故报警。

一、调压范围的确定

为了提高喷洒均匀度,调压范围应小于或等于喷头设计工作压力的 20%,并在泵站水泵的高效范围内。喷头的设计工作压力 $P=30$ m,故调压范围应小于等于 6 m,经与水泵的性能曲线核对,该调压范围在水泵高效区范围内,故取调压范围为 6 m 是合适的。

泵站的设计扬程 $H=44$ m,因此调压罐的上限压力为 47 m,下限压力为 41 m,也就是说将泵站水泵的工况点的扬程限定在 41 ~ 47 m 范围内。

二、调压系统的工作原理

调压系统的工作原理如图7-6所示。从图7-6中看到,在泵站中的1台或几台水泵正常运行时,如果田间用水量增加,管网压力将下降,此时调压罐内的压力就大于管网压力。由于出现压力不平衡,则罐内水体排出补充管网,同时罐内空气膨胀,释放能量。如果用水量继续增加,则罐内压力和水位将继续下降。当罐内压力和水位下降至设定的压力和水位下限时,信号将送至自控系统。自控系统收到信号后,将立即按预先设定的控制程序自动启动或切换水泵,使泵站供水流量增加,以满足用水量增加的需要,使供、用水量达到平衡。由于泵站供水流量增加,水体逐渐进入罐内,使罐内压力增大、水位上升。当罐内、外压力相等时,供、用水量也进入平衡状态,同时水泵处于正常工作状况。

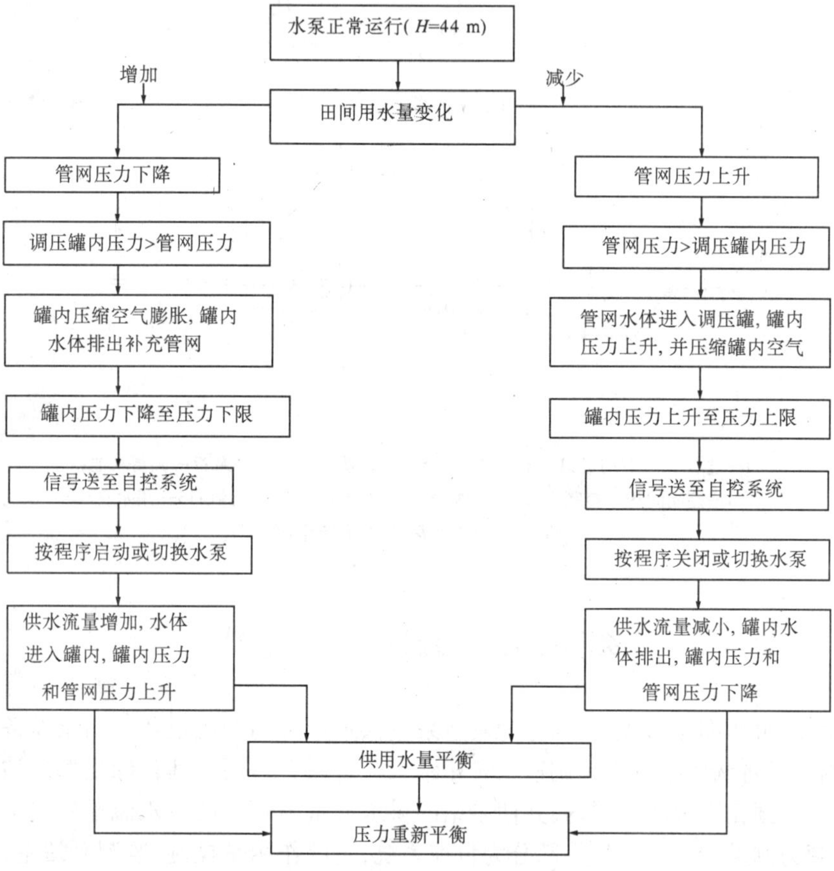

图7-6 调压系统工作原理图

反之,在泵站1台或几台水泵正常工作时,如果田间用水量减少,管网压力将上升,这时,管网压力大于调压罐内的压力。由于出现压力不平衡,则水体进入调压罐内,使罐内压力和水位上升,同时压缩罐内空气。空气在压缩过程中要吸收能量。如果用水量继续减少,则罐内压力和水位将继续上升。当罐内压力和水位上升至设定的压力和水位上限时,信号将送至自控系统。自控系统接到信号后,会立即按预先设定的控制程序自动关闭或切换水泵,使泵站供水流量减少,管网压力和罐内压力将下降。当罐内、外压力相等时,则供、用水量进入平衡状态,这时水泵处于正常运行工况中。

如果水泵压力处于设定的压力上限或下限附近时,田间用水量发生减少或增量不大的波动,如只有1个标准套停止或投入运行时,就会出现副泵(甚至主泵)频繁启动或切换现象。而水泵启动、切换太频繁,对水泵,特别对电动机是不利的。为了控制电机由关闭到下次启动有允许的最小时间间隔,就需要设置有一定的调节容积的调压罐,以调节停泵间隔供需水量的平衡。

三、调压泵站水泵的运行方式

调压泵站水泵的运行方式,是按预先将各台水泵的运行编制成一定的次序,在这一次序下运行,见图7-7和表7-29。

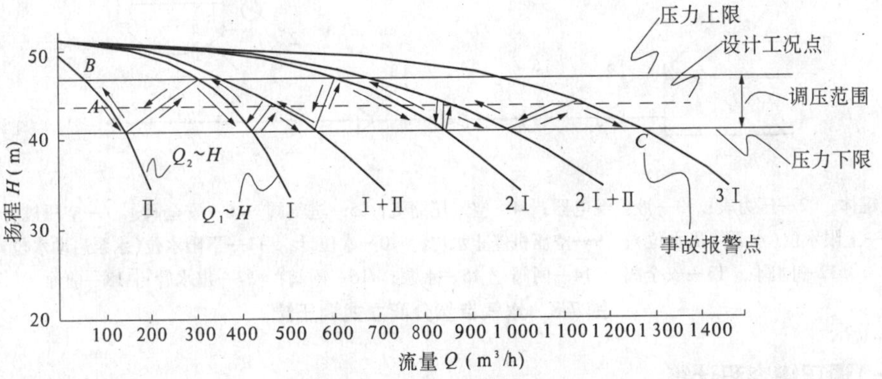

Ⅰ—主泵;Ⅱ—副泵

图7-7 泵站水泵工作运行图

表7-29 调压泵站各泵自动启动、运行、关闭程序

用水量、压力状态	水泵运行次序				状态说明
	主泵			副泵	
	1号	2号	3号		
工作开始				√	启动副泵,在设计工况点运行
用水量增加,压力降至下限	√			√	启动1号主泵,压力回升
用水量再增加,压力再降至下限	√	√			启动2号主泵,关闭副泵,压力回升
用水量继续增加,压力降至下限	√	√		√	再次启动副泵,压力回升
用水量增加,至设计值	√	√	√		启动3号主泵,关闭副泵,压力回升至设计工况点
用水量减少,压力上升至上限		√	√	√	关闭1号主泵,启动副泵,压力下降
用水量再减少,压力又上升至上限		√	√		关闭副泵,压力下降
用水量继续减少,压力又上升至上限			√	√	关闭2号主泵,启动副泵,压力下降
用水量再减少,压力又上升至上限			√		关闭副泵,压力下降
用水量再减少,压力又上升至上限				√	关闭3号主泵,启动副泵,压力下降
用水量减少至设计下限,压力再次上升至上限					关闭副泵,压力下降,灌区停止作业

四、调压罐设计

调压罐采用水气自然分离立式调压罐，安装在泵站出水管一侧，并尽可能靠近泵站，见图7-8。

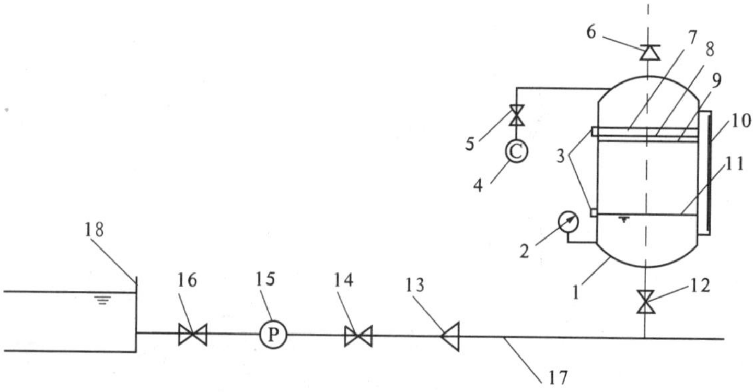

1—调压罐体； 2—压力表； 3—液位继电器； 4—空气压缩机； 5—进气阀； 6—安全阀； 7—空压机启动水位；
8—上限水位（水泵停机水位）； 9—空压机停止水位； 10—水位计； 11—下限水位（水泵启动水位）；
12—闸阀； 13—安全阀； 14—闸阀； 15—水泵； 16—闸阀； 17—出水管； 18—前池

图7-8 水气自然分离立式调压罐

（一）调压罐容积计算

计算调压罐容积的公式很多，这里按下式计算：

$$\bar{V}=\frac{tq}{\alpha-\beta} \tag{7-17}$$

$$\alpha=1-\frac{P_0+103.3}{P_2+103.3} \tag{7-18}$$

$$\beta=1-\frac{P_0+103.3}{P_1+103.3} \tag{7-19}$$

式中：$\bar{V}$为调压罐容积，m^3；α为设计最高工作压力时罐内水体所占罐体容积的百分数，%；β为设计最低工作压力时罐内水体所占罐体容积的百分数，%；P_0为罐内起始充气压力，kPa；P_1为调压罐设计最低工作压力，kPa；P_2为调压罐设计最高工作压力，kPa；q为喷灌支管标准套流量，m^3/min；t为允许的最小停泵时间，min。

根据该工程的实际，以上各参数取值如下：

$P_1=410$ kPa，$P_2=470$ kPa，$q=30.6\ m^3/h=0.51\ m^3/min$，$P_0\leqslant P_1\times75\%=307.5$（kPa），$t=3$ min

$$\alpha=1-\frac{P_0+103.3}{P_2+103.3}=1-\frac{307.5+103.3}{470+103.3}=0.283$$

$$\beta=1-\frac{P_0+103.3}{P_1+103.3}=1-\frac{307.5+103.3}{410+103.3}=0.200$$

因而，调压罐的容积为：

$$\bar{V}=\frac{tq}{\alpha-\beta}=\frac{3\times0.51}{0.283-0.200}=18.43(m^3)$$

（二）调压罐结构设计

调压罐是一个由 2 个标准椭圆球形封头和 1 个圆筒形钢筒焊接而成的压力容器。在罐上要预留安装各种仪表、闸阀的孔口位置，同时为便于罐内的检查和维修，必须设置检修人孔。

1. 调压罐尺寸计算

1）封头容积 $\overline{V}_1$

调压罐封头为标准椭圆球形封头，封头椭圆的长轴为 2，短轴为 1。长轴半径 R 为 1.4 m，短轴半径 b 为 0.7 m。其容积 $\overline{V}_1$ 为

$$\overline{V}_1 = \frac{4}{3}\pi Rb^2 = \frac{4}{3} \times 3.14 \times 1.4 \times 0.7^2$$
$$= 2.87(\mathrm{m}^3)$$

2）筒体容积 $\overline{V}_2$

$$\overline{V}_2 = \overline{V} - \overline{V}_1 = 18.43 - 2.87 = 15.56(\mathrm{m}^3)$$

3）筒体高 h

$$h = \frac{\overline{V}_2}{\pi R^2} = \frac{15.56}{3.14 \times 1.4^2} = 2.53(\mathrm{m})$$

取 $h = 2.55$ m。

调压罐的几何尺寸见图 7-9。

2. 调压罐壁厚计算

调压罐的压力上限 P_2 为 0.47 MPa，考虑到可能产生的水锤压力，调压罐的设计压力按 1.5 倍的上限压力进行设计，即调压罐的设计压力为 0.7 MPa。

1）筒体壁厚 t_1 的计算

$$t_1 = \frac{PR}{k_1[\sigma] - 0.6P} + C_A \tag{7-20}$$

式中：t_1 为调压罐筒体部的壁厚，mm；P 为调压罐的设计工作压力，MPa；R 为筒体半径，mm；k_1 为纵向焊缝系数，取 $k_1 = 0.85$；$[\sigma]$为钢板的允许应力，MPa；C_A 为腐蚀余量，mm。

筒体钢板采用 3 号钢，对应的允许应力 $[\sigma] = 170$ MPa，$C_A = 3$ mm，结合其余各参数的取值，得：

$$t_1 = \frac{PR}{k_1[\sigma] - 0.6P} + C_A = \frac{0.7 \times 1\,400}{0.85 \times 170 - 0.6 \times 0.7} + 3 = 9.8(\mathrm{mm})$$

取 t_1 为 10 mm。

2）封头壁厚 t_2 的计算

$$t_2 = \frac{PD}{2k_2[\sigma] - 0.2P} + C_A \tag{7-21}$$

式中：D 为调压罐筒体内径，mm；k_2 为焊缝系数，封头为整体标准椭圆，取 $k_2 = 0.9$；其余符号同前，故：

$$t_2 = \frac{PD}{2k_2[\sigma] - 0.2P} + C_A = \frac{0.7 \times 2\,800}{2 \times 0.9 \times 170 - 0.2 \times 0.7} + 3 = 9.4(\mathrm{mm})$$

封头的厚度应不小于筒体厚度，取 t_2 为 12 mm。

调压罐的尺寸及结构如图 7-9 所示。

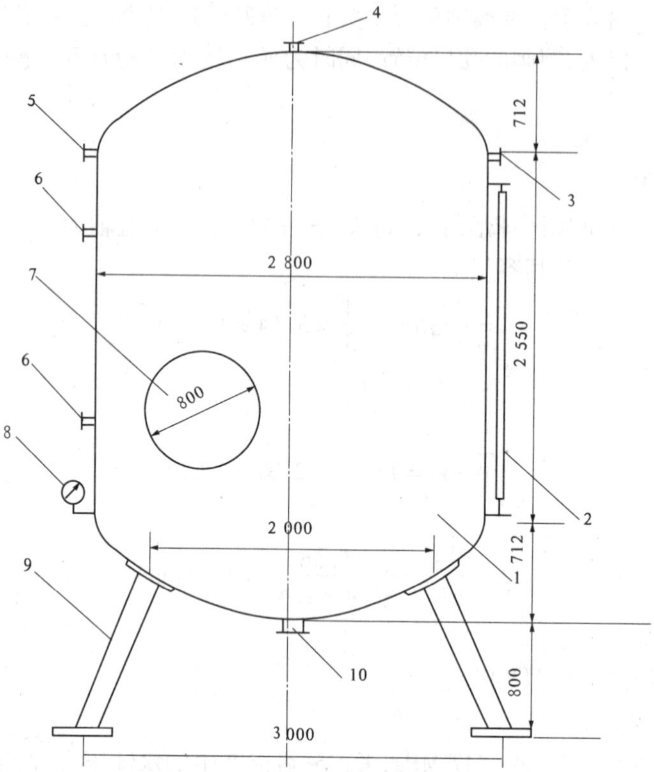

1—罐体； 2—水位计； 3—进气管法兰； 4—安全阀法兰；
5—放气阀法兰； 6—液位继电器； 7—人孔； 8—压力表； 9—支腿； 10—进出水管法兰

图 7-9　调压罐的尺寸及结构图　（单位：mm）

（三）充气设备

向调压罐内充气的设备，可采用空气压缩机。空压机的运行由调压罐的设定水位进行控制，自动启动、运行和关停。

充气量用下式计算

$$Q_k = \frac{P\,V'}{98t} \tag{7-22}$$

式中：Q_k 为充气量，m^3/min；P 为上限压力，kPa；V'为调压罐中上限压力时的空气容积，m^3；t 为充气延续时间，min。

设计中，P 取 470 kPa，调压罐中上限压力时的空气容积取罐体容积的 28.3%，即 $V' = 28.3\% \times 18.43 = 5.16\ (m^3)$，充气时间按 30 min 计，则

$$Q_k = \frac{P\,V'}{98t} = \frac{470 \times 5.16}{98 \times 30} = 0.83\,(m^3/min)$$

依据计算得到的充气量，选择相应的空压机。

五、自控系统

自控系统的任务是实现调压泵站的自动化。泵站中的主泵、副泵、空压机等机组的启动、运行、停机中的监视、保护、压力和流量的调节，以及事故报警、停机等，都是按预先编制

好的程序进行。

3 台主泵和副泵的启动、运行、停机以及事故报警等是受调压罐内的上、下限压力及水位控制。而空压机的启动、运行、停机是受调压罐内空压机的启、停水位控制。如果 3 台泵已全部投入运行，而管网压力仍继续下降，当压力降到“C”点（见图 7-7）时，系统将报警。这时泵站水泵将按预先编制好的程序依次停机，直到泵站完全停止运行为止。压力降到“C”点，可能是两种原因引起的：一是灌区某处管道发生破裂或爆管所致；另一种是灌区增加过多的用水。

自控系统的程序按图 7-6 和表 7-29 进行编制。用计算机或单板机进行操作，以实现调压泵站的自动化。

第五节　泵站及管网水锤分析

一、水源泵站水锤

（一）基本情况

1. 水位及扬程

前池水位：

$$H_1 = 85.75\ \mathrm{m}$$

出水池水位：

$$H_2 = 138.00\ \mathrm{m}$$

泵站净扬程：

$$Z_0 = H_2 - H_1 = 138.00 - 85.75 = 52.25\ (\mathrm{m})$$

2. 水泵型号及性能

水泵型号与台数：200S－63 型水泵 2 台。

泵站的扬程为 57.59 m，流量为 0.085 m^3/s，转速为 2 950 r/min，水泵效率 77%，轴功率为 63 kW，水泵的安装高程为 90.10 m。

3. 配套电机型号及性能

配套电动机选用 Y280S－2 型，2 台功率为 75 kW，转速为 2 970 r/min，效率为 91.4%，飞轮转动惯量为 3.00 $kg \cdot m^2$。

4. 压力管道

管道选用钢筋混凝土管，外径为 490 mm，内径为 400 mm，壁厚为 45 mm，弹性模量为 $2.1 \times 10^9\ kg/m^2$，管长为 735 m，管道水头总损失为 5.29 m。

（二）水锤计算

当突然断电发生停泵时产生的泵站水锤最为严重，以此为对象进行分析计算。

1. 水锤波速计算

$$a = \frac{1\,435}{\sqrt{1 + \frac{Dk}{\delta E}}} \tag{7-23}$$

式中：a 为水锤波速，m/s；D 为管道内径，m；δ 为管道壁厚，m；E 为钢筋混凝土管的纵向弹性模量，$E=2.1\times10^{9}\ kg/m^2$；$k$ 为水的体积弹性模量，kg/m^2，一般为 $2.1\times10^{8}\ kg/m^2$。

代入各参数的取值，经计算，水锤波速为 1 044 m/s。

2. 管道中水流速度

$$v=\frac{Q}{\frac{\pi}{4}d^2}=\frac{0.169}{\frac{\pi}{4}\times0.4^2}=1.35(m/s) \tag{7-24}$$

3. 管道常数

$$2\rho=\frac{av}{gH}=\frac{1\ 044\times1.35}{9.81\times57.59}=2.50 \tag{7-25}$$

4. 水锤波往返一次的时间

$$u=\frac{2L}{a}=\frac{2\times735}{1\ 044}=1.41(s) \tag{7-26}$$

5. 水泵转矩

$$M=\frac{974N}{n}=\frac{974\times63}{2\ 950}=20.8(kg\cdot m) \tag{7-27}$$

6. 水泵的转动惯量

$$GD_2^2=GD_1^2\times0.1=3.0\times0.1=0.3(kg\cdot m^2) \tag{7-28}$$

7. 总的转动惯量

$$GD^2=GD_1^2+GD_2^2=3.0+0.3=3.3(kg\cdot m^2) \tag{7-29}$$

8. 水泵惯性系数

$$k=\frac{375M}{GD^2n}=\frac{375\times20.8}{3.3\times2\ 950}=0.801 \tag{7-30}$$

则

$$ku=0.801\times1.41=1.13$$

9. 管道损失比

$$\varepsilon=\frac{H_f}{H}=\frac{5.29}{57.59}=0.092=9.2\%\approx10\% \tag{7-31}$$

根据以上计算结果，按 $2\rho=2.50$、$ku=1.13$，$\varepsilon=10\%$ 查“水锤图解曲线”，得到断电停泵的最低压力。由于没有 10% 的曲线，需采用插值法求得，结果见表 7-30。

表 7-30　失电停泵的最低压力

位置	管道损失 0%	管道损失 20%	管道损失 10%
水泵出口处	-16%	-14%	-15%
管段中点处	-32%	-25%	-28.5%
3/4 管段处	-52%	-42%	-47%

10. 最低压力

水泵出口处：

$$H\times(-15\%)=57.59\times(-0.15)=-8.6(m)$$

管段中点处：

$$H\times(-28.5\%)=57.59\times(-0.285)=-16.4(m)$$

3/4 管段处：

$$H\times(-47\%)=57.59\times(-0.47)=-27.1(\text{m})$$

以前池水位为基准，将这些数据点绘在压力管线的纵断面图上，并用光滑曲线连接起来，就得到最低压力线，见图 7-10 中 A 曲线。

绘制最高压力曲线时，将图 7-10 中绘制的最低压力曲线，换成以出水池水位为基准，对称地绘一条曲线，即为最高压力曲线，见图 7-10 中 B 曲线。

（三）水锤防护

从图 7-10 中的最低压力曲线可看出，压力管道的最低压力为负压，最大达 -70 m。故在管道中肯定产生水柱断裂现象，发生水柱分离。

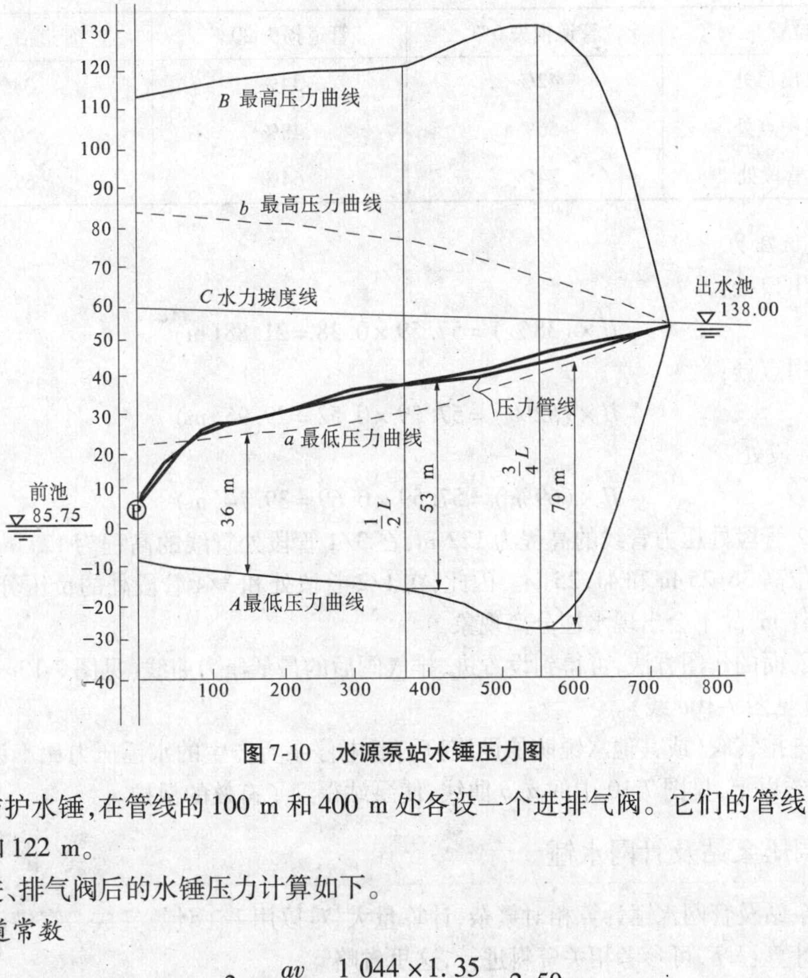

图 7-10　水源泵站水锤压力图

为了防护水锤，在管线的 100 m 和 400 m 处各设一个进排气阀。它们的管线高程分别为 110 m 和 122 m。

设置进、排气阀后的水锤压力计算如下。

1. 管道常数

$$2\rho=\frac{av}{gH}=\frac{1\ 044\times1.35}{9.81\times57.59}=2.50$$

2. 水泵惯性系数

$$k=\frac{375M}{GD^2n}=\frac{375\times20.8}{3.3\times2\ 950}=0.801$$

3. 水锤波往返一次的时间

对于第一个阀：

$$u_1=\frac{2l_1}{a}=\frac{2\times100}{1\ 044}=0.19(\text{s})$$

对于第二个阀：

$$u_2=\frac{2l_2}{a}=\frac{2\times300}{1\ 044}=0.57(\mathrm{s})$$

$$ku_1=0.801\times0.19=0.152$$

$$ku_2=0.801\times0.57=0.457$$

$$ku=(ku_1+ku_2)/2=0.304$$

由按 $2\rho=2.50$，$ku=0.304$，查“水锤图解曲线”，得最低压力变化情况见表 7-31。

表 7-31　最低压力

位置	管道损失 0%	管道损失 20%	管道损失 10%
水泵出口处	42%	34%	38%
管段中点处	56%	48%	52%
3/4 管段处	74%	64%	69%

4. 最低压力

水泵出口处：

$$H\times(38\%)=57.59\times0.38=21.88(\mathrm{m})$$

管段中点处：

$$H\times(52\%)=57.59\times0.52=29.95(\mathrm{m})$$

3/4 管段处：

$$H\times(69\%)=57.59\times0.69=39.74(\mathrm{m})$$

在 1/2 管段处压力管线的高程为 122 m，在 3/4 管段处管线的高程为 127 m，它们分别比前池水位高 36.25 m 和 41.25 m。因此，在 1/2 管段处和 3/4 管段处的负压分别为 -6.3 m 和 -1.51 m，故不会出现水柱分离现象。

仍按前面的作图方法，可得到设置进、排气阀后的最低压力曲线（见图 7-10*a* 线）和最高压力曲线（见图 7-10*b* 线）。

设置进排气阀（或其他水锤防护设施）后，断电停泵所产生的水锤压力比不设进排气阀减少了 80% 以上，见图 7-10 中的 *a*、*b* 曲线，使泵站得到了有效的保护。

二、调压泵站及管网水锤

调压泵站及管网水锤计算相对繁杂，计算量大，难以用手工计算完成。宜借助计算机编制相应的计算程序，可参考相关资料进行，这里省略。

另外，由于在泵站出口设置有调压罐，不但能起到调节泵站压力、流量的作用，在本例中，还有防护泵站和部分管网水锤的功能。此外，在本例中，调压泵站处于灌区的最高处，管网各级管道都是顺坡，如果在灌区运行时发生突然停电，所产生的水锤压力是有限的，不会对泵站和管网的安全产生威胁。同时，在本例中，灌区在进行喷灌作业时，强调阀门要缓开缓关，对防止水锤发生也会起到较好的作用。

在实际工程中，还是要进行水锤及水锤防护计算，设置一些必要的防护设施，以保证系统的安全。

第八章　恒压喷灌试验研究

郏县恒压喷灌试验工程是我国第一座恒压喷灌工程，它是原水电部“六五”期间的重点攻关课题。该恒压喷灌工程的主要特点是：

(1)恒压泵站的水泵是大、小泵配置，由多台水泵组成。大、小泵的扬程大致相等，小泵的流量为大泵的1/4～1/3。在整个泵站中，小泵的流量为设计流量的10%～15%，主要作用是调节压力和流量。

(2)加压泵站设有1个调压系统，该系统由调压罐、一次仪表及自控系统组成。它的主要作用是恒定泵站供水压力。

这种具有调压系统的泵站有如下作用：

(1)将传统的供水型灌溉系统改变成为需水型灌溉系统，也就是说，泵站的供水量是随田间用水量的变化而变化的，泵站供水量与田间需水量一致；

(2)使泵站水泵始终在高效区运行，并保证泵站的输出压力恒定在一个事先规定的范围；

(3)可以防止和消除泵站及管网由于开启及关闭水泵或管网给水栓所产生的部分水锤压力。

这种具有调压系统的泵站可实现下述目标：

(1)节能。包括效率节能和停泵间歇的节能两部分，经测算，与常规同规模泵站相比，节能可达10%～20%。

(2)喷洒质量好。由于泵站输出的压力是恒定在一个事先规定的范围内，此范围是根据田间喷头能在较优状态下工作所计算确定的，所以喷洒质量好。

(3)调压罐可以防止泵站的启、停泵水锤，消除部分管网由于给水栓开、闭所产生的水锤压力，达到保护泵站及管网系统安全运行的目的。

第一节　工程概况

一、基本情况

郏县恒压喷灌工程位于河南省郏县堂街乡东部紫云山西坡的梯田上，喷灌区南北长约4 km，东西宽约1.5 km。工程控制面积533.3 hm^2，喷灌面积447 hm^2。喷灌主要作物是烟叶、小麦、玉米等，是郏县烟、粮主要产区之一。

二、气象、水文和土壤

1. 雨量

设计时，根据1961～1980年20年的降水资料分析，多年平均降水量为678.6 mm，最大年降水量为1 207.4 mm，最小年降水量为396.1 mm，最大年降水量为最小年降水量的3倍。

降水量不但年际分布不均，且年内分配差异也很大。6 月下旬至 8 月下旬的降雨量占全年降水量的 50%，故常有春旱出现。

2. 气温

从 1961 ~ 1980 年 20 年的气温资料看，多年平均温度为 14.5 ℃，7 月份最高极值温度为 43.7 ℃，1 月份最低极值温度为 -17.8 ℃。

3. 蒸发

蒸发量为降水量的 1.5 ~ 2.5 倍，可能的实际蒸发量约为降水量的 1.5 倍。

4. 风

多年平均风速为 3 m/s，大部分时间风速在 2 m/s 以上。

5. 水文

根据水源北汝河 23 年实测水文资料分析，最枯流量为 0.39 m^3/s，工程的水源泵站的最大抽水量为 0.16 m^3/s。

6. 土壤

喷灌区的土壤为沙壤土，透水性较好，适合于喷灌。

7. 地形

喷灌区地形纵坡为 1/100 ~ 3/100。

三、工程概况

郏县恒压喷灌工程为半固定式喷灌系统，由水源泵站、压力输水管、调蓄水池、加压泵站、固定管网、田间移动管道喷灌系统及输变电工程组成，如图 8-1 所示。

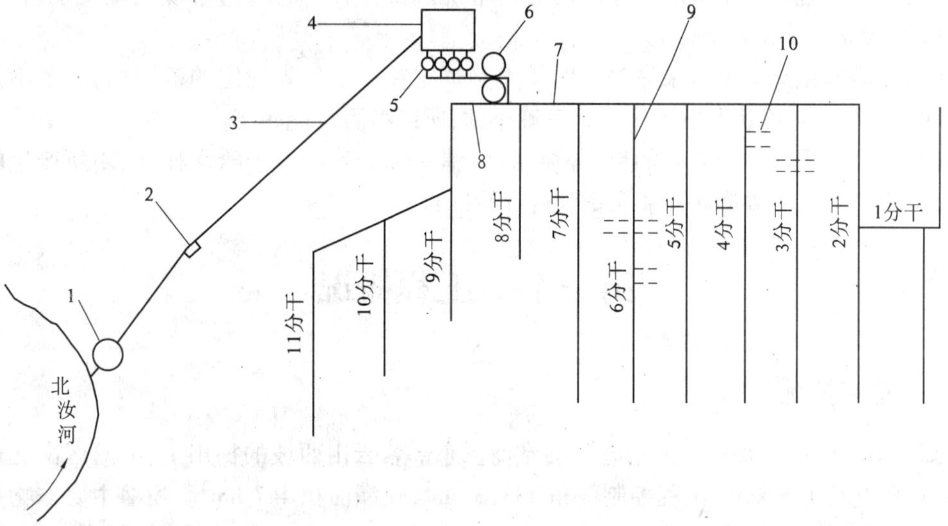

1—水源泵站； 2—出水池； 3—压力输水管； 4—调蓄水池；
5—加压（恒压）泵站； 6—调压罐； 7—南干管； 8—北干管； 9—地埋分干管； 10—地面移动支管

图 8-1 郏县恒压喷灌工程平面示意图

（一）水源泵站

水源泵站是从北汝河提水。设计流量为 0.156 m^3/s，扬程为 58.5 m。泵站装 S200 - 63

型水泵 2 台,配用 JO_2-92-2 型电动机 2 台,总装机容量为 150 kW。320 kVA 变压器 1 台。

水泵性能:$Q=0.078\ m^3/s$,$H=63\ m$,$n=2\ 950\ r/min$,轴功率 $N=59.5\ kW$,$\eta=81\%$,吸程 $H_S=6\ m$。

电动机性能:功率 $N=75\ kW$,$n=2\ 950\ r/min$。

(二)压力输水管

从水源泵站至加压泵站调蓄水池之间的压力输水管总长为 2 210 m。为了防止水锤和方便分水,在输水管的最高处(桩号为 0+744)设有一个长 3 m,宽 1.5 m 的出水池。

水源泵站至出水池段,长 744 m。采用直径 400 mm、工作压力为 588.4 kPa 的自应力钢筋混凝土管。为了防止停泵水锤压力对管道的破坏,分别在 0+012 m 和 0+300 m 处,各设置一个真空破坏阀。

出水池至加压泵站的调蓄水池一段长 1 466 m,该段为低压输水管段。分别采用直径 400 mm 和直径 500 mm,工作压力为 392.3 kPa 的自应力钢筋混凝土管。在该段管道中,由于地形呈马鞍形,故在输水管最低处,设有一个直径 200 mm 的排泥阀。

(三)调蓄水池

根据当地群众白天浇地、晚上停灌的用水习惯,设计正常喷灌时间为 12.3 h/d,即加压泵站工作 12.3 h/d。

为了节省投资和充分利用水源泵站的供水能力,在喷灌期间,水源泵站是满载全天运行的,即工作 24 h/d。由于水源泵站是全天运行,加压泵站只工作 12.3 h/d,所以两个泵站的设计流量是不同的。

水源泵站的设计流量为 $0.156\ m^3/s$,加压泵站的设计流量为 $0.245\ m^3/s$,加大流量为 $0.284\ m^3/s$。因此,需设调蓄水池,调蓄水池的调蓄能力为日调节。经水量平衡计算,调蓄水池的容积确定为 $6\ 000\ m^3$,长 50 m,宽 40 m,深 3.5 m,有效水深 3 m。

(四)加压泵站(恒压泵站)

恒压控制系统是加压泵站(恒压泵站)的核心系统,实现恒压喷灌就是通过恒压控制系统来达到的。加压泵站的主要任务和作用是:根据喷灌区不断变化的实际用水量,自动调节泵站水泵的运行台数,使加压泵站的供水压力始终恒定在一个事先规定的范围,并使泵站的供水量始终与灌区不断变化的实际用水量相一致,以实现恒压喷灌的目的。

加压泵站的设计流量为 $0.245\ m^3/s$,加大流量为 $0.284\ m^3/s$,原设计扬程为 63 m。

加压泵站由 4 台机泵、恒压控制系统、电器控制系统及试验监测系统等组成。

1. 机泵

原设计和安装的机泵是 S200-63 型水泵 2 台,单泵流量为 $0.078\ m^3/s$,扬程为 63 m,配置 JO_2-92-2 型电动机 2 台,单机容量为 75 kW。6Sh-6A 型水泵 2 台,单泵流量为 $0.040\ m^3/s$,扬程为 62 m,配置 JO_2-82-2 型电动机 2 台,单机容量为 40 kW。4 台机泵的总装机容量为 230 kW。

2. 恒压控制系统

恒压控制系统包括调压罐、监测调压罐内压力及水位的一次仪表、向调压罐补气的空气压缩机、连接水泵机组与调压罐一次仪表的自控系统等。

调压罐容积为 $20\ m^3$,由两个各 $10\ m^3$ 的压力罐组成。向调压罐补气的空气压缩机两台,装机容量为 15 kW。

调压罐的压力上下限原设计为:压力上限 627.6 kPa,压力下限 490.3 kPa,调压范围 137.3 kPa。

(五)管网及田间喷灌系统

喷灌系统由地埋压力管网和田间移动喷灌设备两大部分组成。地埋压力管网包括南北干管和 11 条分干管,总长度为 15 km,均采用自应力钢筋混凝土管,工作压力为 588.4 kPa 和 784.5 kPa 两种,管径最大为 400 mm,最小为 100 mm。在管网中设置有许多闸阀、给水栓及一些自动排气阀。给水栓布置在 11 条分干管上,每 90 m 设 1 个给水栓,每 1 个给水栓控制 10 个喷灌移动支管,11 条分干管的间距为 300 ~ 400 m,平均为 400 m 左右。

田间移动喷灌设备由移动支管、管件和喷头组成。每一标准套田间移动支管长 198 m,配 11 个"中原 12Y"型喷头。移动支管为铝合金薄壁管,管径为 75 mm,用球形快速接头连接。在移动支管的首端有长 36 m、直径 100 mm 的铝合金薄壁管,它是用快速接头来连接给水栓和移动支管的。

每个标准套移动支管的流量为 35.2 m^3/h,移动支管的间距为 18 m。

"中原 12Y"型喷头的工作压力为 343.2 kPa,流量为 3.2 m^3/h,射程为 18.5 m。喷头设计间距和移动支管间距都是 18 m,喷洒均匀系数不小于 0.75。

当恒压泵站为设计流量 0.245 m^3/s 时,全喷灌区有 26 套移动喷灌支管,共计 275 个喷头在同时工作;当泵站流量为加大流量 0.284 m^3/s 时,全喷灌区应该有 32 套移动喷灌支管,共计 320 个喷头在同时工作。

第二节　工程试运行

于 1984 年 4 ~ 5 月,在工程竣工验收交付使用前进行了工程试运行测试。试运行期间对工程的主要设计参数等进行测试,测试目的在于检查两个泵站的流量、压力是否满足设计和使用要求,恒压系统的功能和作用是否满足设计和使用要求,测定停泵水锤、管网水锤的大小及设备消除水锤的能力,考核机泵及控制设备运行的可靠性和各种仪表的准确性,采集田间管网、移动喷灌系统各种技术参数。

一、测试内容

(1)水源泵站满负荷运行时的流量、压力及停泵水锤等;

(2)加压泵站在各种工况运行时的流量、压力等;

(3)恒压系统的工作情况及调压、消除水锤压力的能力;

(4)管网在各种组合运行时的各处动压力、静压力、喷头工作压力、流量等。

二、测试结果及结论

经近两个月全面系统地测试,将测试结果与设计值进行对比分析,得到如下结论。

(一)水源泵站及输水压力管道

(1)水源泵站的机泵、电器设备工作正常,扬程达到设计和使用要求。泵站实测流量 600 m^3/h(0.167 m^3/s),大于设计流量 562 m^3/h(0.156 m^3/s),实际流量比设计流量大 6.8%。

(2)泵站停泵水锤压力,最大负水锤压力为 -98.1 kPa,略大于理论要求值 -68.6 kPa,最大正水锤压力上升值为210.8 kPa,为输水压力管道工作压力588.4 kPa 的36%,在规定范围内。

(3)断电停泵后水泵反转的最大转速为3 923 r/min,为额定转速的1.33 倍,这个转速略大于1.3 倍的规定。

(二)加压泵站

1. 泵站流量、压力

在额定情况下,泵站流量与设计流量基本一致。泵站扬程与设计扬程相符,但泵站输出压力远大于田间喷灌的使用要求。

2. 恒压自控系统

恒压自控系统有手控操作和自控操作两部分,运行试验表明,手控操作方便、灵活可靠,自控操作能按设计运行程序自动启闭水泵、空压机、闸阀等。

3. 调压罐调压能力

经测试,调压罐能按设计起到调压作用,并能起到防止泵站水锤的作用。调压罐水位实际变化幅度为403 ~455 mm,而设计值为471 mm,相差达3% ~14%。

(三)田间管网与移动管道喷灌系统

根据设计,当泵站输出压力为559.0 kPa 时,管网中各给水栓(即移动支管首端)的压力为377.6 kPa。移动支管末端压力为308.9 kPa。从实际结果看,首端最高压力达686.5 kPa,最低压力为470.7 kPa;末端最高压力达608.0 kPa,最低压力为431.5 kPa。比设计值高93.2 ~308.9 kPa,各移动支管流量也比设计值大10% ~15%。

管网中固定管道末端最高静压力达970.6 kPa。

试运行的测试结果表明,该工程基本上满足设计和使用要求。

第三节 工程改善与观测试验

一、加压泵站机泵的改装

试运行测试结果表明,加压泵站各泵的扬程较高,须进行改装和更换机泵,否则会造成能源的浪费和运行费过高。分析表明,将恒压泵站的恒压范围从490.3 ~627.6 kPa 降至392.3 ~509.9 kPa,仍能完全满足田间喷灌的要求。

改装和更换机泵的原则是泵站流量与原设计流量基本相同,泵站扬程减小10 ~15 m。根据上述原则经过分析研究,决定不增减泵站水泵的台数,将原来两台6Sh -6A 型水泵更换成150S -50 型水泵,原配套的JO_2 -82 -2 型电动机不变;将原来两台S200 -63 型水泵车削成S200 -63A 型水泵,原配套的JO_2 -92 -2 型电动机更换成Y250M -2 型电动机。

加压泵站经过改装更换后的水泵、电动机与泵站原水泵电动机的性能参数对照见表8-1和表8-2。

加压泵站经过改装更换机泵后,其结果是:

(1)泵站扬程减少12 m。

(2)泵站在额定扬程为46 m 时,额定供水总流量为900 m^3/h =0.250 m^3/s,与设计流量

0.245 m^3/s 基本相一致。

(3)泵站恒压范围由原设计的 490.3～627.6 kPa 降至 392.3～509.9 kPa，比原设计压力上下限差 137.3 kPa，降低了 19.7 kPa。也就是说恒压条件比原来更好一些。

(4)加压泵站总装机容量减少 40 kW，比原设计减少 17.4%。

表 8-1　加压泵站原泵与改装更换后水泵性能对照

	原型号	流量 Q		扬程 H(m)	转速 n (r/min)	功率 N(kW)		效率(%)	叶轮直径 D(mm)
		(m^3/h)	(L/s)			轴功率	电动机功率		
小泵	原泵 6Sh－6A	111.6 144 180	31 40 50	67 62 55	2 950	30 33.8 38.5	40	68 72 40	223
小泵	更换新泵 150S－50	160	44.5	47.5	2 950	27.6	40	79	206
大泵	原泵 S200－63	194 280 351	54.0 78.0 97.5	71 63 52	2 950	52.1 59.5 65.4	75	72 81 76	235
大泵	车削后新泵 S200－63A	180 259 324	50.0 70.0 90.0	58 52 41	2 950	40.6 46.5 50.2	55	70 79 72	217

表 8-2　加压泵站原电动机与更换电动机性能对照

电动机型号		功率(kW)	电流(A)	效率(%)	转速(r/min)	功率因数	堵转转矩/额定转矩	堵转电流/额定电流	M_{max}/M_0
小泵电机	JO_2－82－2	40	74.3	90	2 950	0.91	1.2	6.5	2.2
大泵电机	原电机 JO_2－92－2	75	136.2	91	2 950	0.92	1.1	6.5	2.2
大泵电机	更换电机 Y250M－2	55	102.7	91.4	2 970	0.89	7.0	7.0	2.2

二、加压泵站改装后的测试研究

加压泵站的改造工程于 1985 年全部完成。改装完成之后，对全系统进行了多次测试和两年多的观测研究工作。全部测试工作结合生产喷灌进行。

（一）加压泵站的测试与观测

加压泵站的测试与观测研究工作，主要内容包括泵站流量、扬程（输出压力），恒压系统的功能、参数，恒压自控系统运行观测，停泵水锤等。

1. 加压泵站的流量、扬程（输出压力）测试

加压泵站各泵的流量测试通过电磁流量计、笔录仪及安装在调压罐上的压力表等仪表进行。各泵流量的变化与电磁流量计输出的电流值呈线性关系，即水泵流量大，电磁流量计输出的信号（电流值）就强，反之就弱。二者间的关系见图 8-2 和表 8-3。

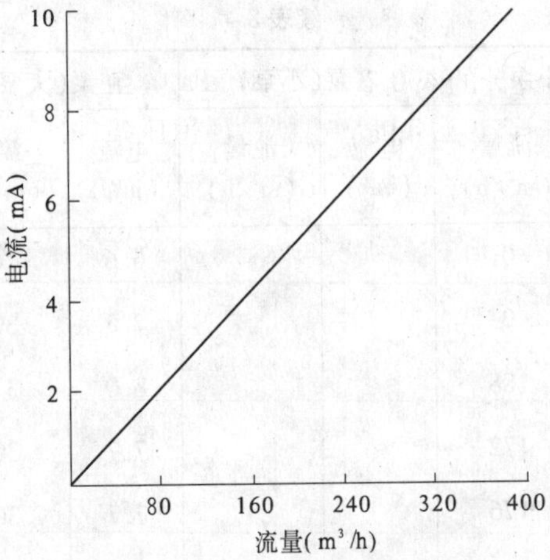

图 8-2 电流与流量关系曲线

表 8-3 电磁流量计校验

电流值(mA)	流量百分比(%)	计算流量(m^3/h)	实测流量(m^3/h)	误差
10.0	100	400	403.73	0.8%
7.5	75	300	302.4	
5.0	50	200	200.6	
2.5	25	100	99.9	
0.0	0	0	0	

用电磁流量计测得加压泵站各泵流量见表 8-4。

表 8-4 加压泵站各泵流量、压力、电流实测值

时间	压力(kPa)	1#泵(小泵)		2#泵(小泵)		3#泵(大泵)		4#泵(大泵)	
		电流(mA)	流量(m^3/h)	电流(mA)	流量(m^3/h)	电流(mA)	流量(m^3/h)	电流(mA)	流量(m^3/h)
03:15	490.3	3.2	128			6.7	268	6.8	272
03:20	470.7	3.5	140			6.9	276	7.0	280
03:25	500.1	0	0			6.6	264	6.5	260
03:30	490.3	3.2	128			6.7	268	6.8	272
03:35	421.7	4.4	176			7.8	312	7.8	312
03:40	441.3	4.2	168			7.5	300	7.6	304
03:45	451.1	4.0	160			7.3	292	7.2	288
03:50	480.5	3.3	132			6.8	272	6.7	268
03:55	509.9	3.0	120			6.5	260	6.6	264

续表 8-4

时间	压力(kPa)	1#泵(小泵)		2#泵(小泵)		3#泵(大泵)		4#泵(大泵)	
		电流(mA)	流量(m^3/h)	电流(mA)	流量(m^3/h)	电流(mA)	流量(m^3/h)	电流(mA)	流量(m^3/h)
04:00	505.0	0	0			6.6	264	6.6	264
04:05	441.3	0	0			7.5	300	7.6	304
04:10	402.1	4.7	188			8.0	320	8.0	320
04:15	421.7	4.3	172			7.7	308	7.8	312
04:20	431.5	4.4	176			7.7	308	7.8	312
04:25	451.1	4.1	164			7.2	288	7.3	292
04:30	470.7	3.5	140			7.0	280	6.9	276
04:35	490.3	3.3	132			6.8	272	6.7	268
04:40	500.1	3.1	124			6.6	264	6.7	268
04:50	509.9	0	0			6.5	260	6.6	264
04:55	460.9	3.5	140			7.0	280	7.1	284
05:00	490.3	3.2	128			6.7	268	6.8	272
05:05	500.1	0	0			6.6	264	6.7	268
05:10	397.2	4.8	192	4.7	188	8.0	320	8.1	324
05:15	421.7	4.4	176	4.3	172	7.7	308	7.7	308
05:25	460.9	3.6	144	3.6	144	7.0	280	7.1	284
05:30	451.1	4.0	160	3.9	156	7.3	292	7.2	288
05:40	451.1	4.0	160	4.0	160	7.3	292	7.2	288
05:45	460.9	3.7	148	3.6	144	7.0	280	7.1	284
05:50	470.7	3.4	136	3.4	136	6.8	272	6.9	276
05:55	480.5	3.3	132	3.2	128	6.7	268	6.8	272
06:00	480.5	3.2	128	3.3	132	6.8	272	6.7	268
06:05	490.3	3.2	128	3.1	124	6.6	264	6.6	264
06:10	490.3	3.2	128	3.2	128	6.6	264	6.7	268
06:15	470.7	3.3	132	3.4	136	6.9	276	6.8	272

由表 8-4 知，加压泵站在生产性喷灌运行中，泵站总流量在 764 ~ 1 026 m^3/h 之间变化。各泵实测流量见表 8-5。

表 8-5 加压泵站各泵实测流量 （单位：m^3/h）

泵 号	压力下限（392.3 kPa）	额定压力（451.1 kPa）	压力上限（509.9 kPa）
1#	192	160	120
2#	188	160	120
3#	324	292	260
4#	322	288	264
合计	1 026	900	764

由表 8-5 知，加压泵站改装后，在额定压力下泵站流量为 900 m^3/h（0.25 m^3/s），与设计流量 0.245 m^3/s 基本相一致；在压力下限条件下，泵站最大流量为 1 026 m^3/h（0.285 m^3/s），与原设计加大流量 0.284 m^3/s 相近。因此，改装后的泵站满足设计和使用要求。

2. 恒压系统主要参数的测试

恒压系统的主要参数包括：调压罐内水位、压力变化值；加压泵站水泵的停泵时间；田间标准套流量等。加压泵站改造后，除水泵扬程减少 12 m 外，其他参数不变，即泵站设计流量为 0.245 m^3/s，调压罐容积为 20 m^3，设计停泵时间为 5 min，田间标准套流量为 32 m^3/h。在以上条件下，根据计算，可将加压泵站的恒压范围从原来的 490.3 ~ 627.6 kPa 降至 392.25 ~ 509.9 kPa。这时调压罐内的压力上限为 509.9 kPa，压力下限为 392.25 kPa，罐内相应的水位变化幅度为 470 mm。

1）调压罐水位、压力测试

调压罐内水位、压力测试是完全结合生产性喷灌进行的，测试结果见表 8-6。

表 8-6 调压罐水位、压力变化实测结果

测试次数	罐内压力（kPa）		罐内水位（mm）	水位差（mm）
1	上限	514.8	1 000	560
	下限	407.0	440	
2	上限	514.8	900	460
	下限	407.0	440	
3	上限	514.8	900	450
	下限	411.9	450	
4	上限	509.9	980	550
	下限	411.9	430	
5	上限	514.8	990	470
	下限	407.0	520	
6	上限	514.8	1 000	480
	下限	407.0	520	

从表 8-6 中看到，罐内压力上、下限值基本稳定。在压力上限时，上限水位彼此变化较小，在压力下限时，下限水位彼此相异较大，罐内水位变化幅度相差也较大，但基本上在理论计算值 470 mm 上下波动。

2）停泵时间测试

在恒压自控系统投入运行时，结合生产性喷灌，用自动笔录仪对恒压泵站各台水泵进行了流量、压力过程线测试，从过程线上能清楚地看到各台水泵的启停泵过程和停泵时间，见表 8-7。

表 8-7　加压泵站生产运行时各泵典型的连续工作和停泵时间　（单位：s）

项目	1#小泵		2#小泵		3#大泵		4#大泵	
	工作时间	停泵时间	工作时间	停泵时间	工作时间	停泵时间	工作时间	停泵时间
流量过程	100	224		384	166	328		426
		54		224	332	372		
	252	144	128	243				
	56	330	136	224				
		160	147					
	202	100	108	360				
	350	171	220					
	179							
	324	160						
	372	320						
压力过程	92	224			136	296		
	100				308	120		
		420						
	256	152						
		560						
	252	136						
	56	344						
	296	136						
	124	308						

需要说明的是，表 8-7 中数据是从许多过程线中筛选出来的，它们仅仅代表泵站在生产性运行中，各泵连续工作和停泵时间最短的典型情况，凡是未选入的，各泵连续工作时间和停泵时间都要长一些。

从表 8-7 中看到：1#小泵最短的工作时间只有 56 s，连续工作时间小于 3 min 的达 7 次之多，最短的停泵时间仅有 54 s，停泵时间小于 3 min 的达 9 次之多。2#小泵最短连续工作的时间也只有 108 s，连续工作时间小于 3 min 的也有 4 次，最短的停泵时间为 224 s，不足 4 min。3#大泵最短连续运行时间为 136 s，停泵最短时间为 120 s，只有 2 min。4#大泵最短停泵时间为 426 s，超过 7 min。

从以上实测资料看到，1#，2#，3#泵的停泵时间，比设计值 5 min 短得多，特别是 1#小泵过于频繁启动，这是不利的。分析引起频繁启动的原因主要是：在喷灌面积达 447.7 hm^2，同时有 26 套移动喷灌支管，共计 270 多个喷头工作的情况下，按照日本的设计方法，用一个标准套的流量去设计计算调压罐的容积,不一定合理。因为这意味着,调压罐的容积与喷灌面积的大小,或与同时工作的移动喷灌系统套数的多少无关,这是今后需要进一步研究的方面。

3)标准套移动支管流量的测试

在原设计中,当喷头工作压力为343.2 kPa时,一个标准套移动支管的流量为32 m^3/h。由于在田间喷灌时受到测试设备的限制,未能实现在田间喷灌的实测工作。但在室内进行了测试。其结果见表8-8。

表8-8　标准套移动支管流量实测结果

平均工作压力(kPa)	标准套喷头数(个)	标准套流量(m^3/h)
441.3	10	37.0
392.3	10	34.7
343.2	10	32.4
294.2	10	30.0
245.2	10	27.1

从表8-8中看到,当喷头工作压力增加时,其流量也是增加的。当压力增加50 kPa时,其流量增加约7%,当压力增加100 kPa时,其流量增加约14%。

3. 恒压自控系统运行程序观测

根据设计,在有调压设备的自控系统中,泵站的运行程序分两个阶段。第一阶段为调压罐充气、充水、建立压力等,第二阶段为喷灌作业阶段。

喷灌作业阶段设计运行程序如下:

(1)打开给水栓,开始喷灌作业,这时罐内水体流出补充管网,随之罐内压力下降。当压力降至下限压力392.3 kPa时,1#小泵自行启动,罐内压力上升;

(2)若管网用水量增加,罐内压力又降至392.3 kPa时,2#小泵启动,压力再次上升;

(3)若管网用水量再增加,罐内压力又降至392.3 kPa时,3#大泵启动,同时1#小泵关闭,压力又一次上升;

(4)若管网用水量再增加,罐内压力再降至392.3 kPa时,启动4#大泵,同时关闭2#小泵,压力开始回升;

(5)若管网用水量再增大,压力又降至392.3 kPa时,再次启动1#小泵,压力又回升;

(6)若管网用水量继续增大到设计流量,压力又降至392.3 kPa时,2#小泵再次启动,压力又回升。到此,泵站全部4台水泵已完全投入运行,如果田间喷灌用水量与泵站供水量相一致,则压力应该在下限压力392.3 kPa至上限压力509.9 kPa之间波动。

反之,如果管网用水量相继减少,压力将上升至上限压力509.9 kPa,这时1#小泵将关闭。各泵的关闭程序与启泵程序刚好相反。

泵站各泵的启动、关闭顺序见表8-9。

表 8-9　泵站各泵的启动、关闭顺序

用水量、压力状态	$1^{\#}$ 小泵	$2^{\#}$ 小泵	$3^{\#}$ 大泵	$4^{\#}$ 大泵	状态说明
用水量增加,压力下降至 392.3 kPa	√				启动 $1^{\#}$泵,压力回升
用水量再增加,压力下降至 392.3 kPa	√	√			启动 $2^{\#}$泵,压力回升
用水量再增加,压力再降至 392.3 kPa		√	√		启动 $3^{\#}$泵,关闭 $1^{\#}$泵,压力回升
用水量继续增加,压力再降至392.3 kPa			√	√	启动 $4^{\#}$泵,关闭 $2^{\#}$泵,压力回升
用水量再增加,压力再降至 392.3 kPa	√		√	√	启动 $1^{\#}$泵,压力回升
用水量再增加,压力再降至 392.3 kPa	√	√	√	√	启动 $2^{\#}$泵,压力回升,但在上下限之间
用水量减少,压力上升至 509.9 kPa		√	√	√	关闭 $1^{\#}$泵,压力下降
用水量再减少,压力又上升至509.9 kPa			√	√	关闭 $2^{\#}$泵,压力下降
用水量再减少,压力又上升至509.9 kPa	√			√	关闭 $3^{\#}$大泵,启动 $1^{\#}$泵,压力下降
用水量再减少,压力又上升至509.9 kPa	√	√			关闭 $4^{\#}$大泵,启动 $2^{\#}$泵,压力下降
用水量再减少,压力再次上升至509.9 kPa		√			关闭 $1^{\#}$泵,压力下降
用水量再减少,压力再次上升至509.9 kPa					关闭 $2^{\#}$泵,压力下降,灌区停止作业

另外,当全部水泵都投入运行,而压力仍低于下限压力 392.3 kPa 时,泵站水泵将逐台自动关闭。这说明灌区管网可能发生爆管或跑水现象。

4. 加压泵站停泵水锤试验

加压泵站停泵水锤试验分两种情况进行。第一种情况是失电停泵水锤试验,第二种是按程序自动逐台停泵水锤试验。后一种情况相当于每天喷灌完了要收工需要关闭水泵的情况一样。停泵是按设计程序进行的,两种停泵压力过程线如图 8-3、图 8- 4 所示。

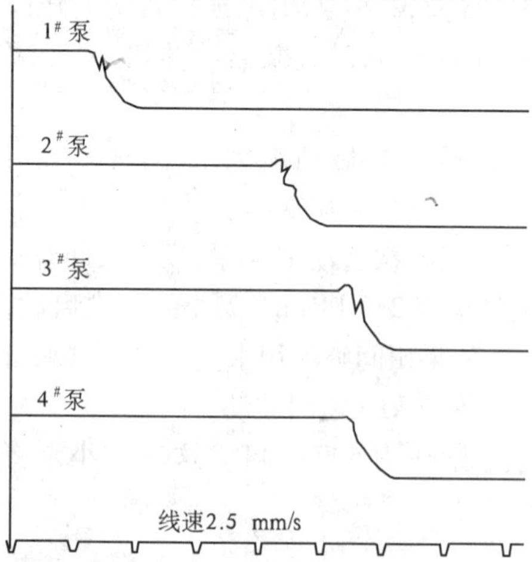

图 8-3　正常停泵压力过程线

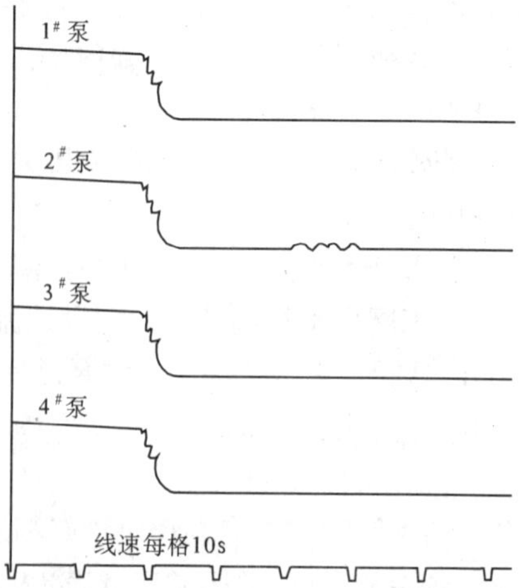

图 8-4　失电停泵压力过程线

从这两种停泵压力过程中看到，停泵压力的下降是十分平滑的，除2#泵的过程线有很小的振荡外，其余的都未见有水锤压力产生的情况。

加压泵站在停泵过程中几乎没有水锤压力产生，分析其原因主要有以下三个方面：第一，加压泵站地处全灌区的最高处，因此停泵后，管网和管道中的水不会发生倒流现象，所以不会发生水体倒流“弥合”时所产生的水锤压力；第二，在泵站集水管（总管道）的出水口，设置有2个各10 m^3 的调压罐，这种调压罐既起到调压，又能起到防止水锤的作用；第三，在泵出水总管道上，设置有进、排气阀，当启泵时，排气阀能排出管道中的空气，而不会发生启泵含气水锤，当停泵时，管道压力下降的时候，进气阀能自动进气，使管道内不产生负压。

（二）加压泵站连接管网喷灌运行测试

该项测试是完全结合灌区抗旱喷灌进行的。由于灌区种植有多种作物，各种作物的需水期各不相同，所以，在喷灌期间不可能都是满负荷运行。一般情况下，需要同时喷灌的移动支管的套数可能在4～26套之间变化，在特别干旱的情况下，可能在4～31套之间变化。为此，采用4种典型组合情况进行喷灌运行实测。

1. 第1种组合田间喷灌实测

全灌区按设计布置26套地面移动支管，共装266个喷头。加压泵站达到设计流量，调压罐调压范围为392.3～509.9 kPa。

田间移动管道布置见图8-5，实测记录见表8-10。

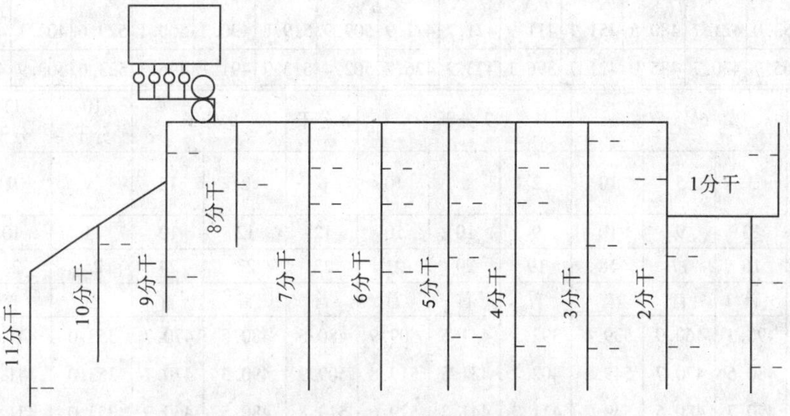

（第1种组合：移动喷灌支管26套，同时喷洒喷头266个）

图8-5　田间移动管道布置示意图

由表8-10知，泵站输出的平均压力为461.7 kPa，田间26套移动支管的进口平均压力为447.6 kPa，超过设计平均压力70 kPa。灌区最不利位置（10分干上端）的平均压力为337.9 kPa，比设计平均压力377.6 kPa低39.7 kPa。灌区最低位置（3～7分干下游端）的最高平均压力达546.2 kPa，比设计平均压力377.6 kPa高168.6 kPa。

由表8-8知，当喷头的平均压力为392.3 kPa时，单喷头流量为3.47 m^3/h。由于灌区各移动管道的进口平均压力为447.6 kPa，则灌区各移动管道上喷头的平均压力为343.2 +（447.6 − 377.6）= 413.2（kPa）。

当喷头工作压力为413.2 kPa时，单喷头流量约为3.5 m^3/h。

因此，泵站流量 = 单喷头流量 × 灌区总喷头数 = 3.5 × 266 = 931（m^3/h）

表 8-10 第 1 种组合田间移动支管压力实测 （单位：kPa）

分干管	1 分干			2 分干			3 分干			4 分干			5 分干		
	2 分支	1 分支													
给水栓号	3	6	10	4	10	14	1	8	18	4	7	18	6	11	17
喷头个数	10	10	11	11	10	11	10	11	10	10	10	9	11	10	9
移动支管编号	1	2	3	4	5	6	7	8	9	10	11	12	13	14	15
测压位置	首	首	首	首	首	首	首	首	首	首	首	首	首	首	首
12:00	353.0	431.5	480.5	421.7	402.1	431.5	431.5	509.9	490.3	490.3	490.3	529.6	392.3	392.3	411.9
12:05	362.8	451.1	500.1	431.5	402.1	402.1	451.1	519.8	519.8	500.1	500.1	529.6	402.1	411.9	421.7
12:10	372.7	431.5	490.3	431.5	392.3	421.7	431.5	509.9	529.6	500.1	500.1	539.4	402.1	411.9	421.7
12:15	362.8	451.1	490.3	431.5	392.3	431.5	451.1	509.9	509.9	500.1	509.9	529.6	411.9	411.9	421.7
12:20	392.3	431.5	480.5	411.9	392.3	421.7	421.7	500.1	519.8	490.3	490.3	519.8	392.3	411.9	411.9
12:25	353.0	421.7	480.5	411.9	392.3	411.9	411.9	490.3	519.8	480.5	490.3	519.8	411.9	421.7	392.3
12:30	362.8	431.5	480.5	411.9	392.3	421.7	431.5	509.9	509.9	490.3	490.3	509.9	402.1	421.7	392.3
12:35	372.7	411.9	470.7	402.1	392.3	411.9	411.9	490.3	509.9	480.5	490.3	509.9	402.1	411.9	392.3
12:40	372.7	411.9	470.7	402.1	382.5	421.7	411.9	490.3	500.1	480.5	490.3	519.8	411.9	411.9	411.9
12:45	372.7	431.5	490.3	431.5	392.3	431.5	431.5	509.9	519.8	480.5	500.1	519.8	411.9	431.5	421.7
12:50	372.7	451.1	500.1	411.9	402.1	441.3	431.5	490.3	519.8	500.1	500.1	519.8	402.1	431.5	411.9
12:55	353.0	421.7	490.3	431.5	402.1	431.5	411.9	490.3	509.9	500.1	500.1	529.6	392.3	421.7	411.9
13:00	353.0	421.7	480.5	451.1	411.9	421.7	411.9	509.9	519.8	490.3	500.1	529.6	402.1	421.7	421.7
平均压力	365.9	430.7	485.0	421.7	396.1	423.2	426.2	502.4	513.7	491.1	496.3	523.6	402.9	416.4	411.1

分干管	6 分干			7 分干			8 分干	9 分干		10 分干	11 分干	总干
给水栓号	3	5	10	2	5	10	6	2	12	3	9	
喷头个数	10	9	10	9	10	10	12	12	10	11	10	
移动支管编号	16	17	18	19	20	21	22	23	24	25	26	
测压位置	首	首	首	首	首	首	首	首	首	首	首	出口处
12:00	490.3	460.9	539.4	392.3	431.5	509.9	480.5	480.5	470.7	353.0	441.3	451.1
12:05	480.5	470.7	549.2	402.1	431.5	519.8	509.9	490.3	470.7	353.0	441.3	451.1
12:10	470.7	480.5	549.2	411.9	441.3	529.6	519.8	480.5	460.9	353.0	431.5	470.7
12:15	480.5	480.5	549.2	421.7	441.3	529.6	519.8	480.5	460.9	333.4	431.5	470.7
12:20	470.7	431.5	539.4	411.9	441.3	539.4	519.8	470.7	451.1	333.4	431.5	460.9
12:25	480.5	470.7	539.4	411.9	431.5	529.6	519.8	470.7	460.9	333.4	421.7	460.9
12:30	490.3	470.7	539.4	421.7	431.5	539.4	519.8	470.7	451.1	333.4	431.5	460.9
12:35	480.5	470.7	539.4	411.9	431.5	549.2	509.9	480.5	451.1	333.4	441.3	460.9
12:40	490.3	470.7	549.2	392.3	441.3	539.4	519.8	470.7	460.9	333.4	431.5	460.9
12:45	480.5	480.5	549.2	392.3	441.3	539.4	519.8	480.5	460.9	333.4	431.5	460.9
12:50	470.7	480.5	549.2	392.3	441.3	549.2	519.8	470.7	460.9	333.4	441.3	460.9
12:55	460.9	490.3	559.0	411.9	431.5	559.0	519.8	470.7	460.9	333.4	431.5	460.9
13:00	470.7	500.1	549.2	411.9	441.3	568.8	519.8	470.7	460.9	333.4	431.5	470.7
平均压力	478.2	473.7	546.2	406.6	436.8	538.6	515.3	476.0	460.1	337.9	433.8	461.7

这个流量数值与表 8-5 中的数值相吻合。

2. 第 2 种组合田间喷灌实测

第 2 种组合是全灌区有 20 套地面移动支管，带 205 个喷头在同时工作。田间移动管道布置如图 8-6 所示，实测记录见表 8-11。

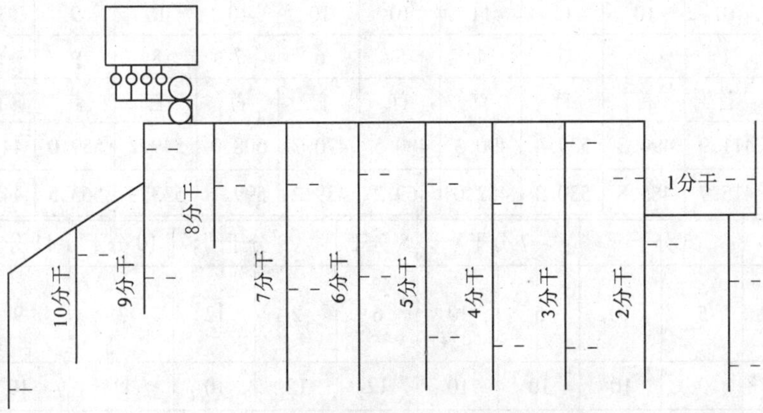

（第 2 种组合：移动喷灌支管 20 套，同时喷洒喷头 205 个）

图 8-6　田间移动管道布置示意图

表 8-11　第 2 种组合田间移动管道压力实测记录　　（单位：kPa）

分干管	1 分干			2 分干		3 分干		4 分干		5 分干	
	2 分支	1 分支									
给水栓号	3	6	10	4	10	1	18	7	18	6	17
喷头个数	10	10	11	11	10	10	10	10	9	11	9
移动支管编号	1	2	3	4	5	6	7	8	9	10	11
测压位置	首	首	首	首	首	首	首	首	首	首	首
13:00	372.7	421.7	480.5	451.1	411.9	411.9	519.8	500.1	529.6	402.1	421.7
13:05	372.7	490.3	509.9	490.3	411.9	411.9	608.0	529.6	568.8	431.5	441.3
13:10	421.7	509.9	519.8	500.1	431.5	421.7	617.8	539.4	588.4	421.7	451.1
13:15	411.9	519.8	627.6	509.9	431.5	421.7	617.8	539.4	588.4	431.5	490.3
13:20	421.7	509.9	519.8	509.9	460.9	431.5	608.0	549.2	549.2	421.7	500.1
13:25	411.9	480.5	500.1	441.3	480.5	441.3	598.2	539.4	519.8	431.5	509.9
13:30	421.7	490.3	509.9	441.3	500.1	451.1	617.8	549.2	519.8	411.9	539.4
13:35	421.7	451.1	549.2	441.3	470.7	431.5	529.6	509.9	568.8	431.5	539.4
13:40	441.3	470.7	529.6	480.5	470.7	470.7	608.0	549.2	568.8	490.3	549.2
13:45	441.3	490.3	529.6	490.3	519.8	480.5	627.6	539.4	588.4	490.3	559.0
13:50	431.5	490.3	539.4	509.9	519.8	431.5	627.6	490.3	608.0	500.1	549.2
13:55	421.7	500.1	539.4	509.9	509.9	431.5	608.0	549.2	568.8	451.1	559.0

续表 8-11

分干管	1 分干			2 分干		3 分干		4 分干		5 分干	
	2 分支	1 分支									
给水栓号	3	6	10	4	10	1	18	7	18	6	17
喷头个数	10	10	11	11	10	10	10	10	9	11	9
移动支管编号	1	2	3	4	5	6	7	8	9	10	11
测压位置	首	首	首	首	首	首	首	首	首	首	首
14:00	411.9	490.3	539.4	490.3	480.5	470.7	608.0	549.2	559.0	441.3	559.0
平均压力	415.7	485.8	530.3	482.0	469.2	439.2	599.7	533.3	563.5	442.8	513.0

分干管	6 分干		7 分干		8 分干	9 分干		10 分干	11 分干	总干
给水栓号	5	10	5	10	6	2	12	3	9	
喷头个数	9	10	10	10	12	12	10	11	10	
移动支管编号	12	13	14	15	16	17	18	19	20	
测压位置	首	首	首	首	首	首	首	首	首	出口处
13:00	460.9	549.2	490.3	549.2	519.8	470.7	460.9	333.4	431.5	470.7
13:05	470.7	559.0	490.3	549.2	519.8	470.7	470.7	353.0	441.3	460.9
13:10	480.5	568.8	500.1	559.0	519.8	480.5	480.5	411.9	441.3	460.9
13:15	480.5	568.8	490.3	559.0	529.6	490.3	480.5	411.9	441.3	470.7
13:20	470.7	549.2	480.5	559.0	519.8	470.7	431.5	411.9	451.1	470.7
13:25	470.7	549.2	490.3	568.8	519.8	460.9	490.3	411.9	451.1	460.9
13:30	470.7	549.2	500.1	559.0	509.9	460.9	451.1	411.9	460.9	460.9
13:35	470.7	559.0	509.9	549.2	500.1	441.3	451.1	353.0	460.9	470.7
13:40	470.7	539.4	509.9	539.4	529.6	480.5	470.7	372.7	470.7	451.1
13:45	480.5	539.4	519.8	539.4	539.4	490.3	480.5	372.7	470.7	470.7
13:50	480.5	529.6	519.8	549.2	549.2	490.3	490.3	431.5	470.7	470.7
13:55	480.5	529.6	519.8	549.2	500.1	451.1	480.5	480.5	451.1	460.9
14:00	500.1	529.6	509.9	549.2	500.1	411.9	480.5	372.7	451.1	470.7
平均压力	476.0	547.7	502.4	552.2	519.8	466.9	470.7	394.5	453.4	465.4

3. 第 3 种组合田间喷灌

全灌区有 15 套地面移动支管,带 154 个喷头同时工作。田间移动支管布置如图8-7所示,实测记录见表8-12。

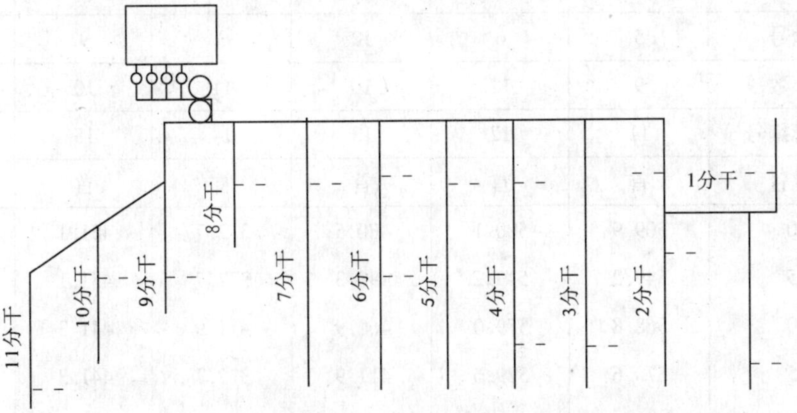

(第3种组合:移动喷灌支管15套,同时喷洒喷头154个)

图 8-7　田间移动管道布置示意图

表 8-12　第3种组合田间移动喷灌支管压力实测记录　(单位:kPa)

分干管	1分干			2分干		3分干	4分干		5分干	6分干
	2分支	1分支								
给水栓号	3	10	4	10	18	7	18	6	5	10
喷头个数	10	11	11	10	10	10	9	11	9	10
移动支管编号	1	2	3	4	5	6	7	8	9	10
测压位置	首	首	首	首	首	首	首	首	首	首
14:00	411.9	539.4	490.3	480.5	608.0	549.2	559.0	441.3	500.1	529.6
14:05	441.3	588.4	519.8	539.4	627.6	608.0	608.0	451.1	500.1	578.6
14:10	441.3	549.2	529.6	539.4	627.6	598.2	598.2	421.7	529.6	578.6
14:15	451.1	539.4	490.3	509.9	617.8	559.0	588.4	431.5	529.6	588.4
14:20	441.3	588.4	470.7	529.6	617.8	568.8	588.4	411.9	529.6	608.0
14:25	451.1	608.0	529.6	529.6	627.6	578.6	588.4	402.1	529.6	617.8
14:30	441.3	608.0	529.6	509.9	617.8	588.4	588.4	402.1	529.6	617.8
14:35	441.3	588.4	539.4	549.2	608.0	608.0	608.0	421.7	509.9	627.6
14:40	441.3	608.0	509.9	549.2	608.0	549.2	598.2	451.1	539.4	627.6
14:45	441.3	588.4	549.2	549.2	608.0	608.0	588.4	490.3	539.4	637.4
14:50	441.3	568.8	549.2	529.6	608.0	627.6	588.4	490.3	539.4	637.4
14:55	451.1	568.8	519.8	529.6	617.8	588.4	588.4	480.5	529.6	627.6
15:00	441.3	588.4	519.8	549.2	617.8	588.4	588.4	490.3	529.6	637.4
平均压力	441.3	579.4	519.0	530.3	616.3	586.1	590.7	445.1	525.8	608.8

续表 8-12

分干管	7 分干	8 分干	9 分干	10 分干	11 分干	总干
给水栓号	5	6	12	3	9	
喷头个数	9	12	10	11	10	
移动支管编号	11	12	13	14	15	
测压位置	首	首	首	首	首	出口处
14:00	509.9	500.1	480.5	372.7	451.1	470.7
14:05	549.2	549.2	490.3	372.7	451.1	490.3
14:10	568.8	559.0	460.9	411.9	441.3	470.7
14:15	578.6	529.6	411.9	372.7	441.3	470.7
14:20	588.4	509.9	460.9	372.7	441.3	470.7
14:25	588.4	529.6	460.9	372.7	441.3	470.7
14:30	608.0	509.9	460.9	372.7	431.5	460.9
14:35	588.4	539.4	470.7	353.0	451.1	470.7
14:40	578.6	539.4	460.9	362.8	451.1	470.7
14:45	588.4	529.6	460.9	362.8	431.5	451.1
14:50	598.2	549.2	480.5	362.8	392.3	392.3
14:55	598.2	539.4	480.5	372.7	451.1	490.3
15:00	598.2	529.6	509.9	372.7	529.6	460.9
平均压力	580.1	531.8	468.4	371.9	446.6	464.7

4. 第 4 种组合田间喷灌实测

全灌区有 9 套地面移动支管,带 92 个喷头同时工作。田间移动喷灌支管布置如图 8-8 所示,实测记录见表 8-13。

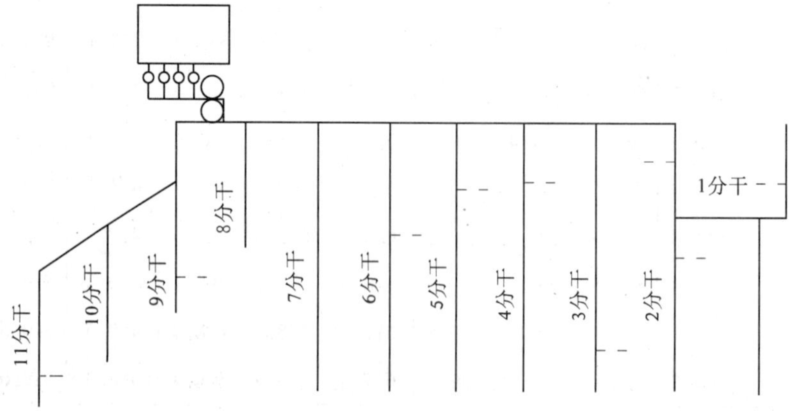

(第 4 种组合:移动喷灌支管 9 套,同时喷洒喷头 92 个)

图 8-8 田间移动管道布置示意图

表 8-13　第 4 种组合田间移动喷灌支管压力实测记录　　（单位：kPa）

分干管	1 分干	2 分干		3 分干	4 分干	5 分干	6 分干	9 分干	11 分干	总干
给水栓号	3	4	10	18	7	6	10	12	9	
喷头个数	10	11	10	10	10	11	10	10	10	
移动支管编号	1	2	3	4	5	6	7	8	9	
测压位置	首	首	首	首	首	首	首	首	首	出口处
15:00	441.3	519.8	549.2	617.8	588.4	490.3	637.4	509.9	529.6	490.3
15:05	509.9	568.8	549.2	627.6	588.4	539.4	637.4	539.4	529.6	500.1
15:10	529.6	529.6	529.6	627.6	568.8	539.4	657.0	529.6	509.9	480.5
15:15	529.6	529.6	549.2	617.8	568.8	549.2	657.0	509.9	509.9	470.7
15:20	509.9	549.2	549.2	627.6	588.4	539.4	666.9	529.6	519.8	490.3
15:25	509.9	559.0	529.6	627.6	627.6	539.4	657.0	529.6	519.8	490.3
15:30	509.9	490.3	509.9	617.8	549.2	529.6	637.4	500.1	490.3	460.9
15:35	529.6	490.3	490.3	608.0	555.1	529.6	627.6	500.1	490.3	460.9
15:40	539.4	490.3	490.3	608.0	544.3	529.6	627.6	490.3	490.3	451.1
15:45	539.4	490.3	490.3	608.0	539.4	529.6	627.6	490.3	490.3	451.1
15:50	539.4	490.3	490.3	608.0	539.4	539.4	627.6	490.3	490.3	451.1
15:55	539.4	490.3	519.8	617.8	588.4	529.6	647.2	509.9	500.1	460.9
16:00	490.3	519.8	539.4	617.8	578.6	529.6	657.0	588.4	509.9	480.5
平均压力	516.7	516.7	522.2	617.8	571.1	531.9	643.4	516.7	506.2	472.2

将上述 4 种组合实测值，整理列于表 8-14。

表 8-14　4 种组合喷灌平均压力　　（单位：kPa）

位置		给水栓号	喷头个数(个)	起止时间 12:00～13:00	13:00～14:00	14:00～15:00	15:00～16:00
总干				461.7	465.4	464.7	472.2
1 分干	2 分支	3	10	365.9	415.8	441.3	516.7
	1 分支	6	10	430.7	485.8		
		10	11	485.0	530.3	579.4	
2 分干		4	11	421.7	482.0	519.0	516.7
		10	10	396.1	469.2	530.3	522.2
		14	11	423.2			

续表 8-14

位置	给水栓号	喷头个数(个)	起止时间			
			12:00 ~ 13:00	13:00 ~ 14:00	14:00 ~ 15:00	15:00 ~ 16:00
3 分干	1	10	426.2	439.2		
	8	11	502.4			
	18	10	513.7	599.7	616.3	617.8
4 分干	4	10	491.1			
	7	10	496.3	533.3	586.1	571.1
	18	9	523.6	563.5	590.7	
5 分干	6	11	402.9	442.8	445.1	531.9
	11	10	416.4			
	17	9	411.1	513.0		
6 分干	3	10	478.2			
	5	9	473.7	476.0	525.8	
	10	10	546.2	547.7	608.8	643.4
7 分干	2	9	406.6			
	5	10	436.8	502.4	580.1	
	10	10	538.6	552.2		
8 分干	6	12	515.3	519.8	531.8	
9 分干	2	12	476.0	466.9		
	12	10	460.1	470.7	468.4	516.7
10 分干	3	11	337.9	394.5	371.9	
11 分干	9	10	433.8	453.4	446.6	506.2
移管套数(套)			26	20	15	9
平均压力(kPa)			447.6	483.0	506.3	541.5
流量(m^3/h)			931	738	577.0	350
喷头数(个)			266	205	154	92

5.4 种组合测试结果分析

从表 8-10 ~ 表 8-14 可以看出：

(1)当全灌区按设计布置 26 套移动支管，共计安装 266 个喷头时，流量满足设计和使用要求。实测平均压力比设计平均压力高 70 kPa，除 1 分干 2 分支和 10 分干上半段两处最不利点的压力稍低于设计压力外，全灌区的工作压力仍然偏高。

(2)管网工作压力随同时工作移动喷灌支管套数的减少而增加。如移动支管的套数从26套减少到15套时，管网压力由447.6 kPa增加到506.3 kPa。

(3)地面移动支管在安装11个喷头的情况下，首末端实测压力差为61.8～85.3 kPa，基本上在设计喷头工作压力的20%(68.6 kPa)以内。

(三)加压泵站改造后的效果

加压泵站经改造后，实测泵站总流量为931 m^3/h，比原设计提高49 m^3/h，总装机容量由230 kW降为190 kW，装机容量下降17.39%。

加压泵站原设计能耗为230÷(882÷1 000×35)=7.45(kW·h/ktm)，改装后能耗降为190÷(931÷1 000×35)=5.83(kW·h/ktm)，比原设计实际降低能耗为21.7%。实测喷头工作压力仍然在设计工作压力范围之内，喷灌质量并不比原设计降低。

第四节　效益分析

河南省郏县恒压喷灌工程于1984年9月建成，并通过原水电部验收交付使用。建成后两年内，由于恒压喷灌工程所在地区降雨量比较充沛，干旱不太严重，因而工程未能充分发挥作用。

1985年当地年降水量为716.2 mm，其中1～9月降水量为677.1 mm，属于丰水年，所以1985年喷灌面积较少，只喷灌33.3 hm^2 次。

1986年、1987年比较干旱，其中1986年1～9月降水量仅为431.4 mm。两年共计喷灌993.3 hm^2·次。

一、灌溉情况和增产效益

(一)1986年喷灌试验

在1986年，对灌区的主要作物烟叶、小麦、玉米、红薯等分别作了喷灌对照试验。试验结果见表8-15、表8-16。

表8-15　1986年小麦喷灌试验结果

户主	试验面积(m^2)	喷灌	未喷	产量(kg)	单产(kg/hm^2)
戴希林	400	√		217.5	10 875
刘希	333.3		√	125	7 500
谢田	1 466.7		√	675	9 204
谢田	1 466.7	√		880	1 200
王万盛	2 066.7		√	1 135.5	10 989
朱某	1 600	√		860	10 750.5

从表8-15可以看出，1986年的试验小麦喷灌面积共计3 466.7 m^2，总产量1 957.5 kg，折合平均单产为5 646.6 kg/hm^2，对照面积共计3 866.7 m^2，总产量1 935.5 kg，折合平均单

产为 5 005.6 kg/hm²,小麦喷灌平均增产 641 kg/hm²。

表 8-16　1986 年烟叶喷灌试验结果

户主	试验面积(m²)	喷灌	对照	产量(kg)	单产(kg/hm²)
韩道成	1 666.7	√		434.5	5 214
韩德河	400		√	30	1 500
刘成中	1 066.7	√		326	6 112.5
范兴	600		√	46.5	1 549.5
曹根成	800	√		243.75	6 090
韩五枝	800		√	124.75	3 120

1986 年试验烟叶喷灌面积为 3 533.4 m²,总产为 1 004.25 kg,折合平均单产为 2 842.2 kg/hm²,对照面积为 1 800 m²,总产为 201.25 kg,折合平均单产为 1 117.5 kg/hm²,烟叶喷灌平均增产为 1 724 kg/hm²。

玉米、红薯的对照试验主要采用全灌区调查,在 1986 年,没有灌溉的玉米几乎绝收,恒压喷灌区的玉米产量都在 3 750 kg/hm² 以上。在灌区外,红薯的产量只有 7 500 kg/hm² 左右,在喷灌区红薯产量达 15 000 ~ 30 000 kg/hm²。

(二)1985 年 ~1988 年 9 月喷灌情况

1985 ~ 1988 年,累计喷灌面积为 1 562.8 hm²·次,实际喷灌面积为 1 277.3 hm²(见表 8-17)。表中数据斜杠前为累计喷灌面积,斜杠后为实际喷灌面积。通过产量调查和对比,烟叶、小麦、玉米、红薯 4 年平均分别增产 1 236.91、1 917.74、1 092.66、2 076.95 kg/hm²,平均增产率分别为 60.8%、61.8%、62.5% 和 14.3%,详细情况见表 8-18。

表 8-17　1985 ~ 1988 年恒压喷灌情况表

年	喷灌面积(hm²·次/hm²)				
	烟叶	小麦	玉米	红薯	合计
1985	33.3/33.3				33.3/33.3
1986	86.7/73.3	96.7/86.7	226.7/213.3	50/50	460.1/423.3
1987	100/80	200/133.3	166.7/153.3	66.7/66.7	533.4/400
1988	253.3/154	66.7/66.7	116/66.7	100/100	536/436.7
总计	473.3/340.6	363.4/286.7	509.4/433.3	216.7/216.7	1 562.8/1 277.3

(三)喷灌毛增产值

1985 年由于雨量充沛,喷灌面积,只有 33.3 hm²,1986 年夏秋二季干旱十分严重,附近没有灌溉条件的地方玉米几乎绝收,烟叶减产也十分严重。1987 年、1988 年年水量为中等年,灌水比较正常。

表 8-18　1985 ~ 1988 年作物产量统计结果

作物	灌溉类型与作物		1985	1986	1987	1988	合计	4 年平均单产（kg/hm²）
烟叶	种植面积（hm²）		106.7	140	153.4	154		
烟叶	喷灌	面积（hm²）	33.3	73.3	80	154	340.6	
烟叶	喷灌	单产（kg/hm²）	3 375	3 052.5	3 225	3 375		3 270.36
烟叶	对照	单产（kg/hm²）	2 400	772.5	2 475	2 325		2 033.45
烟叶	增产（kg/hm²）		975	2 280	750	1 050		1 236.91
小麦	种植面积（hm²）		320.0	286.7	273.3	270.0		
小麦	喷灌	面积（hm²）		86.7	133.3	66.7	286.7	
小麦	喷灌	单产（kg/hm²）		4 950	5 025	5 100		5 019.77
小麦	对照	单产（kg/hm²）		3 112.5	3 127.5	3 037.5		3 102.03
小麦	增产（kg/hm²）			1 837.5	1 897.5	2 062.5		1 917.74
玉米	种植面积（hm²）		213.3	213.3	153.3	116.0		
玉米	喷灌	面积（hm²）		213.3	153.3	66.7	433.3	
玉米	喷灌	单产（kg/hm²）		2 625	3 037.5	3 075		2 840.21
玉米	对照	单产（kg/hm²）		1 125	2 362.5	2 325		1 747.55
玉米	增产（kg/hm²）			1 500	675	750		1 092.66
红薯	种植面积（hm²）		106.7	73.3	66.7	146.7		
红薯	喷灌	面积（hm²）		50	66.7	100	216.7	
红薯	喷灌	单产（kg/hm²）		15 750	17 250	16 500		16 557.80
红薯	对照	单产（kg/hm²）		12 750	15 000	15 000		14 480.85
红薯	增产（kg/hm²）			3 000	2 250	1 500		2 076.95

按照当时的市场价格，对恒压喷灌区毛增值效益进行计算，结果见表 8-19。

从表 8-19 中看到，4 年间恒压喷灌区毛增产值达 201.61 万元。其中 1985 年由于喷灌面小，增产值也少，只有 7.14 万元。1986 ~ 1988 年 3 年毛增产值分别为 57.41 万元，46.54 万元和 90.51 万元，3 年平均达 64.82 万元/年。在毛增产值 201.61 万元中，烟叶为 145.63 万元，占 72%，平均毛增产值为 4 275.83 元/hm²；小麦为 32.77 万元，占 16.3%，平均毛增产值为 1 143.06 元/hm²；玉米为 13.90 万元，占 6.9%，平均毛增产值为 320.86 元/hm²；红薯为 9.30 万元，占 4.6%，平均毛增产值为 429.22 元/hm²。从以上数据看到：烟叶经济效益最好，其次为小麦、玉米，最差是红薯。

表 8-19　1985～1988 年灌区毛增产值

作物	项目	1985	1986	1987	1988	合计(万元)
烟叶	喷灌面积(hm^2)	33.3	73.3	80	154	145.634 6
	增产(kg/hm^2)	975	2 280	750	1 050	
	单价(元/kg)	2.20	2.40	4.00	4.600	
	复价(万元)	7.142 9	40.109 8	24.000 0	73.382 0	
小麦	喷灌面积(hm^2)		86.7	133.3	66.7	32.771 6
	增产(kg/hm^2)		1 837.5	1 897.5	2 062.5	
	单价(元/kg)		0.50	0.60	0.70	
	复价(万元)		7.965 6	15.176 2	9.629 8	
玉米	喷灌面积(hm^2)		213.3	153.3	66.7	13.903 2
	增产(kg/hm^2)		675	675	750	
	单价(元/kg)		0.44	0.48	0.52	
	复价(万元)		6.335 0	4.966 9	2.601 3	
红薯	喷灌面积(hm^2)		50	66.7	100	9.301 2
	增产(kg/hm^2)		3 000	1 500	1 500	
	单价(元/kg)		0.20	0.24	0.26	
	复价(万元)		3.000 0	2.401 2	3.900 0	
毛增值合计(万元)		7.142 9	57.410 4	46.544 3	90.513 1	201.610 6

二、能耗情况

(一)水源泵站提水量与能耗

根据实测和统计，水源泵站从 1985～1988 年，共计抽水 755 000 m^3，总耗电为 194 500 kW·h。实际 1 kW·h 电提水为 3.88 m^3，比设计值 560 m^3/150 kW·h = 3.73 m^3/(kW·h)多出 0.15 m^3/(kW·h)。

(二)加压泵站灌溉水量与能耗

从水源泵站提水，并经过压力输水管道送往加压泵站调蓄水池的总水量为 755 000 m^3。调蓄水池除负担加压泵站的供水外，还承担管理站的生活、工副业及养鱼用水。经调查，调蓄水池由于蒸发、渗漏、生活及工副业用水约占总水量的 5%，也就是说有 95% 的水量用于灌溉。4 年灌溉总用水量为 717 250 m^3。总灌溉面积为 1 562.8 hm^2。平均灌溉毛水量为 459.0 m^3/hm^2。

为了节约能量和减轻灌区农民的负担，经实测和计算，在灌区的 2 分干到 7 分干的下半段，可利用调蓄水池的水头进行自压喷灌。可利用自压喷灌面积为 46.7～60 hm^2，喷头工作压力可达 245.2～274.6 kPa。但在自压喷灌时，在 2～7 分干上，每条分干管上只能同时开启 1 套地面移动支管进行喷灌,且喷头间距须减小。由于移动管道每根长为 6 m,所以喷头间距只能减少 6 m,即将喷头间距由原来的 18 m 减少到 12 m,经实地观测,在上述工作压力下,喷灌质量良好。

另外,由于我国农村目前实行家庭联产承包责任制,地块小而窄,且作物种植零乱,一种作物不能连片种植,所以灌水时部分地块仍采用管道灌溉。

鉴于上述原因,喷灌区的实际灌水方式有 3 种:恒压喷灌、自压喷灌和管道灌溉。3 种灌水方式的面积比例大致是,喷灌占总面积的 75%,自压喷灌占 12%、管道灌溉占 13%。

恒压喷灌用水总量 429 000 m^3,根据加压泵站电表数据,从 1985 ~ 1988 年,实际耗电总量为 79 640 kW·h。因此,加压泵站实际提水量为 5.39 m^3/(kW·h),实际比泵站改装后的设计值4.9 m^3/(kW·h)高 0.49 m^3/(kW·h)。

2 泵站总用电量为 274 140 kW·h。2 泵站平均耗电量为 0.363 kW·h/m^3。

水源泵站前池水位为 85.75 m,调蓄水池最高水位为 135.3 m。故水源泵站净扬程为 49.55 m。水源泵站能耗为 $194\ 500 \div \left(\frac{755\ 000 \times 49.55}{1\ 000}\right) = 5.20$ (kW·h/ktm),而设计值为 $150 \div \left(\frac{560 \times 49.55}{1\ 000}\right) = 5.406$ (kW·h/ktm)。水源泵站能耗比设计值低 0.206 kW·h/ktm。

加压泵站原设计能耗为 $230 \div \left(\frac{882 \times 35}{1\ 000}\right) = 7.45$ (kW·h/ktm),加压泵站改建后能耗为 $190 \div \left(\frac{931 \times 35}{1\ 000}\right) = 5.83$ (kW·h/ktm),实际比原设计降低能耗达 21.7%。

(三)泵站的装置效率

1. 水源泵站

经实测,1 小时的情况下水源泵站的净扬程为 49.55 m,流量为 600 m^3/h,耗电量为 145.7 kW·h,其装置效率为

$$\eta_{水源} = \frac{\gamma QH}{102N} = \frac{1\ 000 \times 600 \div 3\ 600 \times 49.55}{102 \times 145.7} = 55.57\%$$

2. 加压泵站

经实测,灌区喷头平均压力为 415.8 kPa,合 42.4 m 水头,流量 931 m^3/h,能耗为 175 kW·h。由此可求得改装后装置效率为

$$\eta_{加压} = \frac{\gamma QH}{102N} = \frac{1\ 000 \times 931 \div 3\ 600 \times 42.4}{102 \times 175} = 61.4\%$$

如果按喷头的设计工作压力 343.2 kPa(35 m)计,则加压泵站的装置效率应为

$$\eta_{加压} = \frac{\gamma QH}{102N} = \frac{1\ 000 \times 931 \div 3\ 600 \times 35}{102 \times 175} = 50.7\%$$

三、加压泵站节能分析

在加压泵站与管网连接进行生产性喷灌的同时,采用 4 种组合,对泵站出口压力、流量、耗电量等做了测试。测试结果见表 8-20。

表 8-20　4 种组合泵站流量、输出压力、能耗实测值

组合形式	喷灌移动支管套数	喷头个数	泵站出口平均压力(kPa m)	总干管流量(m^3/h)	测试时间(h)	耗电量(kW·h)	单喷头流量(m^3/h)
第 1 种	26	266	461.7/47.08	931.0	1.0	175.0	3.50
第 2 种	20	205	465.4/47.46	738.0	1.0	139.0	3.60
第 3 种	15	154	464.7/47.39	577.0	1.0	106.0	3.75
第 4 种	9	92	472.2/48.15	350.0	1.0	62.0	3.80

(一)有调压系统情况下的能耗

泵站在有调压系统时,能耗可用下式表示

$$N_{泵}=\frac{\gamma QH}{102\eta_{泵}\eta_{机}}=\frac{\gamma nqH}{102\eta_{泵}\eta_{机}} \tag{8-1}$$

式中:γ 为水的密度;q 为灌区单喷头平均流量,m^3/h;n 为灌区同时工作的喷头数,个;$\eta_{泵}$ 为泵站各泵的平均效率,通过实测,取 0.78;$\eta_{机}$ 为泵站电机的效率,$\eta_{机}=0.90$;Q 为泵站总流量,m^3/h;H 为泵站输出平均压力,m。

将表 8-20 中的数据代入式(8-1),分别计算在有调压系统清况下,4 种组合各自的能耗如下:

(1)第一种组合

$$N_1=\frac{\gamma n_1 q_1 H_1}{102\eta_{泵}\eta_{机}}=\frac{1\ 000\times 266\times\dfrac{3.5}{3\ 600}\times 47.08}{102\times 0.78\times 0.9}=169.93(\mathrm{kW})$$

(2)第二种组合

$$N_2=\frac{\gamma n_2 q_2 H_2}{102\eta_{泵}\eta_{机}}=\frac{1\ 000\times 205\times\dfrac{3.6}{3\ 600}\times 47.46}{102\times 0.78\times 0.9}=135.88(\mathrm{kW})$$

(3)第三种组合

$$N_3=\frac{\gamma n_3 q_3 H_3}{102\eta_{泵}\eta_{机}}=\frac{1\ 000\times 154\times\dfrac{3.75}{3\ 600}\times 47.39}{102\times 0.78\times 0.9}=106.17(\mathrm{kW})$$

(4)第四种组合

$$N_4=\frac{\gamma n_4 q_4 H_4}{102\eta_{泵}\eta_{机}}=\frac{1\ 000\times 92\times\dfrac{3.8}{3\ 600}\times 48.15}{102\times 0.78\times 0.9}=65.30(\mathrm{kW})$$

由以上计算可以看出,计算值与表 8-20 中的实测值吻合较好,说明式(8-1)可以用来计算恒压泵站的能耗

(二)无恒压系统下的能耗

通过实测,整个灌区在运行中管道的水头损失与灌区的地面坡降基本抵消。因此,灌区的管道特性方程等价于喷头出流量方程。即

$$H=Kq^2 \tag{8-2}$$

式中:K 为喷嘴常数,$K=4.33\times 10^7$。

若整个灌区的供水量为 Q,同时工作的喷头数为 n,设所有喷头的流量都相同,则

$$q = Q/n \tag{8-3}$$

将式(8-3)代入式(8-2),得

$$H = 4.33 \times 10^7 \frac{Q^2}{n^2} \tag{8-4}$$

通过式(8-4)与水泵特征曲线,即可用图解法求出泵站各泵在无调压系统情况下的能耗值。其具体步骤是:

第一步,将水泵特性曲线及各泵的组合特性曲线点绘于纵坐标为扬程、横坐标为流量的方格纸上。

第二步,将用水特性曲线点绘在图上。其方法是,首先大致确定1#泵(小泵)、2#泵(小泵)、3#泵(大泵)、1# +2#泵、1# +3#泵、…、1# +2# +3# +4#泵的最小流量初始值。如1#泵流量起始值定为30个喷头同时工作所需的流量。其次假设灌区同时工作的喷头数。当1#泵工作时,同时工作的喷头数为30~60,当3#泵工作时,同时工作的喷头数为50~90,当1#和2#泵同时工作时,同时工作的喷头数为60~130等。第三,假定灌区用水流量分别是0.02、0.03、0.04、…、0.29 m^3/s等。第四,将上述假定数据分别代入式(8-4),可计算得一系列数值。将这些值对应的点绘制在图上,就得到第1条用水特性曲线,依次绘出其余曲线。

第三步,找出用水特性曲线与泵站特性曲线的交点,由水泵曲线查得此时的轴功率,除以电机效率,即可求得对应的能耗值。

郏县恒压喷灌用水特性曲线和泵站特性曲线见图8-9。

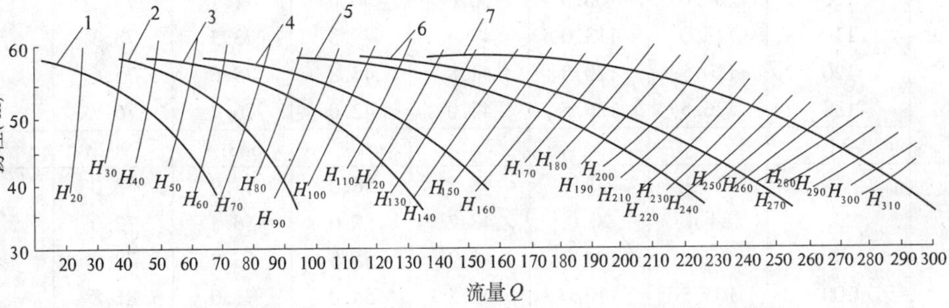

1—1#泵 $H \sim Q$ 特性曲线;2—2#泵 $H \sim Q$ 特性曲线;3—1# +2#泵 $H \sim Q$ 特性曲线;
4—1# +3#泵 $H \sim Q$ 特性曲线;5—1# +2# +3#泵 $H \sim Q$ 特性曲线;6—1# +3# +4#泵 $H \sim Q$ 特性曲线;
7—1# +2# +3# +4#泵 $H \sim Q$ 特性曲线;$H_{20} \sim H_{310}$—用水特性曲线

图8-9 泵站水泵组合 $H \sim Q$ 特性曲线与用水特性曲线

(三)能耗分析

经过改装、更换机泵后,泵站的调压范围由原来的490.3~627.6 kPa调整到392.3~509.9 kPa,当泵站在该工作状态下运行时,各泵均处在高效区工作。

实际上,当泵站实际供水扬程稳定在40~52 m之间时,泵站有调压系统和无调压系统所需的能耗是相同的。这是因为,它们的工况区间、效率区间及功率区间是相同的。但无调压系统时,当灌区流量变化时,各泵的工况点会偏离这个高效区。显然,无调压系统的泵站比有调压系统的同一泵站所需的能耗要大。

利用上述方法,对郏县恒压喷灌泵站在有调压系统与无调压系统时的能耗进行计算,结果见表8-21。

表 8-21　有调压系统与无调压系统能耗计算结果

工作水泵	同时工作喷头数(个)	流量(L/s)		扬程(m)		能耗(kW)		平均节能率(%)
		调压	无调压	调压	无调压	调压	无调压	
1#	20	21.1	24.0	48.2	58.0	14.2	25.6	
	30	31.7	34.0	48.2	57.0	21.3	27.8	
	40	42.2	44.5	48.2	54.0	28.4	31.1	
	50	53.0	53.0	50.0	50.0	35.4	35.4	
	60	60.5	60.5	44.8	44.8	37.9	38.0	
	小计					137.2	157.9	13.1
3#	40	42.2	46.0	48.2	58.5	28.4	44.4	
	50	52.8	56.4	48.2	56.5	35.5	46.7	
	60	63.3	66.0	48.2	53.5	42.6	51.2	
	70	74.5	74.5	50.2	50.2	53.3	53.3	
	80	81.1	81.1	46.3	46.3	54.4	54.4	
	90	88.0	88.0	42.0	42.0	55.6	55.6	
	小计					269.8	305.6	11.7
1# +2#	50	52.8	56.0	48.2	58.5	35.5	52.6	
	60	63.3	68.0	48.2	57.5	42.6	56.0	
	70	73.9	78.5	48.2	56.0	47.9	61.0	
	80	84.4	88.5	48.2	54.5	56.8	65.0	
	90	95.0	98.0	48.2	52.5	63.9	68.0	
	100	106.0	106.0	50.0	50.0	71.1	71.1	
	110	113.0	113.0	47.3	47.3	73.3	73.3	
	120	120.5	120.5	44.8	44.8	75.6	75.6	
	130	126.5	126.5	42.0	42.0	76.7	76.7	
	小计					543.4	599.3	9.3
1# +3#	70	73.9	80.0	48.2	58.0	47.9	68.0	
	80	84.4	90.0	48.2	57.0	56.8	72.0	
	90	95.0	100.0	48.2	55.5	63.9	78.0	
	100	105.5	110.0	48.2	54.0	71.0	81.8	
	110	114.6	119.0	48.2	52.2	76.8	85.0	
	120	126.0	126.0	50.0	50.0	87.8	87.8	
	130	135.0	135.0	47.7	47.7	89.4	89.4	
	140	142.4	142.0	45.5	45.5	91.1	91.1	
	150	148.0	148.0	43.2	43.2	93.9	93.9	
	小计					678.6	747	9.2
1# +2# +3#	90	95.0	103.0	48.2	58.5	63.9	97.0	
	100	105.5	114.0	48.2	58.0	71.0	100.0	
	110	114.6	125.0	48.2	57.0	74.8	103.3	
	120	125.0	135.0	48.0	56.0	83.8	107.8	
	130	135.4	146.0	48.0	55.5	90.7	111.0	
	140	145.8	155.0	48.0	54.0	97.7	113.2	
	150	156.3	164.0	48.0	53.0	104.7	117.6	
	160	172.0	172.0	51.6	51.6	119.8	119.8	

续表 8-21

工作水泵	同时工作喷头数(个)	流量(L/s)		扬程(m)		能耗(kW)		平均节能率(%)
		调压	无调压	调压	无调压	调压	无调压	
$1^{\#}+2^{\#}+3^{\#}$	170	182.0	182.0	50.0	50.0	122.7	122.7	
	180	188.0	188.0	48.5	48.5	125.6	125.6	
	190	196.0	196.0	47.5	47.5	127.0	127.0	
	200	202.0	202.0	45.0	45.0	130.0	130.0	
	210	209.0	209.0	43.5	43.5	132.0	132.0	
	220	214.0	214.0	41.5	41.5	133.5	133.5	
	小计					1 477.2	1 640.5	10.0
$1^{\#}+3^{\#}+4^{\#}$	110	114.6	126.0	48.2	58.0	74.8	115.0	
	120	125.0	137.0	48.0	57.5	83.8	117.8	
	130	135.4	148.0	48.0	56.5	90.7	122.0	
	140	145.8	158.0	48.0	56.0	97.7	126.7	
	150	156.3	167.0	48.0	55.0	104.7	128.3	
	160	166.7	177.0	48.0	54.0	111.70	131.2	
	170	177.1	186.0	48.0	52.9	118.7	135.4	
	180	180.0	194.0	47.5	52.1	119.4	137.2	
	190	202.0	202.0	50.0	50.0	138.4	138.5	
	200	210.0	210.0	48.5	48.5	140.1	140.1	
	210	217.0	217.0	47.0	47.0	142.1	142.1	
	220	223.0	223.0	46.3	46.3	143.6	143.6	
	230	230.0	230.0	44.5	44.5	145.6	145.6	
	240	237.0	237.0	42.5	42.5	148.0	148.0	
	250	241.0	241.0	41.5	41.5	149.5	149.5	
	小计					1 808.8	2 021.0	10.5
$1^{\#}+2^{\#}+3^{\#}+4^{\#}$	130	135.4	149.0	48.0	58.2	90.7	136.8	
	140	145.8	161.0	48.0	58.0	97.7	138.8	
	150	156.3	172.0	48.0	57.5	104.7	142.2	
	160	166.7	182.0	48.0	57.0	111.7	148.9	
	170	177.1	193.0	48.0	56.5	118.7	153.3	
	180	180.0	203.0	47.5	56.0	119.4	155.6	
	190	190.0	212.0	47.5	55.0	126.0	158.9	
	200	200.0	221.0	47.5	54.5	132.6	161.1	
	210	210.0	230.0	47.5	53.5	139.2	164.8	
	220	220.0	239.0	47.0	52.5	141.4	168.3	
	230	247.0	247.0	51.6	51.6	171.6	171.6	
	240	254.0	254.0	50.0	50.0	173.3	173.3	
	250	262.0	262.0	48.0	48.0	175.1	175.1	
	260	269.0	269.0	47.0	47.0	177.5	177.5	
	270	274.0	274.0	46.0	46.0	178.9	178.9	
	280	280.0	280.0	45.5	45.5	181.1	181.1	
	290	286.0	286.0	43.0	43.0	183.1	183.1	
	300	291.0	291.0	41.5	41.5	185.4	185.4	
	小计					2 608.1	2 954.7	11.7

从表 8-21 中可以看到:在有调压系统和无调压系统条件下,各自运行时间相同,能耗有

较大的差异。各次对比，节能最大为13.1%，最小为9.2%，平均节能为10.77%。

整理表8-21，得不同运行状况（喷头工作数）下，郏县恒压喷灌节能情况，见表8-22。

表8-22 郏县恒压喷灌节能汇总 （%）

同时工作喷头数（个）	投入运行水泵编号						
	1#	3#	1#+2#	1#+3#	1#+2#+3#	1#+3#+4#	1#+2#+3#+4#
20	44.53						
30	23.38						
40	8.68	36.04					
50	0.0	23.98	32.51				
60	0.0	16.80	23.93				
70		0.0	21.48	29.56			
80		0.0	12.62	21.11			
90		0.0	6.03	18.08	34.12		
100			0.0	13.20	29.00		
110			0.0	9.65	27.59	34.96	
120			0.0	0.0	22.26	28.86	
130			0.0	0.0	18.29	25.66	33.70
140				0.0	13.69	22.89	29.61
150					10.97	18.39	26.37
160					0.0	14.86	24.98
170					0.0	12.33	22.57
180					0.0	12.97	23.26
190					0.0	0.0	20.70
200					0.0	0.0	17.69
210					0.0	0.0	15.53
220					0.0	0.0	15.98
230						0.0	0.0
240						0.0	0.0
250						0.0	0.0
平均节能率（%）	13.05	11.71	9.33	9.16	9.95	10.49	11.73

经过理论计算，郏县恒压喷灌工程平均节能率为10.77%。说明郏县恒压喷灌工程节能效果比较明显。从表8-22可以看出，恒压泵站节能与否、节能多少与泵站的实际运行状况密切相关。

从上述实测与分析计算结果可以得出如下结论：

（1）郏县恒压泵站与不设置恒压系统的同台数、同机组型号的喷灌泵站相比，各种水泵组合的平均综合节能率为10.77%。可以推断，当两个泵站的流量和工作压力相同，而不设置恒压系统的泵站的水泵台数少于恒压泵站机组的台数时，恒压泵站的综合节能率还将增大。

（2）由图8-9可以看出，就郏县恒压泵站而言，当灌区同时工作的喷头超过220个，或者说当泵站扬程低于所规定的压力上限时，有、无恒压系统所需的能耗相同。

（3）恒压泵站调压范围越小，或者说规定的压力上、下限越小，其节能效果越大。但此时调压罐体总容积将增大，从而使投资增加。因此，在规定压力上、下限时，应经过综合比较后确定。

参考文献

[1] 喷灌工程设计手册编写组. 喷灌工程设计手册[M]. 北京:水利水电出版社,1989.

[2] 严煦世,赵洪宾. 给水管网理论与计算[M]. 北京:中国建筑工业出版社,1986.

[3] 日本农业土木事业协会. 泵站工程技术手册[M]. 丘传忻,林中卉,黄建德,等译. 北京:中国农业出版社,1998.

[4] 钱蕴璧,李英能,杨刚,等. 节水农业新技术研究[M]. 郑州:黄河水利出版社,2002.

[5] E. B. 怀利,V. L 斯特里特 · 瞬变流[M]. 清华大学流体传动与控制教研组译. 北京:水利电力出版社,1983.

[6] 李英能,狄美良. 恒压喷灌泵站设计中的几个问题[J]. 喷灌技术,1985,(2):18-22.

[7] 龚时宏. 灌溉管网压力动态调节理论及应用研究[D]. 杨凌:西北农林科技大学,1997.

[8] 张晓明,王桂恒,李杰. 一种变频泵站节约能耗的计算机控制技术[J]. 电工技术杂志,2003,(11):72-74.

[9] 水利部农田灌溉研究所. 郏县恒压喷灌试验工程的观测试验及研究报告[R]. 新乡:水利部农田灌溉研究所,1989 年 4 月.

[10] 赵相宾,年培新. 谈我国变频调速技术的发展及应用[J]. 测控自动化,2004,(3):19-21.

[11] 李英能. 恒压喷灌泵站的设计与分析[R]//水利电力部、中国农业科学院农田灌溉研究所科学研究年报. 新乡:水利部农田灌溉研究所,1989 年 10 月.

[12] 刘竹溪. 水泵及水泵站[M]. 北京:水利水电出版社,1990.

[13] 切巴耶夫斯基. 泵站设计与抽水装置试验[M]. 窦以松,等译. 北京:水利水电出版社,1990.

[14] 余开德. 我国第一座恒压喷灌系统技术初步分析[J]. 喷灌技术,1984,(1):31-34.

[15] 李英能. 郏县恒压喷灌试验工程水源泵站水锤防护措施[J]. 排灌机械,1986,(3):15-18.

[16] 廖永诚. 停泵水锤与控制的分析计算[R]//水利电力部、中国农业科学院农田灌溉研究所科学研究年报,新乡:水利部农田灌溉研究所,1984:25-29.

[17] 廖永诚,等. 调压罐控制水锤的试验报告[R]//水利电力部、中国农业科学院农田灌溉研究所科学研究年报. 新乡:水利部农田灌溉研究所,1984:31-33.

[18] 廖永诚. 一种防止水锤的有效装置——空气罐[R]//水利电力部、中国农业科学院农田灌溉研究所科学研究年报. 新乡:水利部农田灌溉研究所,1984:33-36.

[19] 李英能. 郏县恒压喷灌试验工程运转试验与分析[R]//水利电力部、中国农业科学院农田灌溉研究所科学研究年报. 新乡:水利部农田灌溉研究所,1984:48-53.

[20] 基克 · 扎希德. 给水系统中的水锤节制[J]. 李英能译. 喷灌技术,1983,(1):49-53.

[21] J. A. 魏特克斯, 廖永诚. 喷灌管路系统中的水锤问题及其防护措施[J]. 喷灌技术, 1981,(1):61-67.

[22] 狄美良. 郏县恒压系统通过验收[J]. 喷灌技术, 1984,(4):27.

[23] 龚时宏, 郭志新, 仵峰. 恒压喷灌系统调压特性研究[J]. 水科学进展, 1999,10(2):155-159.

[24] 龚时宏, 郭志新, 仵峰. 恒压喷灌系统田间允许调压范围的研究[J]. 农业工程学报, 1998,14(3):107-111.

[25] 龚时宏, 郭志新. 均匀分流干管增压泵节能分析[J]. 灌溉排水, 1991,10(3):7-14.

[26] 龚时宏, 李久生. 恒压喷灌系统运行压力限的确定[J]. 农村水利与小水电, 1989,(2):10-12.

[27] 龚时宏, 余开德, 郭志新, 等. 调压供水系统水泵的综合调节[J]. 农业机械学报, 1998,29(3):53-58.

[28] 龚时宏，余开德，郭志新，等. 调压灌溉系统调压罐容积的计算方法[J]. 农业工程学报，1997,13(4)：64-68.

[29] 龚时宏，余开德，郭志新，等. 调压灌溉系统水泵机组运行状态的改善[J]. 排灌机械，1997,15(4)：23-27.

[30] 龚时宏，余开德，郭志新，等. 调压灌溉系统压力变幅对应关系的研究[J]. 灌溉排水，1998,17(1)：5-8.

[31] 龚时宏，余开德，郭志新，等. 调压灌溉系统压力动态变化过程简化计算模型的研究[J]. 灌溉排水，1997,16(3)：28-31.

[32] 龚时宏. 恒压供水系统调压罐合理容积及水泵流量合理分配关系的探讨[J]. 排灌机械，1990,8(1)：7-12.

[33] 龚时宏. 恒压喷灌系统调压罐大小与功耗关系剖析[J]. 喷灌技术，1989,(3)：19-25.

[34] 龚时宏. 恒压喷灌系统水泵综合调节的研究[J]. 喷灌技术，1992,(4)：17-21.

[35] 郭志新，龚时宏，仵峰. 恒压喷灌系统水气自然分离式调压罐多变指数的试验研究[J]. 灌溉排水，1998,17(2)：31-34.

[36] 黄修桥，廖永诚，刘新民. 有风条件下喷灌系统组合均匀度的计算理论与方法研究[J]. 灌溉排水，1995,14(1)：12-18.

[37] 黄修桥，仵峰. 半固定式喷灌系统移动部分优化设计方法的探讨[J]. 灌溉排水，1994,13(1)：38-42.

[38] 雷名海. 一种防止水击的新型阀门[J]. 灌溉排水，1990,9(1)：58-60.

[39] 李英能. 郏县恒压喷灌试验工程地面移动铝管道系统[J]. 排灌机械，1986,(5)：13-15.

[40] 廖永诚，黄修桥. 喷灌泵站调压系统的研究[J]. 喷灌技术，1993,(1)：13-18.

[41] 廖永诚. 对丘陵山区喷灌工程设计若干问题的探讨[J]. 灌溉排水，1992,11(3)：19-22.

[42] 廖永诚. 管网水锤与调压的分析计算[J]. 灌溉排水，1986,5(1)：29-41.

[43] 廖永诚. 恒压喷灌技术[J]. 山西水利科技，1996,(2)：91-94

[44] 廖永诚. 坡地多种灌溉技术联合运用的研究与实践[J]. 喷灌技术，1995,(1)：7-11.

[45] 廖永诚. 一种防止水锤的有效装置——空气罐[J]. 水利水电技术，1984,(3)：49-53 .

[46] 马启祥，马清志，张发现. 郏县恒压喷灌试验工程运行10年的成绩与问题[J]. 喷灌技术，1996,(1)：32-36.

[47] 余开德. 当前我国喷灌发展中值得注意的一些问题[J]. 喷灌技术，1979,(3)：3-8.

[48] 龚时宏. 大小泵配置下气压给水系统压力罐容积和水泵流量分配关系的探讨[J]. 中国给水排水，1990,6(5)：58-61.

[49] 朱光启. 供水泵站变频调速方案的优化选择[J]. 水·电·暖通. 2007,(5)：161-162.

[50] 赵勇飞，陈启卷. PLC及变频调速技术在泵站恒压供水中的应用[J]. 工业仪表与自动化装置，2004,(4)：51-53.

[51] 胡赤兵，桑瑞鹏. 利用PLC实现泵站变频恒压供水控制系统[J]. 排灌机械，2005,23(3)：42-45.

[52] 黄文建. 管路特性对水泵变速调节节能效果的影响[J]. 重庆职业技术学院学报，2004,13(4)：9-10.

[53] 曹琦. 恒压变频供水系统节能分析[J]. 变频器世界，2006,(6)：132-136.